电子技术基础技能

（第2版）

主　编　杨清德　周达王　丁秀艳
副主编　马　力　胡荣华　高　杰

電子工業出版社
Publishing House of Electronics Industry
北京·BEIJING

内 容 简 介

本书依据多个省市职教高考考试大纲，设计了 6 个项目 28 个任务，包括常用仪器仪表和工具的使用、常用电子元器件的识别与检测、电子装调技能入门训练、单元电路的安装与测试、小型电子产品的制作与检测、职业技能综合训练。项目 6 提供了 10 套模拟试题，各项目配有同步操作视频、习题答案。

本书充分考虑了学生参加职教高考的需要，注重技能操作的多角度呈现，具有“互联网+教材+配套电子套件+同步操作视频”的鲜明特色。

本书可作为中等职业学校电子信息类专业学生的教学用书，也可作为社会人员参加技能学习的培训用书，同时也适合电子技术爱好者阅读。

图书在版编目（CIP）数据

电子技术基础技能 / 杨清德，周达王，丁秀艳主编. —2 版. —北京：电子工业出版社，2024.6

ISBN 978-7-121-47937-3

Ⅰ. ①电… Ⅱ. ①杨… ②周… ③丁… Ⅲ. ①电子技术－中等专业学校－教材 Ⅳ. ①TN

中国国家版本馆 CIP 数据核字（2024）第 105297 号

责任编辑：蒲 玥
印 刷：河北鑫兆源印刷有限公司
装 订：河北鑫兆源印刷有限公司
出版发行：电子工业出版社
北京市海淀区万寿路 173 信箱 邮编 100036
开 本：880×1 230 1/16 印张：14 字数：367 千字
版 次：2015 年 12 月第 1 版
2024 年 6 月第 2 版
印 次：2024 年 6 月第 1 次印刷
定 价：39.80 元

凡所购买电子工业出版社图书有缺损问题，请向购买书店调换。若书店售缺，请与本社发行部联系，联系及邮购电话：（010）88254888，88258888。

质量投诉请发邮件至 zlts@phei.com.cn，盗版侵权举报请发邮件至 dbqq@phei.com.cn。

本书咨询联系方式：（010）88254485；puyue@phei.com.cn。

前　　言

本书依据中等职业教育电子技术基础与技能课程标准和近年来部分省市电子信息类专业职教高考考试大纲，以国家职业标准为参照，本着人才培养的原则，在深入调研的基础上，聚集考点，紧扣必考点与常考点编写而成。

本书以实训操作为主，分为常用仪器仪表和工具的使用、常用电子元器件的识别与检测、电子装调技能入门训练、单元电路的安装与测试、小型电子产品的制作与检测、职业技能综合训练 6 个项目。项目 1～项目 5 以任务为学习载体，根据初学者的认知特点，摒弃复杂的原理介绍，将学习重点放在电路安装、调试、检测，以及仪器仪表在实际检测中的应用上，以使学生全面地了解和掌握电子技术基础技能；项目 6 提供了 10 套模拟试题。为突出动手能力，本书的侧重点是实训操作，对有一定难度的操作过程均给出了参考数据或图片示例，并提供同步操作视频，以帮助学生全面、系统、快速、高效地备考。本书力求突出以下特色。

（1）理实结合。

本书以使学生掌握电子技术基础知识与技能为核心，注重“教、学、做、思”合一，让学生在“学中做、做中学、学中思”，凸显理实一体化训练的职教特色。

本书强调技能训练的重要性，在项目 1～项目 5 中设置了针对不同技能要点的实训操作，引导学生进行思考，从而加强对技能要点的理解和掌握。

（2）突出实用。

本书站在学生及初学者的角度进行编写，灵活处理教学内容，难易分层，内容丰富，图文并茂，并配有同步操作视频、习题答案。每个任务的“任务目标”使学生对任务的重要知识点及技能要点做到心中有数；“任务分解”将任务分解为几个子任务，遵循由易到难的原则，使学生逐步掌握相关技能；“思考与提高”注重培养学生的创新思维和实践能力，增强学习的趣味性和实用性；“拓展阅读”可加深学生对所学知识的理解，扩大知识面，提高学生的自学能力、思维能力。

（3）器件配套。

本书是校企合作教材，企业电子工程师与学校专业课教师共同开发了与本书配套的实训套件和课外拓展训练套件，套件名称见本书附录 A，学生可在淘宝网的“东东电子套件”店铺中购买。

本书分为 6 个项目，建议安排 65～74 学时，学时分配可参考下表。

项 目 序 号	项 目 内 容	建 议 学 时	机 动 学 时
项目 1	常用仪器仪表和工具的使用	5	0
项目 2	常用电子元器件的识别与检测	6	2
项目 3	电子装调技能入门训练	4	1

续表

项 目 序 号	项 目 内 容	建 议 学 时	机 动 学 时
项目 4	单元电路的安装与测试	12	2
项目 5	小型电子产品的制作与检测	18	2
项目 6	职业技能综合训练	20	2
合计		65	9

十年磨一剑，方显锐不可当；一朝试锋芒，定展雄才伟略。对于中等职业学校的学生来说，专业基础是通行证，技能至关重要。电子技术基础技能的涉及面广、内容多，不仅要学习与分析相关的电路原理，还要掌握装调技能、仪器仪表的使用方法、简单故障的处理方法等，训练过程紧张而辛苦，反复多次，费尽心力。同学们只有拥有“长风破浪会有时，直挂云帆济沧海”的信心和“黄沙百战穿金甲，不破楼兰终不还”的决心，才能以奋进的姿态迎接挑战，最终取得满意的成绩。

本书由重庆市垫江县职业教育中心杨清德、瑞安市职业中等专业教育集团学校周达王、唐山市曹妃甸区职业技术教育中心丁秀艳担任主编，重庆市石柱土家族自治县职业教育中心马力、重庆市丰都县职业教育中心胡荣华、江苏省盱眙中等专业学校高杰担任副主编。编写人员分工如下：高杰编写项目 1，周达王编写项目 2，丁秀艳、重庆市工商学校吴雄编写项目 3，胡荣华编写项目 4，马力编写项目 5，马力、瑞安市职业中等专业教育集团学校卢方孩编写项目 6。本书由杨清德负责制定编写大纲和统稿。

本书可作为中等职业学校电子信息类专业学生的教学用书，供参加职教高考的学生考前训练使用，也适合中等职业学校电子信息类专业一、二年级学生在开展基础训练时使用，还可作为社会人员参加技能学习的培训用书。

由于编者水平有限，书中难免有疏漏及不当之处，恳请广大读者批评与指正，意见反馈至电子邮箱 370169719@qq.com，以便进一步改进和提高。

编　者

目　　录

项目 1　常用仪器仪表和工具的使用

任务 1.1　万用表的使用

任务目标

（1）了解数字万用表、指针式万用表和台式万用表的基本功能。

（2）掌握数字万用表、指针式万用表和台式万用表的使用方法及操作注意事项，并能对万用表进行必要的维护和保养，培养使用电子实践相关仪表的技能和能力。

（3）在实训室，严格遵守工具和仪表等的摆放规则，维护工位附近的环境卫生，保持规范的安全穿戴。树立安全操作意识和质量意识，养成规范的操作习惯，精益求精，培养良好的职业道德修养。

任务分解

一、数字万用表的使用

数字万用表是一种多用途的电子测量仪表，在安装、测量电路等实际操作中有着重要的用途。它不仅可以用于测量电阻（电阻值简称电阻）、电流、电压、电容，还可以用于测量二极管、三极管等电子元件和电路的参数。

1. 电阻的测量步骤

① 将数字万用表的红表笔插入“VΩ”插孔，黑表笔插入“COM”插孔。

② 将量程转换开关旋至电阻挡的适当位置。

③ 分别用红、黑表笔与电阻器两端的引脚接触。

④ 读出液晶显示屏上显示的数据。

注意：若选用的量程过小，则液晶显示屏上会显示“1.”，此时应换用较大的量程；反之，若选用的量程过大，则液晶显示屏上会显示一个接近“0”的数，此时应换用较小的量程；若选用的量程合适，则液晶显示屏上会显示出一个数值，如图 1.1.1 所示。读数时，液晶显示屏上显示的数值再加上选择的挡位的单位就是测量结果。要提醒大家的是，选择 200 电阻挡时的单位是“Ω”；选择 2k、20k、200k 电阻挡时的单位是“kΩ”；选择 2M、20M、2000M 电阻挡时的单位是“MΩ”。

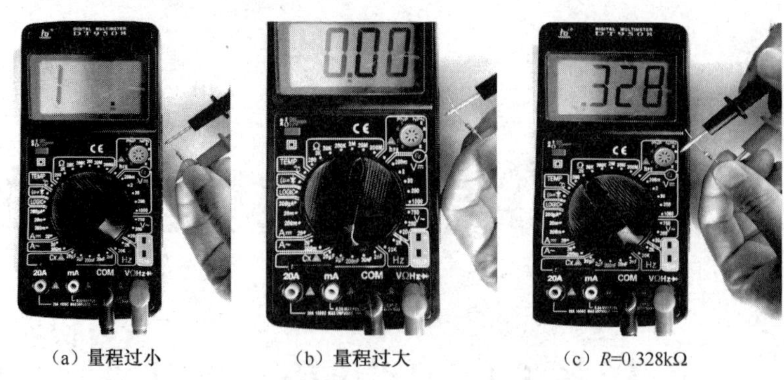
（a）量程过小　（b）量程过大　（c）R=0.328kΩ

图 1.1.1　电阻的测量

2．电压的测量步骤

① 将数字万用表的红表笔插入“VΩHz”插孔。

② 将数字万用表的黑表笔插入“COM”插孔。

③ 将量程转换开关旋至直流电压挡或交流电压挡的适当位置。

④ 读出液晶显示屏上显示的数值。

注意：把量程转换开关置于比估计值稍大的量程挡（直流电压挡是 V−，交流电压挡是 V~），接着把红黑表笔分别接至电源或电池的两端，保持接触良好。电压可以直接从液晶显示屏上读取。若显示为“1.”，说明选用的量程过小，应加大量程后再测量。若在数值左边出现“−”，说明表笔极性与电源极性相反，此时红表笔接的是负极，如图 1.1.2 所示。

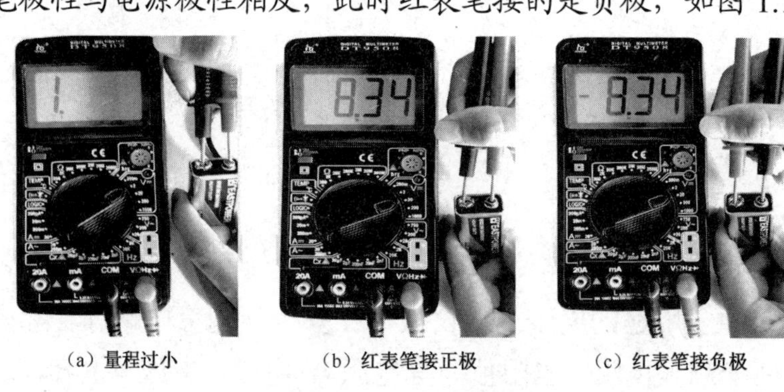
（a）量程过小　（b）红表笔接正极　（c）红表笔接负极

图 1.1.2　电压的测量

3．电流的测量步骤

① 将数字万用表的黑表笔插入“COM”插孔，红表笔插入“mA”或者“20A”插孔。

② 将量程转换开关旋至交流电流挡或直流电流挡，并选择合适的量程。

③ 断开被测电路，将数字万用表串入被测电路中，被测电路中的电流从红表笔流入，经过数字万用表后从黑表笔流出，回到被测电路中。

④ 接通电源，液晶显示屏上显示的数值就是被测电流。

注意：要准确估计被测电路中电流的大小。对于精度较高的数字万用表，若要测量大于 200mA 的电流，则应将红表笔插入“10A”插孔并将量程转换开关旋至 10A 直流电流挡；若要测量小于 200mA 的电流，则应将红表笔插入“200mA”插孔并将量程转换开关旋至 200mA 直流电流挡以内的合适挡位。

4．电容的测量步骤

① 用任意表笔将电容器两端短接，对电容器进行放电，确保数字万用表的安全。

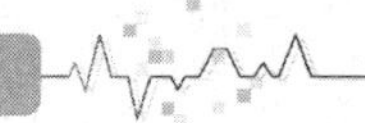

② 将量程转换开关旋至电容挡，并选择合适的量程。

③ 将电容器插入数字万用表的“CX”插孔，部分数字万用表可直接用红、黑表笔连接电容器的两引脚进行测量。

④ 读出液晶显示屏上的数值，如图 1.1.3 所示。

注意： 测量前，电容器需要放电，否则容易损坏数字万用表。

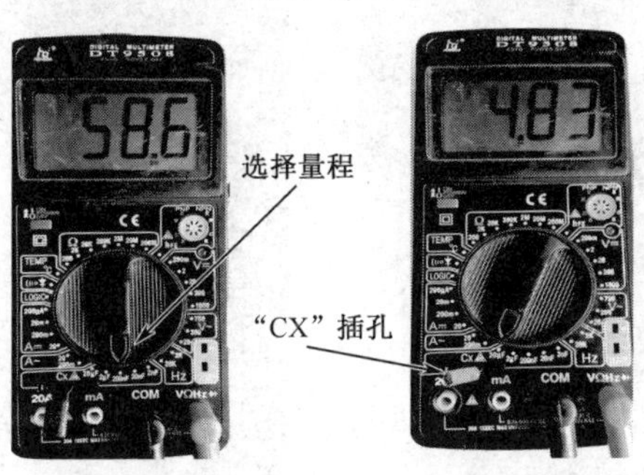

图 1.1.3　电容的测量

5. 二极管的测量步骤

① 将数字万用表的红表笔插入“VΩHz”插孔，黑表笔插入“COM”插孔，量程转换开关旋至蜂鸣器挡。

② 根据色环标识，如果已知二极管的正、负极，那么使红表笔接二极管的正极，黑表笔接二极管的负极。

③ 读出液晶显示屏上的数值，该数值为二极管的正向导通电压。一般硅二极管的正向导通电压约为 0.6V，锗二极管的正向导通电压约为 0.2V，发光二极管（LED）的正向导通电压约为 1.8V。

④ 将两表笔互换，若液晶显示屏上的数值为“1”，说明二极管正常；否则，此二极管被击穿。

二极管的测量如图 1.1.4 所示。

注意： 测量二极管的正、反向电阻，如果两次测量的结果为一次显示“1”，另一次显示零点几，那么此二极管是一只正常的二极管；如果两次测量的结果相同，那么此二极管已经损坏。根据二极管的特性，可以判断导通时红表笔接的是二极管的正极，而黑表笔接的是二极管的负极。

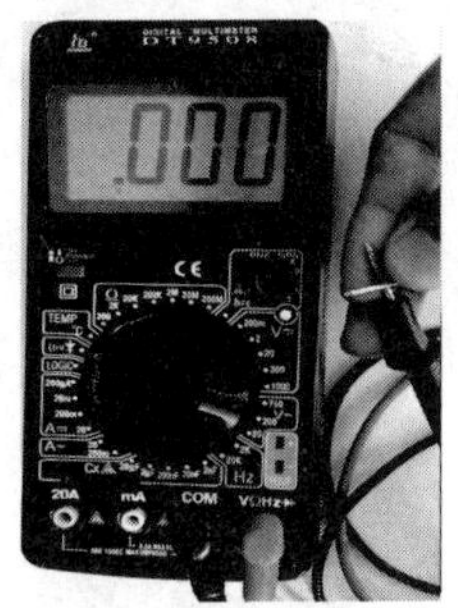

（a）蜂鸣器挡短接发声

（b）二极管的正向导通电压

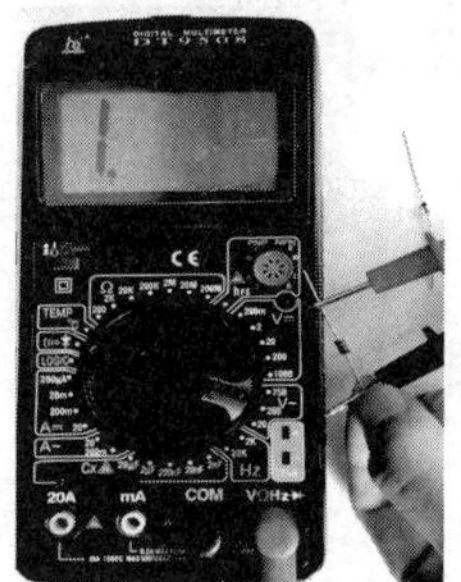

（c）反向截止

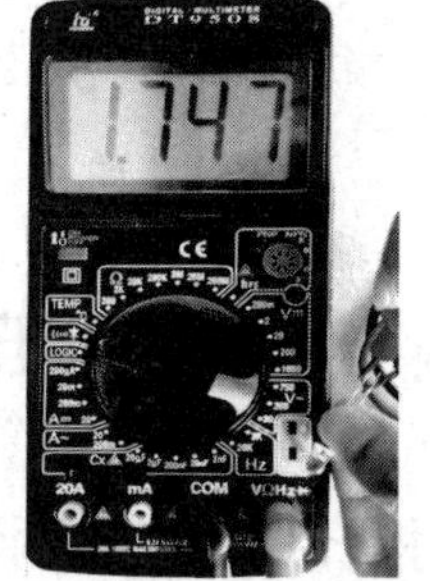

（d）发光二极管的正向导通电压

图 1.1.4　二极管的测量

6. 三极管的测量步骤

① 将数字万用表的红表笔插入“VΩHz”插孔，黑表笔插入“COM”插孔，量程转换开

关旋至蜂鸣器挡。

② 找出三极管的基极 b。先假设一引脚为基极，使黑表笔与该引脚相接，红表笔与其他两引脚分别接触，若两次读数均为 0.7V（或 0.2V）左右，则用红表笔接触假设引脚，用黑表笔接触其他两引脚。若均显示“1”，则假设引脚为基极，否则需要重新测量，如图 1.1.5 所示。

（a）红表笔与假设引脚相接（都导通）　（b）黑表笔与假设引脚相接（都不通）

图 1.1.5　确定三极管的基极

③ 判断三极管的类型（PNP 或者 NPN）。在已知基极的情况下，使黑表笔与该引脚相接，红表笔与其他两引脚分别接触，若两次读数均为 0.7V（或 0.2V）左右，则此三极管为 PNP 管。如果均显示“1”，则此三极管为 NPN 管。

④ 将量程转换开关旋至 hFE 挡，根据三极管的类型将其插入“PNP”或“NPN”插孔测量 β 值，将基极插入对应管型的“b”插孔，其余两引脚分别插入“c”“e”插孔，此时读取的数值即为 β 值；固定基极，将其余两引脚对调。比较两次读数，以读数较大的一次为准，三极管的 c 极、e 极与插孔正好对应，这样就可判定三极管的 c 极与 e 极，如图 1.1.6 所示。

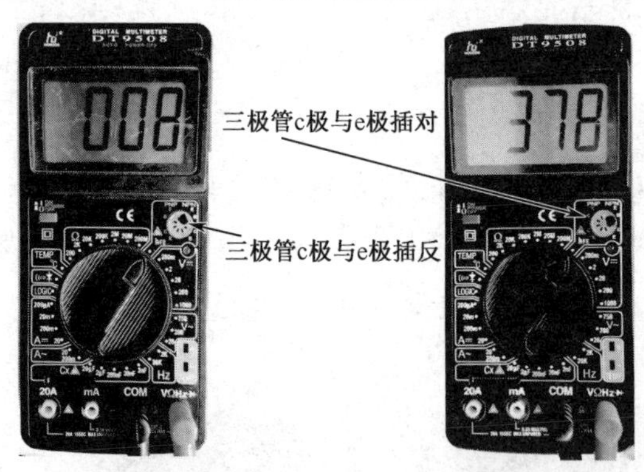

图 1.1.6　判定三极管引脚的极性

二、指针式万用表的使用

1. 指针式万用表的结构

指针式万用表的种类很多，但它们的结构和工作原理基本相同，下面以 MF47 型万用表（见图 1.1.7）为例进行介绍。它是一种高灵敏度、多量程的便携式仪表，有 26 个基本测量量程，可用于测量交流电压、交流电流、直流电压、直流电流、直流电阻、音频电平等。它能估测电容器的性能，判别各种类型二极管、三极管的极性等。

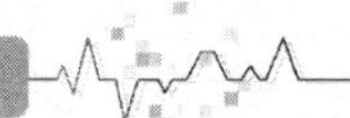

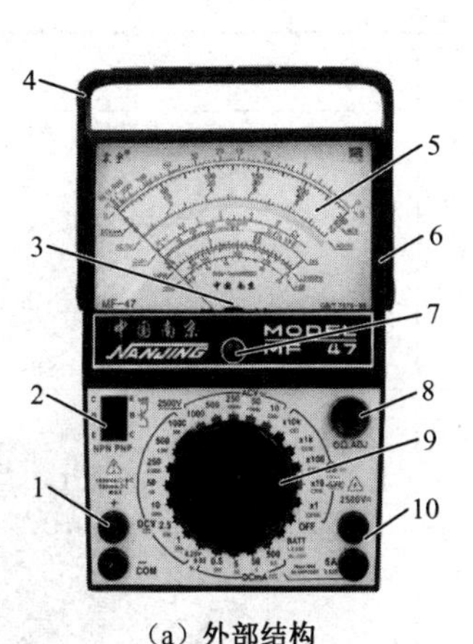

（a）外部结构

（b）内部结构

1—表笔插孔；2—“hFE”插孔；3—表头；4—提手；5—表盘；6—外壳；
7—机械调零旋钮；8—欧姆调零旋钮；9—量程转换开关；10—2500V 和 5A 专用插孔。

图 1.1.7　MF47 型万用表

指针式万用表主要由测量机构、测量电路、转换装置等组成。从外观上看，由外壳、表头、表盘、机械调零旋钮、欧姆调零旋钮、量程转换开关、2500V 和 5A 专用插孔、表笔插孔等组成。

2．指针式万用表的使用方法

指针式万用表的使用方法如表 1.1.1 所示。

表 1.1.1　指针式万用表的使用方法

项　　目	操　　作	使 用 方 法	实 物 图
测试前的准备	机械调零	使指针式万用表处于水平状态，并观察其指针是否指向零点（指电流、电压刻度线左端的零点）。若指针未指向零点，则应调整表头下方的机械调零旋钮，使指针指向零点	
测量交流电压（例：测量 220V 交流电压）	选挡	根据被测值的大小旋转量程转换开关，将其置于250V 交流电压挡	
	连接	将指针式万用表的两表笔分别接在被测负载或电源的两端	

续表

项　　目	操　　作	使用方法	实物图
测量交流电压（例：测量220V交流电压）	读数	因所选量程为250V，并且表盘内有250刻度线，所以可直接读取250刻度线的数值。指针指向235刻度，故所测电压为235V	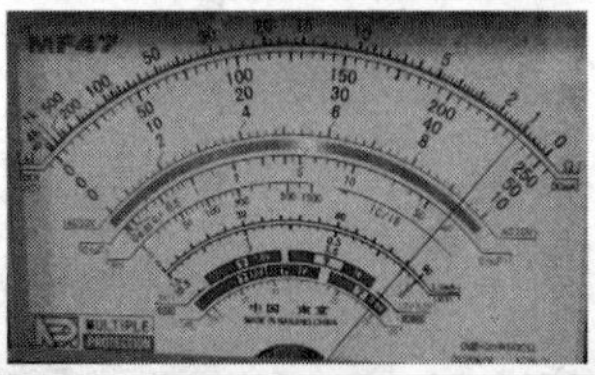
测量直流电压（例：测量9V电池的实际电压）	选挡	将指针式万用表的量程转换开关旋至10V交流电压挡	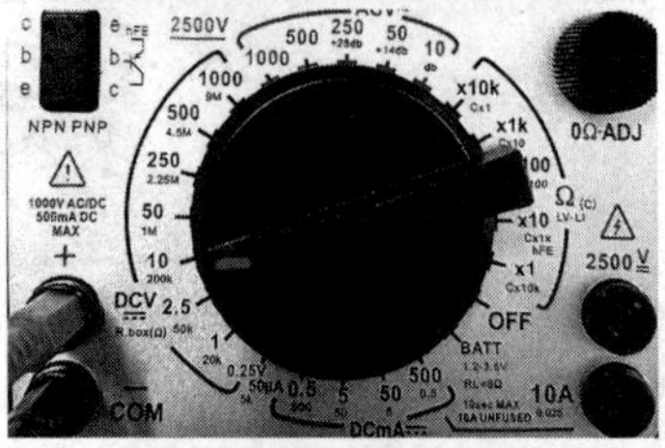
	连接	将指针式万用表的红表笔接至电池正极，黑表笔接至电池负极	
	读数	因为选用的量程为10V，所以应该按10刻度线读数，读数为9.4V	
测量直流电流（例：9V电池流过220kΩ电阻器时的电流）	选挡	通过欧姆定律计算出电流大约为40μA，所以将指针式万用表的量程转换开关旋至50μA直流电流挡。如果无法估计测量值，则由高挡向低挡依次试验，直至挡位合适为止	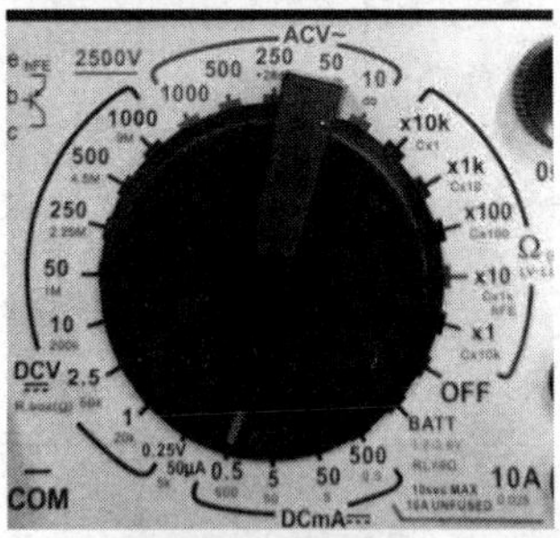
	连接	将电阻器的一端接至电池正极，另一端接至红表笔，电池负极接至黑表笔，使指针式万用表串联在电路中	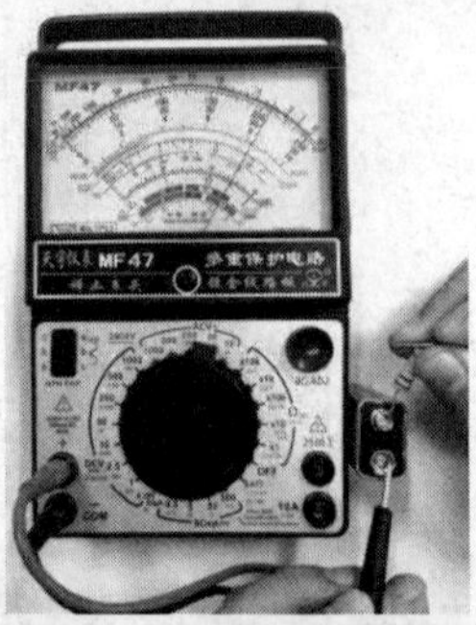
	读数	因为所选量程为50μA，所以应该按50刻度线读数，读数为42μA	

续表

项　　目	操　　作	使 用 方 法	实 物 图
测量电阻器的电阻（例：测量 200Ω 固定电阻器的实际电阻）	选挡	根据色环颜色（红、黑、棕）读出固定电阻器的标称电阻值为200Ω，所以将指针式万用表的量程转换开关旋至 R×10挡。 将两表笔短接，进行欧姆调零，即使指针偏转到右面0刻度位置	
	连接	将两表笔任意接到固定电阻器的两端。注意，此时应切断所有与固定电阻器连接的电源和电路，保证无电压和其他电阻接入固定电阻器	
	读数	读数为20，因为使用的是 R×10挡，所以实际电阻为200Ω	

3．使用指针式万用表的注意事项

（1）测量前，使指针式万用表处于水平状态，观察其指针是否指向零点（指电流、电压刻度左端的零点），若指针未指向零点，则应调整表头下方的机械调零旋钮，使指针指向零点。

（2）根据被测值的大小正确选择指针式万用表的量程。若被测值的数量级已知，则选择与其相对应的数量级量程。若被测值的数量级未知，则应从最大量程开始测量，当指针偏转角太小而无法精确读数时，再把量程减小，一般以指针偏转角在最大偏转角的 2/3 左右为宜。

（3）在测量过程中不要拨动量程转换开关。

（4）测量高电压、大电流时，必须注意安全。

（5）测量电阻时应先进行欧姆调零，即把两表笔直接相碰（短路），调整表盘下面的欧姆调零旋钮，使指针正确指向 0Ω 处。

（6）测量完成后，应把量程转换开关旋至交流电压的最高挡。

三、台式万用表的使用

同步操作视频

1．认识台式万用表

台式万用表是一种高精度的数字万用表。台式万用表与数字万用表各有优缺点，台式万用表的精度高，但体积大、不易携带，适合实验室使用；数字万用表的精度稍低些，但体积小、易于携带，室内、室外都可使用。市面上的台式万用表有很多种，本书以 UT802 型台式万用表为例进行介绍。

UT802 型台式万用表的操作面板主要由液晶显示屏、电源开关、背光源开关、数据保持开关、表笔插孔、量程转换开关等组成，如图 1.1.8 所示，各主要组成部分的功能及作用如表 1.1.2 所示。

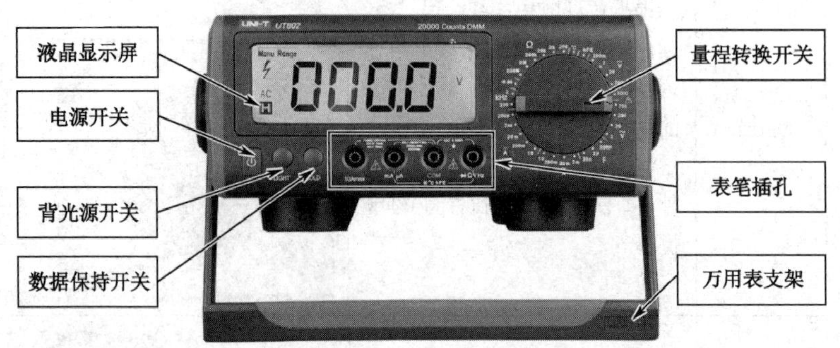

图 1.1.8　UT802 型台式万用表的操作面板

表 1.1.2　UT802 型台式万用表各主要组成部分的功能及作用

名　称	图　形	功能及作用
电源开关		按下电源开关，UT802 型台式万用表通电
背光源开关		按下背光源开关，液晶显示屏的背光源打开，再次按下，液晶显示屏的背光源关闭
数据保持开关		按下数据保持开关，液晶显示屏保持当前测量数据显示，不再随测量数据的变化而变化
量程转换开关		转动此开关可选择合适的挡位和量程，有三角形标志的一端指示当前所选挡位和量程
表笔插孔		从左往右依次为“10A”电流插孔（测量电流大于 100mA、小于 10A 时使用）、“mA'μA”电流插孔（测量电流小于 100mA 时使用）、公共端“COM”插孔、“ΩVHz”插孔（测量电阻、电压、频率及二极管时使用）
液晶显示屏		用于显示 UT802 型台式万用表的测量数据、测量单位和常见的提示符号

UT802 型台式万用表液晶显示屏的显示功能非常丰富，常见的显示内容如图 1.1.9 所示。

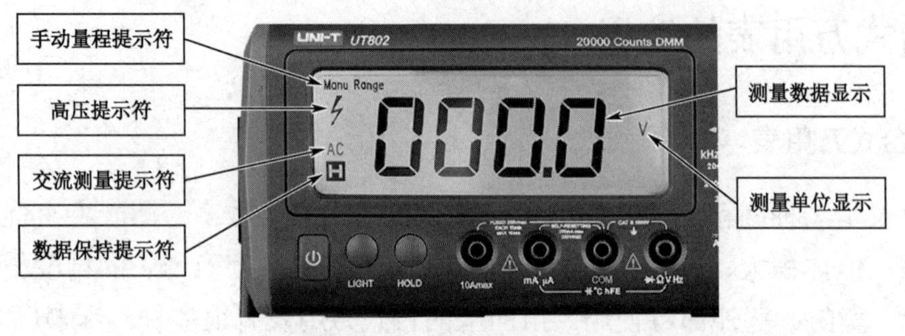

图 1.1.9　常见的显示内容

除此之外，还有电池欠压提示符、二极管测量提示符、警告提示符 **Warning!**、蜂鸣通断测量提示符等。

2．UT802 型台式万用表的使用

台式万用表与数字万用表的使用方法基本相同，下面仅介绍常见电参量测量的操作步骤。在实际操作中，需要注意操作安全，如避免触电、防止短路等，以确保人身安全和仪表的正常使用。

（1）测量电阻器的电阻。

UT802 型台式万用表的电阻挡有 200Ω、2kΩ、20kΩ、200kΩ、2MΩ、200MΩ 共 6 个挡位，测量时，需根据被测电阻的大小，选择合适的挡位。用 UT802 型台式万用表测量电阻的操作步骤如图 1.1.10 所示。

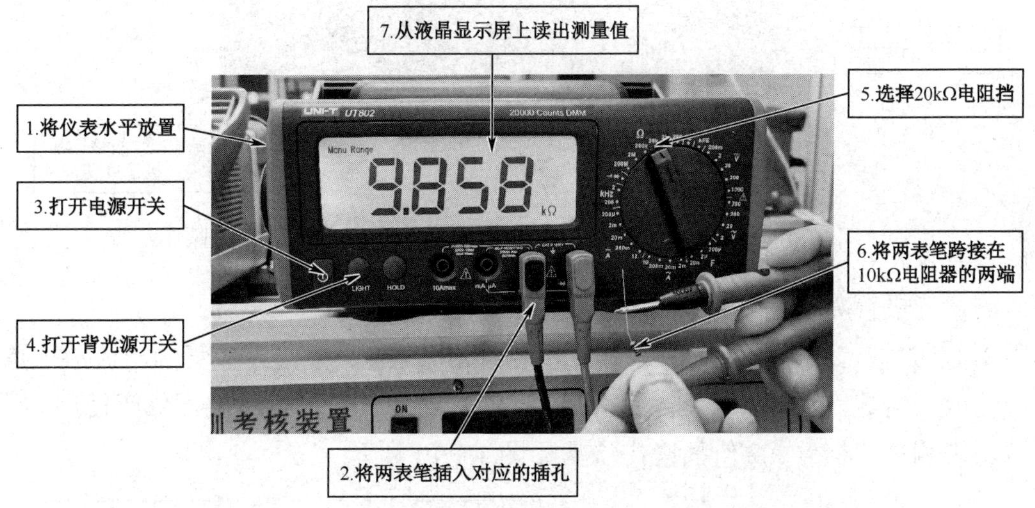

图 1.1.10　用 UT802 型台式万用表测量电阻的操作步骤

（2）测量电容器的电容。

UT802 型台式万用表的电容挡有 20nF、2μF、200μF 共 3 个挡位，测量时需要使用转接插头座。用 UT802 型台式万用表测量电容的操作步骤如图 1.1.11 所示。

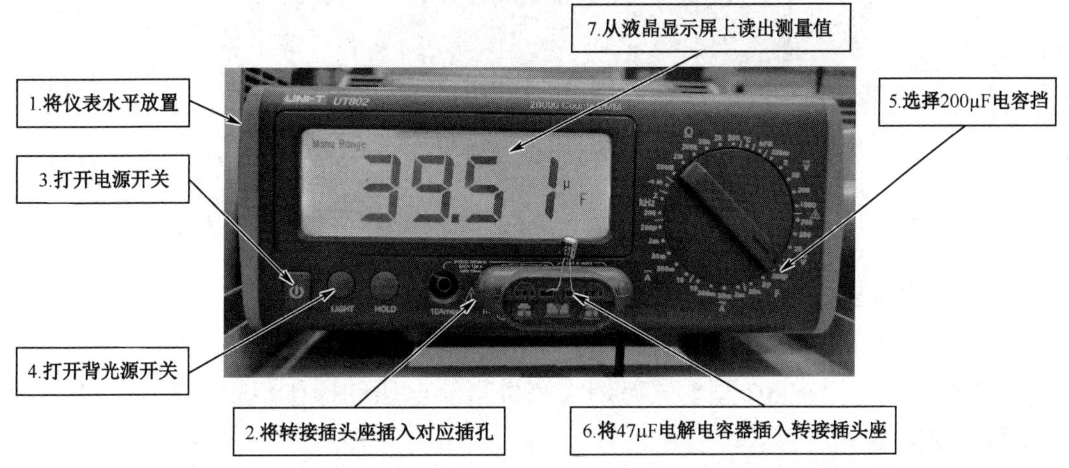

图 1.1.11　用 UT802 型台式万用表测量电容的操作步骤

（3）测量二极管的正向导通电压。

UT802型台式万用表的二极管挡与蜂鸣器挡是共用的。在测量过程中，当二极管正向导通时，UT802型台式万用表显示的数值为二极管的管压降。用UT802型台式万用表测量二极管正向导通电压的操作步骤如图1.1.12所示。

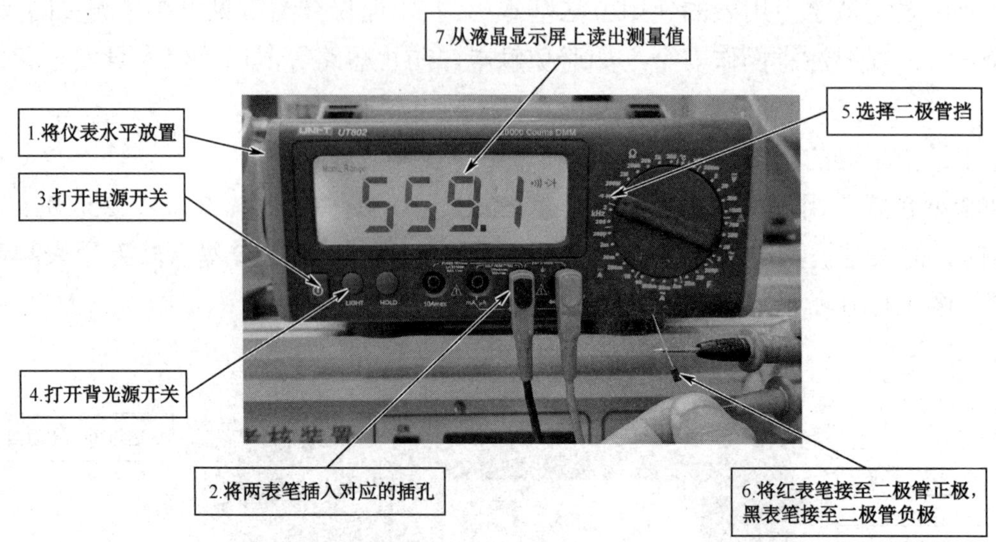

图1.1.12　用UT802型台式万用表测量二极管正向导通电压的操作步骤

（4）测量三极管 h_{FE} 值。

利用UT802型台式万用表的三极管专用挡（hFE挡），根据三极管的电流放大原理来测量三极管的放大倍数，并判别三极管的引脚和类型。测量时需配合转接插头座使用。用UT802型台式万用表测量三极管 h_{FE} 值的操作步骤如图1.1.13所示。

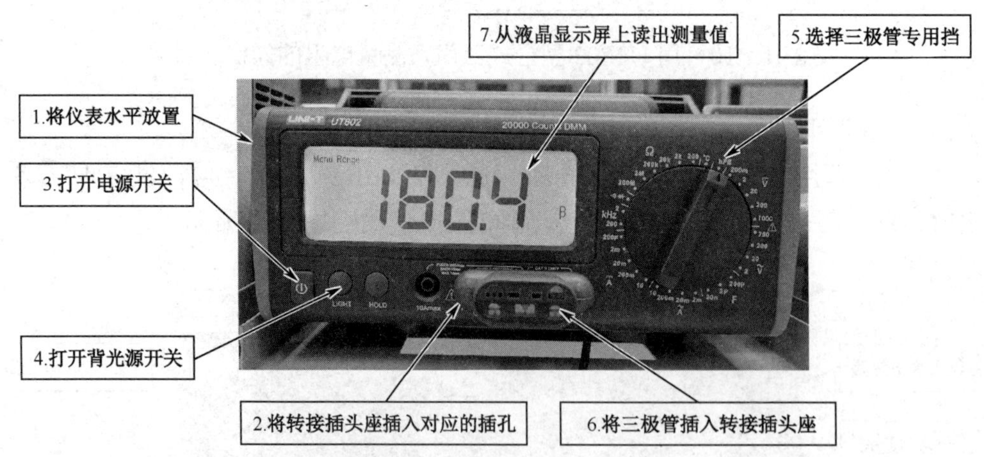

图1.1.13　用UT802型台式万用表测量三极管 h_{FE} 值的操作步骤

（5）测量直流电压。

UT802型台式万用表有200mV、2V、20V、200V、1000V共5个直流电压挡，测量时需要选择适当的挡位。用UT802型台式万用表测量直流电压的操作步骤如图1.1.14所示。

（6）测量交流电压。

UT802型台式万用表有2V、20V、200V、750V共4个交流电压挡，测量时需要选择适当的挡位。用UT802型台式万用表测量交流电压的操作步骤如图1.1.15所示。

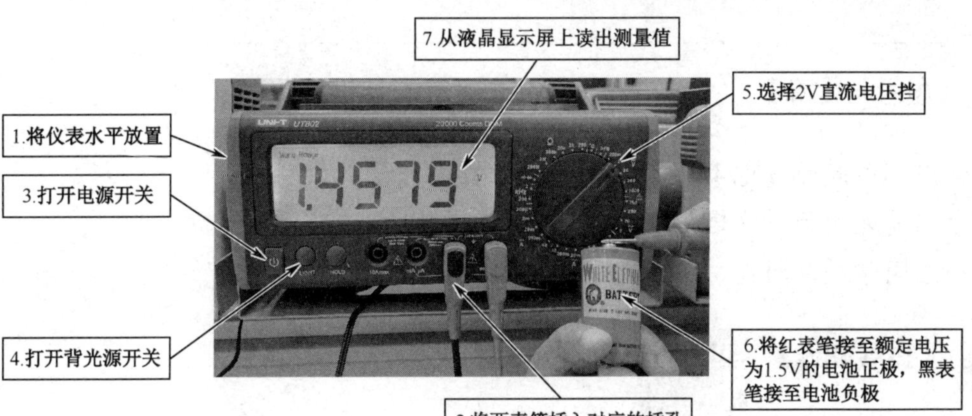

图 1.1.14　用 UT802 型台式万用表测量直流电压的操作步骤

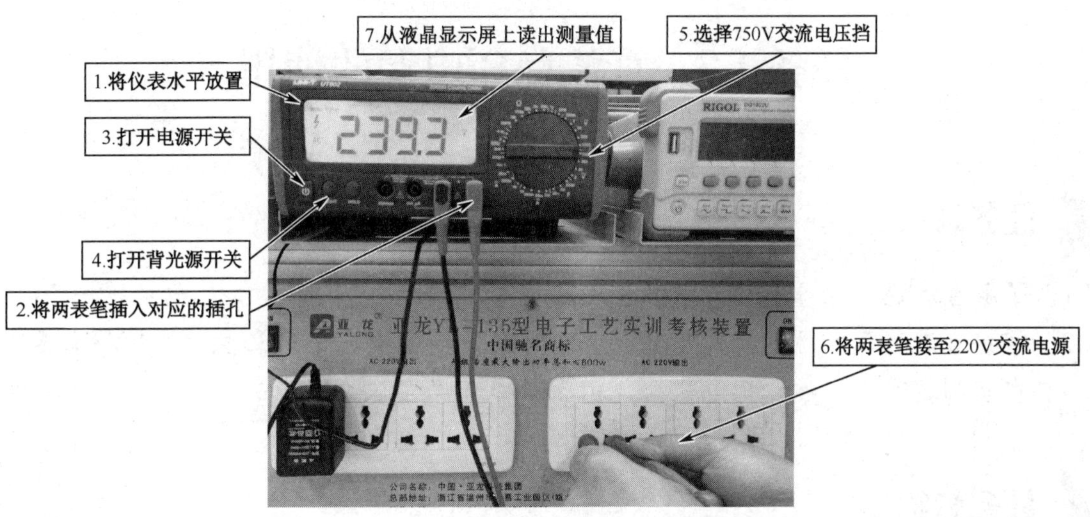

图 1.1.15　用 UT802 型台式万用表测量交流电压的操作步骤

（7）测量直流电流。

UT802 型台式万用表有 200μA、2mA、20mA、200mA、10A 共 5 个直流电流挡。使用时，根据电路中的被测对象将万用表的量程转换开关转至直流电流挡的合适量程处，断开电路的电源正极，将 UT802 型台式万用表串入被测点，使红表笔接高电位，黑表笔接低电位，用 UT802 型台式万用表测量直流电流的操作步骤如图 1.1.16 所示。

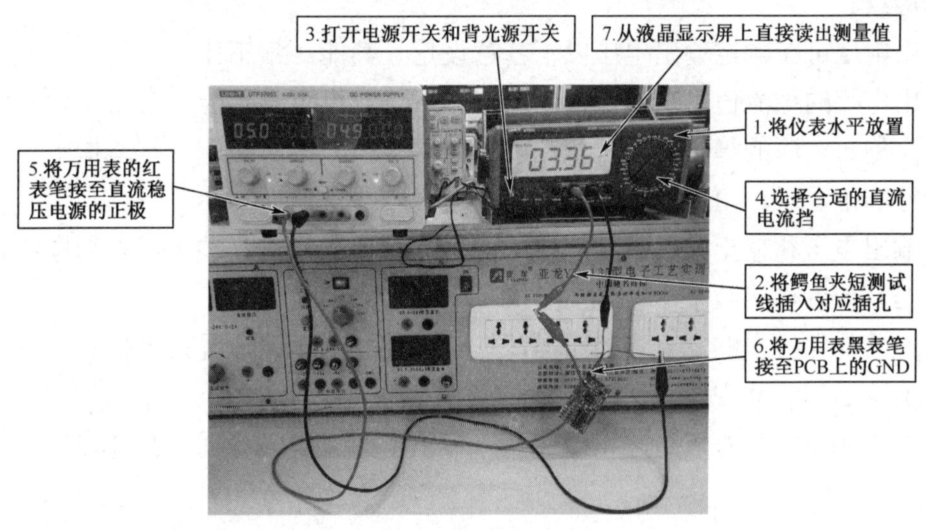

图 1.1.16　用 UT802 型台式万用表测量直流电流的操作步骤

【思考与提高】

1. 使用万用表测量电参量时，选择挡位应遵循什么原则？
2. 分别简述用指针式万用表、数字万用表测量电流的操作步骤。
3. 小组同学展开讨论，归纳总结使用台式万用表的注意事项。

【拓展阅读】

万用表使用口诀

任务 1.2　直流稳压电源的使用

任务目标

（1）了解直流稳压电源各功能键的作用。

（2）掌握直流稳压电源的操作步骤，并能对直流稳压电源进行必要的维护和保养。

（3）在实训过程中，注意用电安全，树立节能环保意识。

任务分解

一、直流稳压电源简介

1. 基本功能

直流稳压电源是一种将 220V 交流电转换成电器需要的低压直流电的电子设备，通常具有以下基本特点。

（1）输出电压可在额定输出电压以下任意设定且其能正常工作。

（2）输出电流的稳流值可在额定输出电流以下任意设定且其能正常工作。

（3）直流稳压电源的稳压与稳流状态能够自动转换，并有相应的状态指示。

（4）能够精确显示输出电压和输出电流。

（5）对输出电压和输出电流有精准要求的直流稳压电源一般要采用多圈电位器和电压电流微调电位器，或者直接数字输入。

（6）有完善的保护电路。直流稳压电源在输出端发生短路或异常工作状态下不应损坏，在异常情况消除后应能够立即正常工作。

常见的直流稳压电源有单路输出型和两路输出型两大类，如图 1.2.1 所示。

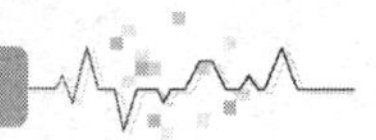

（a）单路输出型

（b）两路输出型

图 1.2.1　常见的直流稳压电源

2．面板及功能键

UTP3705S 型直流稳压电源的面板结构如图 1.2.2 所示，面板上各功能键和符号的含义如表 1.2.1 所示。

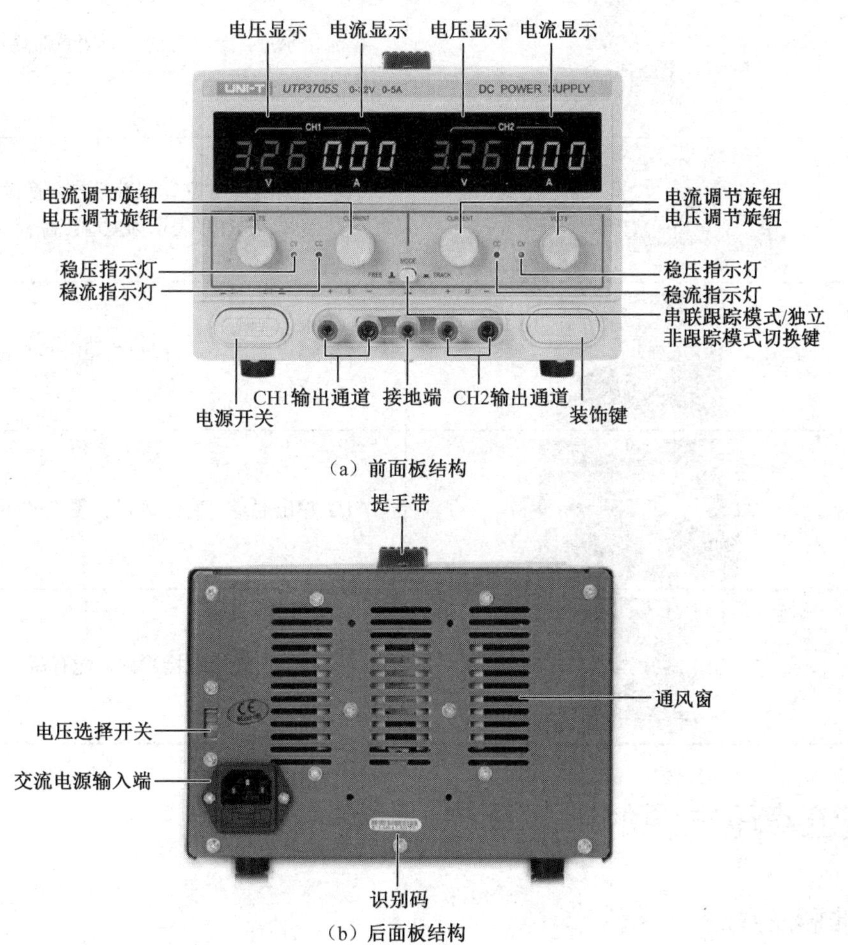

（a）前面板结构

（b）后面板结构

图 1.2.2　UTP3705S 型直流稳压电源的面板结构

表 1.2.1　面板上各功能键和符号的含义

符　　号	图　　片	含　　义
POWER		电源开关

续表

符　号	图　片	含　义
CH1、CH2		两个输出通道输出的电压、电流显示
CURRENT		切换稳流、稳压模式；在稳流模式下，设置输出电流
VOLTS		在稳压模式下，设置输出电压
CV		稳压指示灯，当其亮时，表明直流稳压电源工作在稳压模式
CC		稳流指示灯，当其亮时，表明直流稳压电源工作在稳流模式
MODE		串联跟踪模式/独立非跟踪模式切换键，TRACK 表示串联跟踪模式，FREE 表示独立非跟踪模式
I		CH1 输出通道，有红“+”、黑“-”两个接线柱
II		CH2 输出通道，有红“+”、黑“-”两个接线柱
⊥		接地端：机壳接地接线柱，配有短接片

二、直流稳压电源的基本操作

1. 操作步骤及方法

（1）连接直流稳压电源。使直流稳压电源连接 220V 市电。

（2）开启直流稳压电源。在不接负载的情况下，按下电源开关，然后开启直流稳压电源的直流输出开关（OUTPUT），使直流稳压电源正常工作（一些简单的可调直流稳压电源只有电源开关，没有独立的直流输出开关）。此时，直流稳压电源的液晶显示屏上即显示出当前工作电压。

（3）设定电压。旋转电压调节旋钮，使液晶显示屏上显示出目标电压，即可完成电压设定。可调直流稳压电源有两套调节系统分别用于调节输出电压和输出电流。调节时要区分清楚，一般用于调节输出电压的电位器有“VOLTAGE”字样，用于调节输出电流的电位器有“CURRENT”字样。一些入门级产品使用粗调/细调旋钮设定输出电压，首先将细调旋钮旋到中间位置，然后通过粗调旋钮设定输出电压的大致范围，最后用细调旋钮进行精确修正。输出电压的粗调旋钮与细调旋钮如图 1.2.3 所示。

图 1.2.3　输出电压的粗调旋钮与细调旋钮

（4）设定限制电流。按住直流稳压电源面板上的 Limit 键不放，此时液晶显示屏上会显示电流，调节电流调节旋钮，使电流达到预定水平，一般电流可设定为常用最大电流的 120%。

（5）设定过电压。设定过电压是指在直流稳压电源自身可调电压范围内进一步设定一个上限电压，以免误操作时直流稳压电源输出过高电压。一般情况下，过电压可以设定为平时最高工作电压的 120%。设定过电压需要用一字螺丝刀调节面板上内凹的电位器，这也是一种防止误操作的设计。设定过电压时，先将直流稳压电源的工作电压调节到目标过电压，然后慢慢调节电位器，使电源保护恰好动作，此时过电压设定完成；然后关闭直流稳压电源，调低工作电压，就能正常工作了。不同的直流稳压电源设定过电压的方式不同。

2．使用注意事项

（1）根据所需要的输出电压，先调节粗调旋钮，再调节细调旋钮，做到正确配合。

（2）调整到所需要的输出电压后，再接入负载。

（3）在使用过程中，如果需要变换“粗调”挡，应先断开负载，待输出电压调到所需要的值后，再接入负载。

（4）在使用过程中，当因负载短路或过载引起电源保护时，应先断开负载，再按下“复原”按钮，也可重新开启直流稳压电源，即可恢复正常工作，待故障排除后再接入负载。

（5）将额定电流不等的多路直流稳压电源串联使用时，输出电流为其中一路直流稳压电源的额定电流。

（6）直流稳压电源的每路输出通道都有红、黑两个输出端子，红接线柱表示“+”，黑接线柱表示“-”，面板中间带有“⊥”符号的黑接线柱表示该输出端接机壳，与每路直流稳压电源的输出没有电气联系，仅作为安全线使用。

（7）两路输出通道的输出电压可以串联使用，不允许并联使用。

（8）直流稳压电源不允许将输出端长期短路。

【思考与提高】

1. 使用直流稳压电源时，如何设定限制电流？
2. 使用直流稳压电源时，如何设定过电压？

【拓展阅读】

直流稳压电源使用须知

任务 1.3　函数信号发生器的使用

任务目标

（1）了解函数信号发生器各功能键的作用。

（2）掌握函数信号发生器的操作步骤及使用方法，并能对函数信号发生器进行必要的维护和保养。

（3）在实训过程中，树立团队协作意识，培养严谨的工作态度。

任务分解

一、DG1022U 任意函数信号发生器简介

信号发生器又称为信号源，是一种能提供各种频率、波形和输出电平信号的设备。信号发生器的种类较多，电子产品制作实训用的主要是函数信号发生器。

函数信号发生器是能够输出三角波、锯齿波、矩形波（含方波）、正弦波等函数波形的信号发生器，是一种综合多种波形信号、波形参数，频率范围可调的信号发生装置。

DG1022U 任意函数信号发生器输出信号的最大幅度可达 20$V_{p\text{-}p}$，脉冲的占空比在 10%～90%范围内连续可调，正弦波、方波、锯齿波、任意波（DC 除外）均可加±10V 的直流偏置电压，并具有 TTL 电平同步信号输出，脉冲反向及输出幅度衰减等多种功能。除此以外，还能外接计数输入，作为频率计数器使用。其操作面板如图 1.3.1 所示。

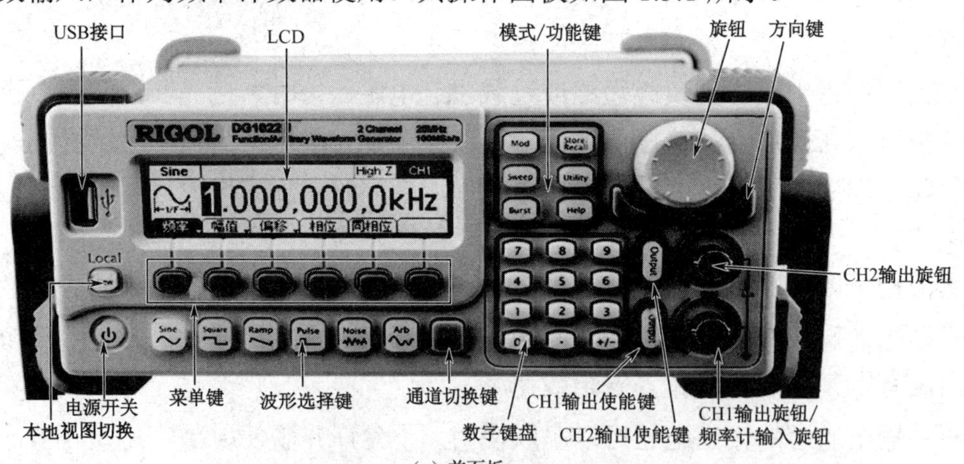

（a）前面板

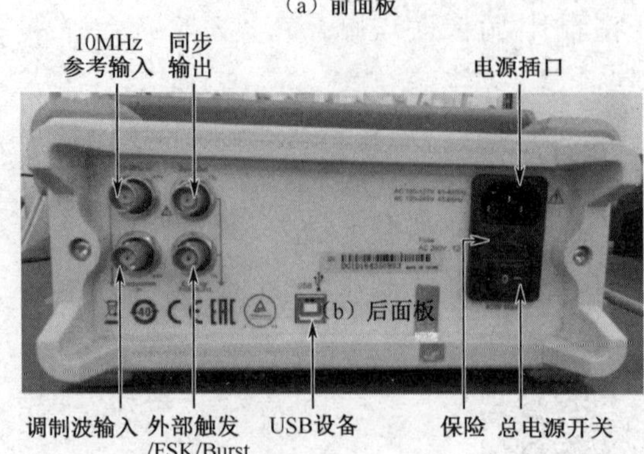

（b）后面板

图 1.3.1　DG1022U 任意函数信号发生器的操作面板

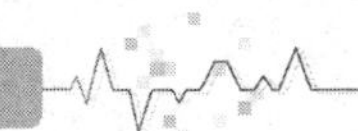

二、函数信号发生器的基本操作

（1）开机前，把操作面板上各输出旋钮旋至最小位置。

（2）开机后预热 15s 以上，以便输出频率稳定的波形。

（3）选择输出波形，根据所需的波形种类，按下相应的波形选择键，可以选择输出正弦波、矩形波、三角波、锯齿波、TTL 电平等，如图 1.3.2 所示。

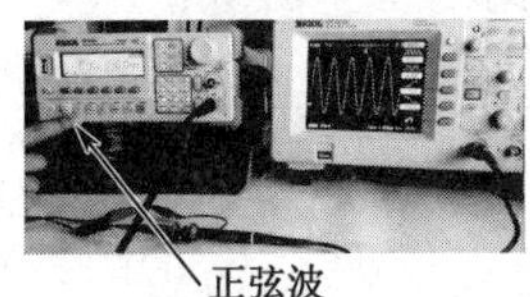

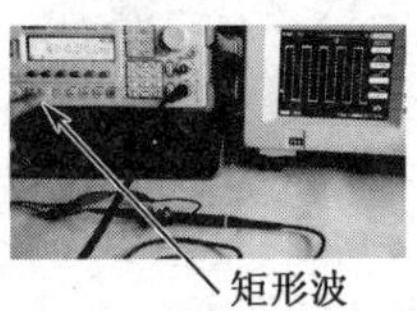

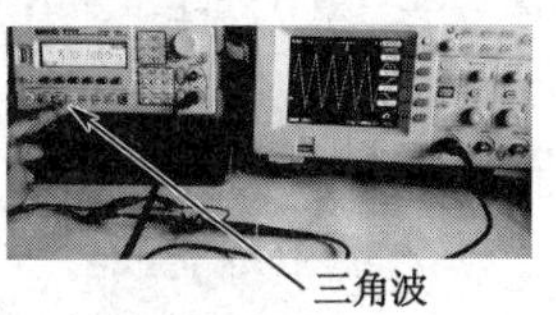

图 1.3.2　输出波形选择

（4）频率调节。先按下频率按键，再调节旋钮得到所需要的频率，如图 1.3.3 所示。

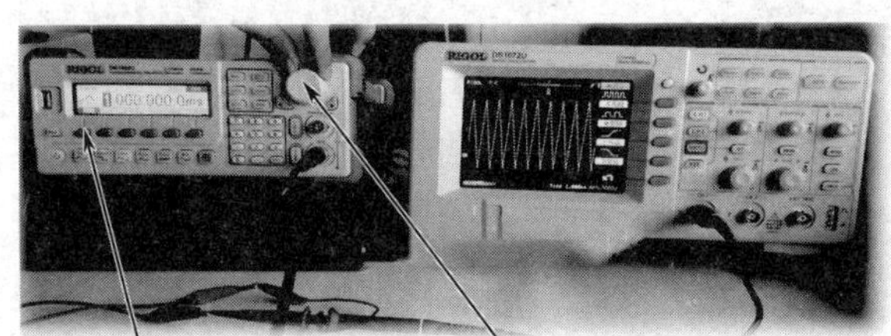

图 1.3.3　频率调节

（5）幅度调节。正弦波与脉冲波的幅度分别由正弦波旋钮和脉冲波旋钮进行调节，如图 1.3.4 所示。

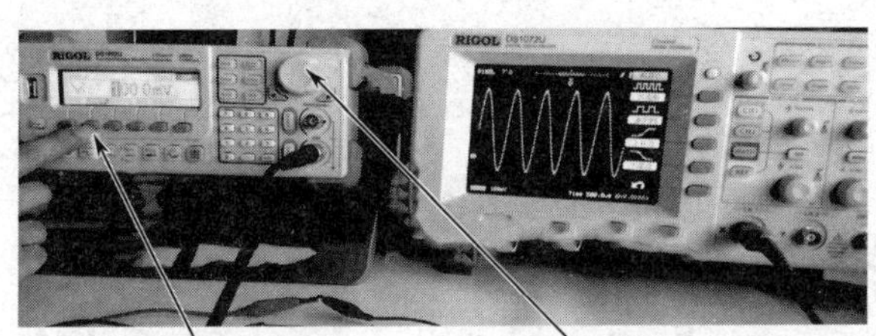

图 1.3.4　幅度调节

（6）占空比调节。如果输出波形是方波，还可以调节占空比，改变高低电平的比例，如图 1.3.5 所示。

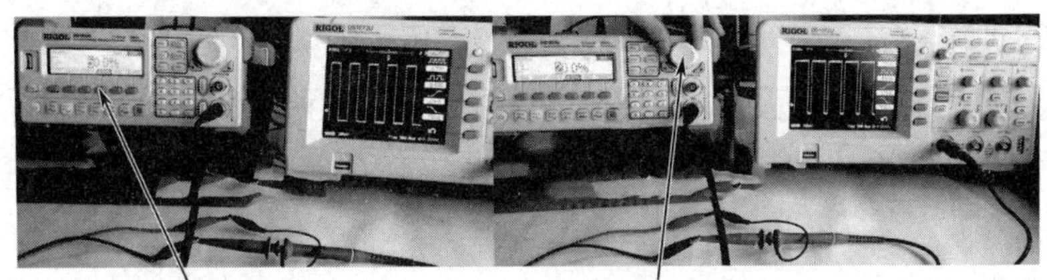

图 1.3.5　占空比调节

（7）输出端口选择。如果是任意函数信号发生器，还要切换通道选择相应的输出端口。

注意： 函数信号发生器的旋钮要求缓慢调节。如果函数信号发生器本身能显示输出信号的值，那么可以直接读出，也可通过交流毫伏表测量输出电压，选择不同的衰减，调节输出信号的幅度，直到输出电压达到要求。若要观察输出信号波形，可把输出信号输入示波器。

【思考与提高】

练习使用函数信号发生器，分别输出 f=403Hz、$V_{P\text{-}P}$=5.0V 的正弦波，f=312Hz、$V_{P\text{-}P}$=20.1V 的方波，f=1103Hz、$V_{P\text{-}P}$=7.5V 的三角波，观察信号波形。

【拓展阅读】

信号发生器的使用

任务 1.4　数字示波器的使用

任务目标

（1）了解数字示波器各功能键的作用。

（2）掌握数字示波器的操作步骤及使用方法，并能对数字示波器进行必要的维护和保养。

（3）通过动手实践，体验操作带来的乐趣，以及学到技术和知识的喜悦，培养团队合作精神，提高沟通表达能力。

任务分解

一、数字示波器简介

示波器是一种用于展示交流电或脉冲电流波形的仪器，它能把肉眼看不见的电信号变换成看得见的图像，除可以用于观测电流的波形外，还可以用于测量频率、电压强度等。凡可以变为电效应的周期性物理过程都可以用示波器进行观测。常用示波器有模拟示波器和数字示波器两大类。目前，各地职教高考采用的通常是数字示波器。

数字示波器的工作方式是通过模数转换器（ADC）把被测电压转换为数字信息。数字示波器捕获的是波形的一系列样值，并对样值进行存储，直到累计的样值能描绘出波形为止，随后，数字示波器重构波形。数字示波器可以分为数字存储示波器（DSO）、数字荧光示波器（DPO）和采样示波器。

数字示波器通常支持多级菜单，能向用户提供多种选择和分析功能，还有一些数字示波器具有存储功能，能实现对波形的保存和处理。下面以 DS1072U 数字示波器为例进行介绍。

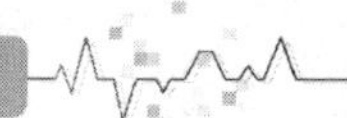

1. 面板及功能介绍

DS1072U 数字示波器的面板按功能不同，可分为液晶显示区、功能菜单操作区、常用菜单区、执行按键区、垂直控制区、水平控制区、触发控制区等区域，如图 1.4.1 所示。

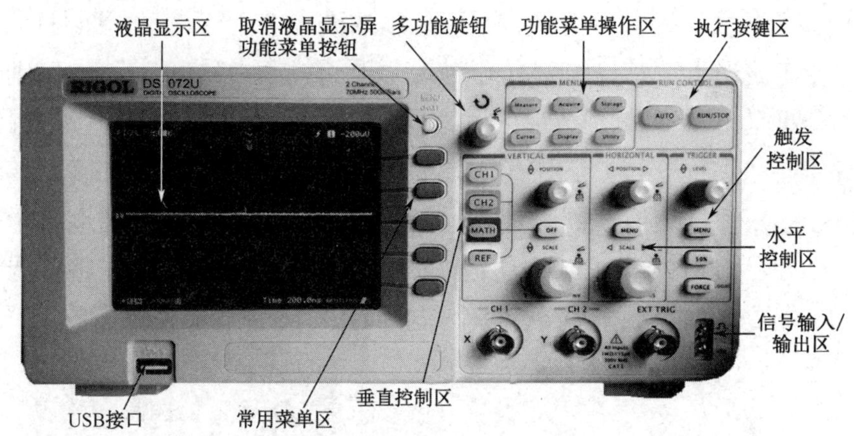

图 1.4.1　DS1072U 数字示波器的面板及功能

（1）功能菜单操作区。在此区域中，按键用于操作液晶显示屏右侧的功能菜单及子菜单；多功能旋钮用于选择和确认功能菜单选项下拉列表中的项目等；取消液晶显示屏功能菜单按钮用于取消液晶显示屏上显示的功能菜单。

（2）常用菜单区。按下任一按键，液晶显示屏右侧会出现相应的功能菜单。通过常用菜单区的 5 个按键，可选定功能菜单的选项，如图 1.4.2 所示。若功能菜单选项中有“◁”符号，表明该选项有下拉列表。将下拉列表打开后，可转动多功能旋钮选择相应的项目并按下多功能旋钮予以确认。若功能菜单上方、下方有“▲”“▼”符号，表明功能菜单一页未显示完，可操作按键上、下翻页。若功能菜单中有“↻”符号，表明该项参数可通过转动多功能旋钮进行设置调整。按下取消液晶显示屏功能菜单按钮，液晶显示屏上的功能菜单立即消失。

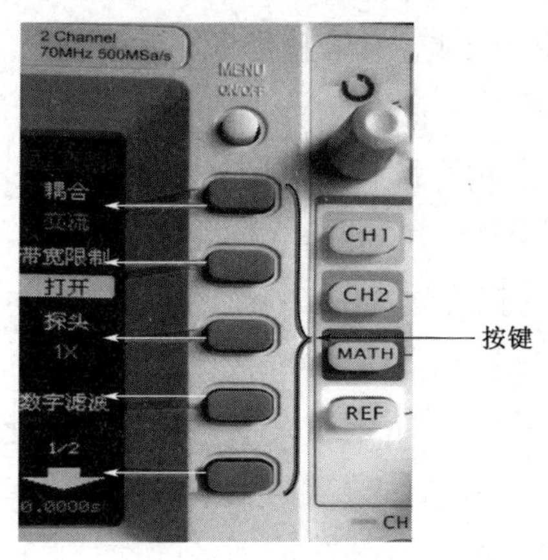

图 1.4.2　常用菜单区

（3）执行按键区。执行按键区（见图 1.4.3）有 AUTO（自动设置）和 RUN/STOP（运行/停止波形采样）2 个按键。按下 AUTO 按键，DS1072U 数字示波器将根据输入的信号，自动设置和调整垂直、水平及触发方式等各项控制值，使波形显示达到适宜观察的最佳状态，若有需要，还可进行手动调整。RUN/STOP 按键为运行/停止波形采样按键。当 DS1072U 数字示波器处于运行（波形采样）状态时，该按键为黄色；按一下该按键，停止波形采样且该按键变为红色，有利于绘制波形并可在一定范围内调整波形的垂直衰减和水平时基；再按一下，DS1072U 数字示波器恢复运行（波形采样）状态。

注意：应用自动设置功能时，要求被测信号的频率大于或等于 50Hz，占空比大于 1%。

（4）垂直控制区。垂直控制区如图 1.4.4 所示。使用 POSITION（垂直位置）旋钮可设置所选通道波形的垂直显示位置。转动该旋钮，不但显示的波形会上下移动，而且所选通道的“地”（GND）标识也会随波形上下移动并显示于液晶显示屏左侧状态栏，移动值则显示于液晶显示屏左下方；按下垂直位置旋钮，波形的垂直显示位置快速恢复到零点（液晶显示屏水平中心位置）处。SCALE（垂直衰减）旋钮用于调整所选通道波形的显示幅度。转动该旋钮可改变“V/DIV”（伏/格）垂直挡位，同时液晶显示屏下方状态栏中对应通道显示的幅值也会发生变化。CH1、CH2、MATH、REF 为通道或方式按键，按下某按键，液晶显示屏将显示其对应的功能菜单、标志、波形和挡位状态等信息。OFF 按键用于关闭当前选择的通道。

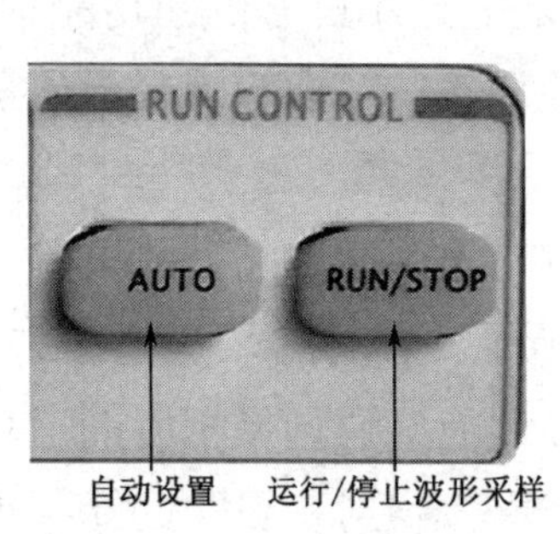

图 1.4.3　执行按键区

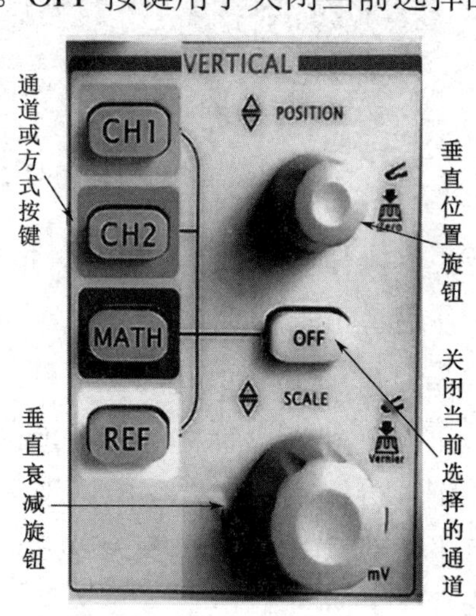

图 1.4.4　垂直控制区

（5）水平控制区。如图 1.4.5 所示，水平控制区中的按键及旋钮主要用于设置水平时基。POSITION（水平位置）旋钮用于调整信号波形在液晶显示屏上的水平显示位置，转动该旋钮，不但显示的波形随之水平移动，而且触发位移标志“T”也在液晶显示屏上方随之移动，移动值则显示在液晶显示屏左下角。SCALE（水平衰减）旋钮用于改变水平时基挡位，转动该旋钮可改变“s/DIV（秒/格）”水平挡位，液晶显示屏下方状态栏 Time 后显示的主时基值也会发生相应的变化。水平扫描速度为 20ns～50s，以 1—2—5 的形式步进。按下水平衰减旋钮可快速打开或关闭延迟扫描功能。按下水平功能菜单（MENU）按键，显示 TIME 功能菜单，在此功能菜单下，可开启/关闭延迟扫描，切换 Y（电压）-T（时间）、X（电压）-Y（电压）和 ROLL（滚动）模式，设置水平触发位移复位等。

（6）触发控制区。如图 1.4.6 所示，触发控制区的旋钮和按键主要用于设置触发系统。转动 LEVEL 触发电平调节旋钮，液晶显示屏上会出现一条上下移动的水平黑色触发线及触发标志，且液晶显示屏左下角和上方状态栏最右端触发电平的数值也随之发生变化。停止转动触发电平调节旋钮，触发线、触发标志及液晶显示屏左下角触发电平的数值会在约 5s 后消失。按下触发电平调节旋钮，触发电平快速恢复到零点。按下触发功能菜单（MENU）按键可调出触发功能菜单，改变触发设置。50%按键用于设定触发电平在触发信号幅值的垂直中点。按下强制触发（FORCE）按键，可强制产生一个触发信号，适用于触发方式中的“普通”和“单次”模式。

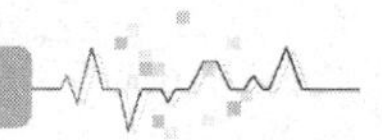

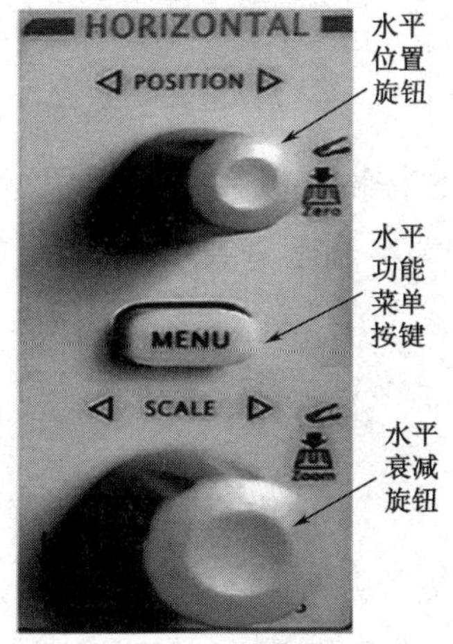

图 1.4.5　水平控制区

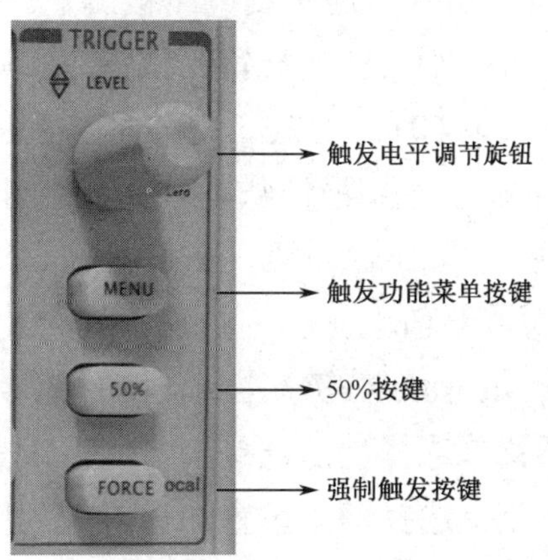

图 1.4.6　触发控制区

（7）信号输入/输出区。如图 1.4.7 所示，CH1 和 CH2 为信号输入通道，EXT TRIG 为外触发信号输入端，最右侧为 DS1072U 数字示波器的校正信号输出端（输出频率为 1kHz、幅值为 3V 的方波信号）。

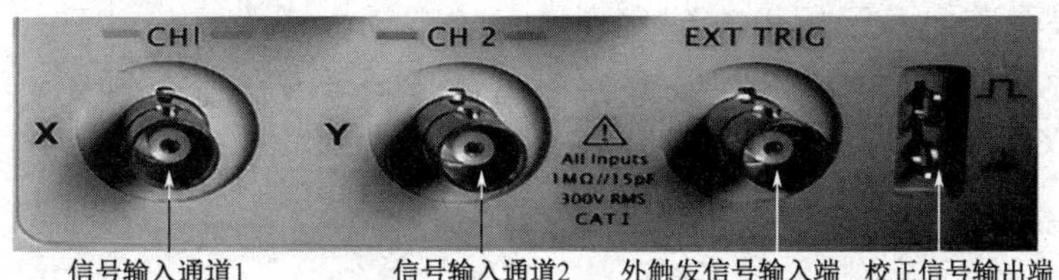

图 1.4.7　信号输入/输出区

（8）液晶显示区。液晶显示区的显示界面如图 1.4.8 所示。

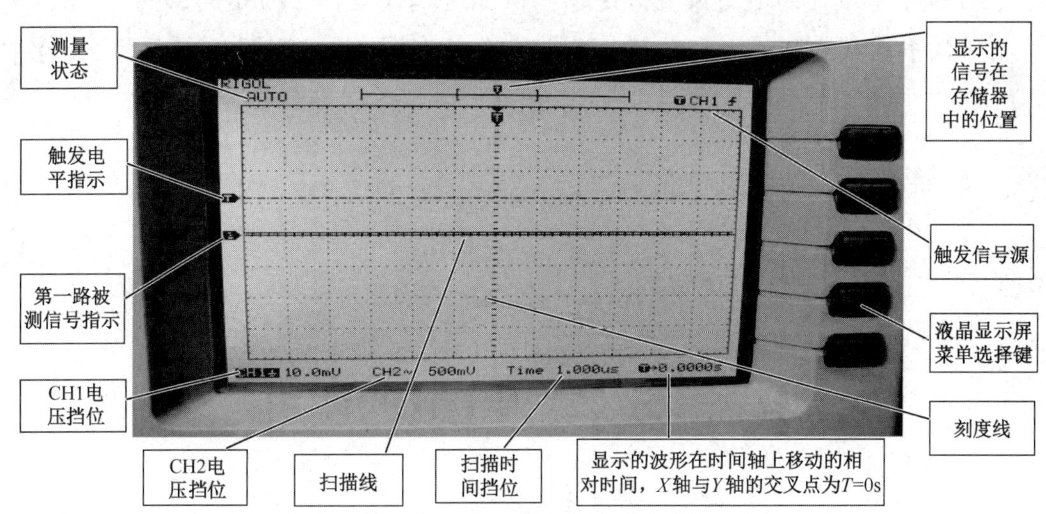

图 1.4.8　液晶显示区的显示界面

二、DS1072U 数字示波器的使用方法

要观察电路中某一未知信号，进行频率和峰峰值的自动测量，其步骤如下。

（1）迅速显示该信号。

① 将探头的衰减系数设定为 10X。

② 将 CH1 的探头连接到电路被测点。

③ 按下 AUTO（自动设置）按键。

④ 依次按下 CH2、OFF、MATH、OFF、REF、OFF 按键，DS1072U 数字示波器将自动设置，使波形显示达到最佳状态。在此基础上，可以进一步调节垂直、水平挡位，直至波形显示符合要求。

（2）测量峰峰值。

① 按下 Measure 按键，显示自动测量菜单。

② 按下菜单选择键，选择信号源 CH1。

③ 按下菜单选择键，设置测量类型为电压测量。

④ 在弹出的电压测量功能菜单中，设置测量参数为峰峰值。

此时，就可以在液晶显示屏左下角观察到显示的峰峰值。

（3）测量频率。

① 按下菜单选择键，设置测量类型为时间测量。

② 在弹出的时间测量功能菜单中，设置测量参数为频率。

此时，就可以在液晶显示屏下方观察到显示的频率。

注意：测量结果在液晶显示屏上的显示会因为被测信号的变化而改变。

【思考与提高】

1. 做一次快速功能检查，以判断实训室提供的数字示波器是否正常运行。

2. 练习设置 DS1072U 数字示波器探头的衰减系数。

3. 练习数字示波器的通道设置方法，明确通道耦合对信号显示的影响。

4. 利用数字示波器测量由函数信号发生器输出的频率为 3.5kHz，幅度为 5mV/p-p 的方波信号。

【拓展阅读】 

示波器简介

任务 1.5　常用工具的使用

任务目标

（1）了解电子整机装配过程中常用工具的类型、作用及外形结构特征。

（2）能正确选择和熟练使用常用工具，并能对常用工具进行必要的维护和保养。

（3）遵守安全操作规程，养成规范使用工具的良好习惯，促进专业技能和职业道德素养均衡发展。

任务分解

一、常用工具的种类

电子整机装配过程中的常用工具主要是指用于电子产品安装和加工的工具，一般分为普通工具、专用工具和焊接工具等。

1．普通工具

普通工具是指既可用于电子整机装配，又可用于其他机械装配的通用工具，如螺丝刀、尖嘴钳、斜口钳、钢丝钳、剪刀、镊子、扳手、手锤、锉刀等。

2．专用工具

专用工具是指专门用于电子整机装配的工具，包括剥线钳、成形钳、压接钳、绕接工具、热熔胶枪、手枪式线扣钳、元器件引线成形夹具、特殊开口螺丝刀、无感的小旋具及钟表起子等。

3．焊接工具

焊接工具是指用于电气焊接的工具。电子整机装配过程中使用的焊接工具主要有电烙铁、电热风枪和烙铁架等。

二、常用工具的特点及用途

在进行电子整机装配实训时，常用工具主要有尖嘴钳、斜口钳、剥线钳、螺丝刀、镊子、电烙铁、吸锡器等。电子整机装配工具包如图 1.5.1 所示，常用工具的特点、用途、使用注意事项如表 1.5.1 所示。

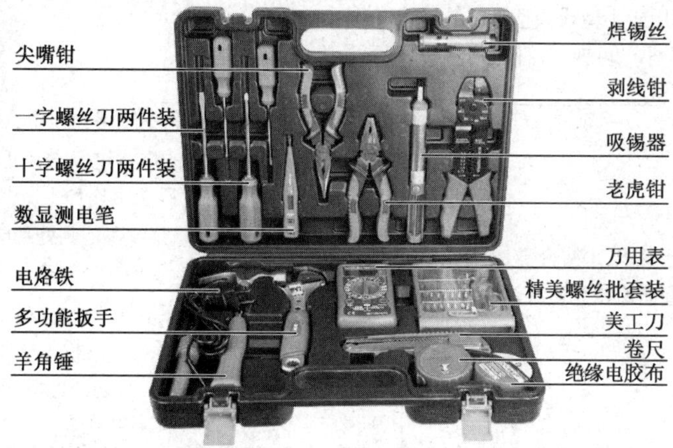

图 1.5.1　电子整机装配工具包

表 1.5.1　常用工具的特点、用途、使用注意事项

工　具　名	特点及用途	使用注意事项	外形结构
尖嘴钳	尖嘴钳分为普通尖嘴钳和长尖嘴钳，钳柄上套有额定电压为500V的绝缘套管。其主要用于剪切线径较小的单股或多股导线、给单股导线接头弯圈、剥绝缘套管等，能在较狭小的工作空间内使用，不带刃口的尖嘴钳只能夹捏零件，带刃口的尖嘴钳能剪切细小零件	要注意保护好钳柄上的绝缘套管，以免造成触电事故。 特别要注意保护钳头部分，被夹的零件不可过大，用力时切忌过猛	
斜口钳	斜口钳有普通斜口钳和带弹簧斜口钳两种，主要用于剪切导线，剪掉PCB（印制电路板）接插件和元器件焊接完成后过长的引线。斜口钳还可以代替普通剪刀剪切绝缘套管、尼龙扎线带等	剪切导线时，要使钳头朝下，在不变动方向时可用另一只手遮挡，防止剪下的线头飞出而伤害到眼睛	
剥线钳	剥线钳的钳口有数个不同直径的槽口，可用于剥除导线端头的绝缘套管，也可以将被切断的绝缘套管与导线分开，又不损伤芯线	将要剥除的绝缘套管长度用标尺定好后，即可把导线放入相应的槽口（比导线的线径稍大）中，用手握紧钳柄，导线的绝缘套管即被割破而自动弹出。 注意：不同线径的导线要使用剥线钳不同直径的槽口	
镊子	镊子有尖头和圆头两类，主要作用是夹持物体。头部较宽的医用镊子适合夹持较大的物体，而头部尖细的普通镊子适合夹持细小物体。 在焊接时，可用镊子夹持导线或元器件。对镊子的要求是弹性强，合拢时头部要吻合	使用过程中，要预防镊子的头部伤人	
螺丝刀	螺丝刀又称为螺钉旋具、改锥或起子，用于紧固或拆卸螺钉。常用的螺丝刀有一字形、十字形两大类，可分为手动、电动等形式。 螺丝刀的规格及型号很多。它的规格以手柄以外的刀体长度来表示	根据被拆装螺钉的规格、尺寸、型号，选用与之对应的螺丝刀	
钟表起子	钟表起子的端头有各种不同的形状和大小，主要用于小型或微型螺钉的拆装，也可用于小型可调元器件的调整	使用时，应注意选择与螺钉槽形状相同且大小对应的钟表起子	
电烙铁	电烙铁用于熔化并粘合导线或元器件，可分为直柄烙铁和弯头烙铁	（1）使用电烙铁时，不能用力敲击，要防止跌落。烙铁头上的焊锡过多时，可用布擦掉，不可乱甩，以防烫伤他人。 （2）焊接过程中，电烙铁不能到处乱放；不进行焊接时，应将其放在烙铁架上。 （3）电源线不可搭在烙铁头上，以防烫坏电源线的绝缘套管而发生事故。 （4）使用结束后，应及时切断电源，待冷却后，再将电烙铁收回工具箱	
吸锡器	吸锡器有手动、电动两种，用于吸取PCB上多余的焊锡，以便于维修或更换元器件	普通吸锡器的吸嘴是塑料件，不耐高温、易变形。在使用一段时间后必须对其进行清理，否则内部的活动部分或头部会被焊锡卡住	

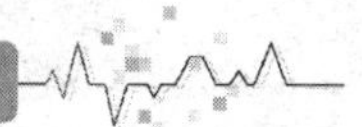

三、常用工具的使用注意事项

（1）使用工具时应特别注意自身及他人安全。例如，用斜口钳剪导线时，应将钳口的凹槽朝外，以免断线碰伤眼睛；使用电烙铁时，应防止烫伤。

（2）无论使用哪种工具，都应爱惜。例如，各种钳子不可以作为榔头使用，以免钳子因敲击而变形。

（3）工具使用完毕后，请务必保管好，以备实训结束后清点数量。

【思考与提高】

1. 简述对电烙铁、尖嘴钳等常用工具进行安全检测的方法。
2. 如何正确保管和维护常用工具？

【拓展阅读】

电子整机装配的常用工具、设备和材料 

项目 2　常用电子元器件的识别与检测

任务 2.1　电阻器的识别与检测

同步操作视频

任务目标

（1）能用目视法判断、识别各类电阻器，能正确识读固定电阻器上标注的主要参数。

（2）会使用万用表对常用电阻器和电位器进行测量，并能正确判断其质量的好坏。

（3）培养乐观向上、不断提高自我能力的精神。

任务分解

一、电阻器

电阻器从结构上看，可分为固定电阻器、可变电阻器、电位器三大类，其外形差异较大，识别时应注意观察各类电阻器的外形特征。图 2.1.1 所示为常用电阻器的实物图。

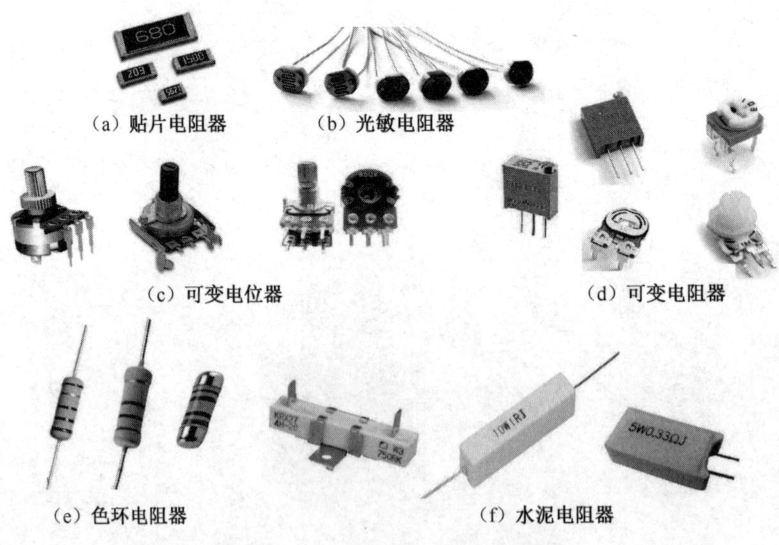

（a）贴片电阻器　（b）光敏电阻器　（c）可变电位器　（d）可变电阻器　（e）色环电阻器　（f）水泥电阻器

图 2.1.1　常用电阻器的实物图

二、固定电阻器的主要参数

固定电阻器的主要参数有标称电阻值、允许误差和额定功率。

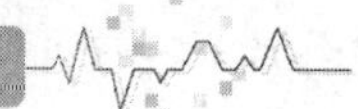

1．标称电阻值与允许误差

固定电阻器上所标注的电阻称为标称电阻值，固定电阻器上的标称电阻值是按照国家标准进行标注的。

固定电阻器的实际电阻和标称电阻值之差除以标称电阻值所得到的百分数称为固定电阻器的允许误差。固定电阻器的允许误差等级有±1%、±5%、±10%、±20%等。

固定电阻器的标称电阻值和允许误差标注在固定电阻器表面，最常用的标注方法有直标法和色环法。

（1）直标法。直标法是指直接将固定电阻器的标称电阻值和允许误差用阿拉伯数字和符号印刷在固定电阻器表面。允许误差的标注方法有百分数法和字母法，二者的含义是一致的。图 2.1.2 所示固定电阻器的标称电阻值为 6.8kΩ，图 2.1.2（a）中允许误差的标注方法为百分数法，图 2.1.2（b）中允许误差的标注方法为字母法。

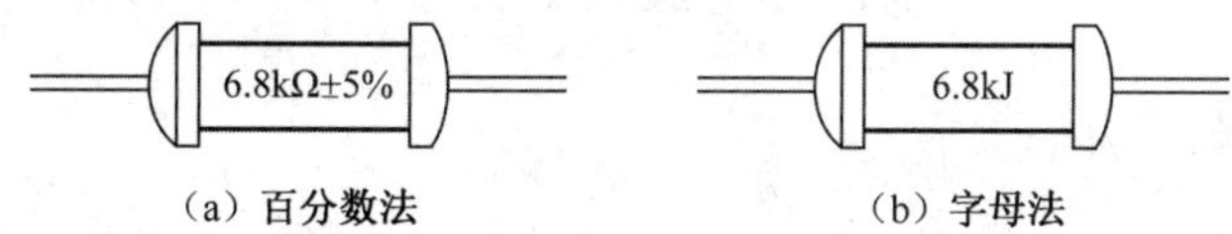

（a）百分数法　　（b）字母法

图 2.1.2　直标法

（2）色环法。对于体积较小的固定电阻器，国际上广泛采用色环法，色环法有四色环法和五色环法两种。每道色环有相应的含义，如表 2.1.1 所示，我们可以根据色环的含义来计算每只固定电阻器的电阻。

表 2.1.1　色环的含义

颜　色	第　一　环	第　二　环	第　三　环	倍　　率	允 许 误 差	
黑色	0	0	0	1		
棕色	1	1	1	10	±1%	F
红色	2	2	2	100	±2%	G
橙色	3	3	3	1k		
黄色	4	4	4	10k		
绿色	5	5	5	100k	±0.5%	D
蓝色	6	6	6	1M	±0.25%	C
紫色	7	7	7	10M	±0.10%	B
灰色	8	8	8		±0.05%	A
白色	9	9	9			
金色				0.1	±5%	J
银色				0.01	±10%	K
无					±20%	M

① 四色环法（见图 2.1.3）。前面两环表示有效数字，第三环表示倍率，单位为 Ω，第四环（多为金色或银色）表示允许误差。例如，某固定电阻器的色环颜色依次为红色、红色、黑色、银色，则该固定电阻器的标称电阻值为 22Ω，允许误差为±10%。

② 五色环法（见图 2.1.4）。前面三环表示有效数字，第四环表示倍率，单位为 Ω，第五

环（多为棕色）表示允许误差。例如，某固定电阻器的色环颜色依次为黄色、紫色、黑色、黄色、棕色，则该固定电阻器的标称电阻值为4700kΩ，允许误差为±1%。

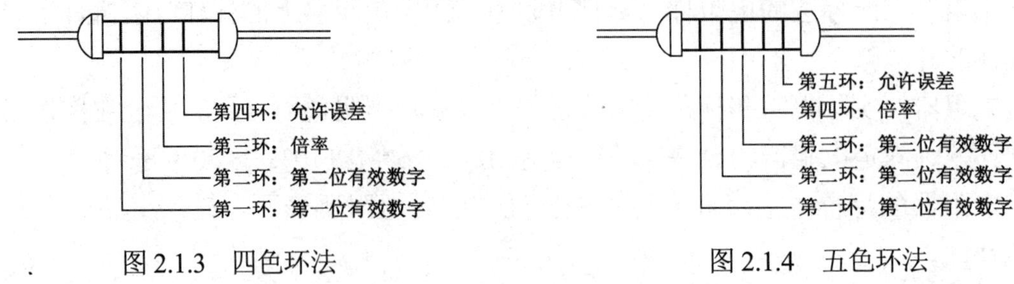

图 2.1.3　四色环法　　图 2.1.4　五色环法

③ 在用色环法标注固定电阻器的主要参数时，五色环电阻器的允许误差较小，最后一道色环通常为棕色，万用表中常采用五色环电阻器；而四色环电阻器的允许误差较大，最后一道色环通常为金色或银色。在识别色环电阻器时，最好先找到最后一道色环，然后确定顺序，根据色环颜色对应的有效数字，得出标称电阻值的大小。

2. 固定电阻器的额定功率

固定电阻器长时间连续工作时允许消耗的最大功率叫作额定功率。固定电阻器常见的额定功率有$\frac{1}{8}$W、$\frac{1}{4}$W、$\frac{1}{2}$W、1W、2W、3W、5W、10W、20W 等。电路图中标注固定电阻器额定功率的符号如图 2.1.5 所示。

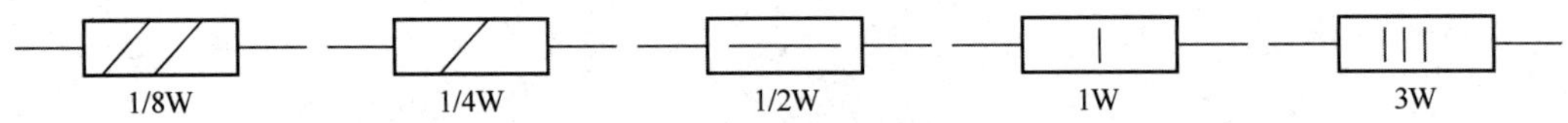

图 2.1.5　电路图中标注固定电阻器额定功率的符号

在电路中，常用固定电阻器的额定功率一般为$\frac{1}{8}$W。

三、特殊电阻器

1. 熔断电阻器

熔断电阻器又称为保险丝电阻器，是一种具有电阻器和保险丝双重功能的元件。熔断电阻器的底色大多为灰色，用色环或数字表示其标称电阻值。图 2.1.6 所示为常用熔断电阻器的外形。

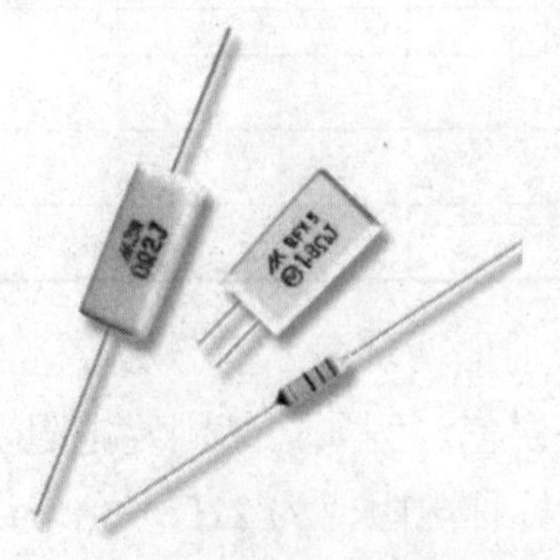

图 2.1.6　常用熔断电阻器的外形

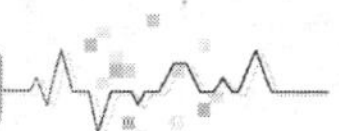

2．敏感电阻器

敏感电阻器是指对温度、湿度、电压、光通量、气体流量、磁通量或机械力等外界因素表现比较敏感的电阻器。这些电阻器既可以作为把非电参量变为电信号的传感器，也可以实现自动控制电路的某些功能。

常用的敏感电阻器有热敏电阻器、压敏电阻器、光敏电阻器和湿敏电阻器，如图 2.1.7 所示。

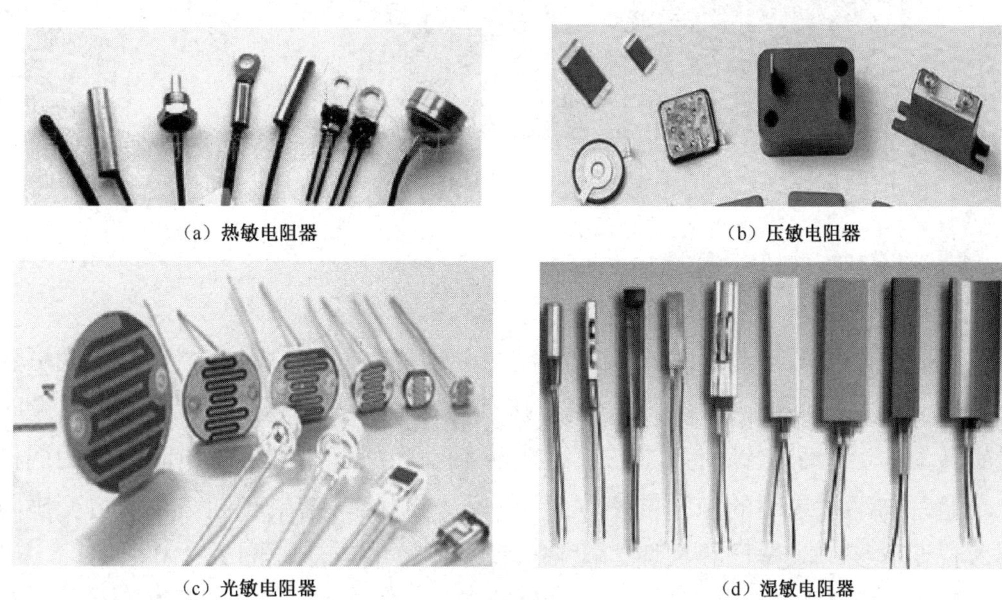

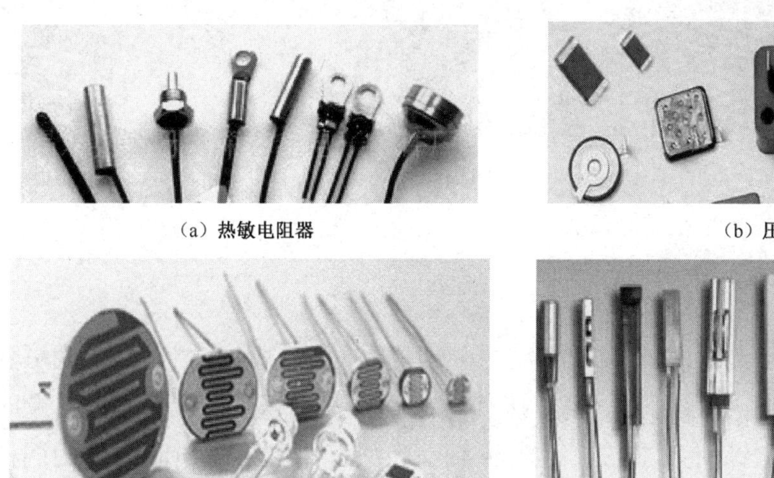

（a）热敏电阻器　（b）压敏电阻器

（c）光敏电阻器　（d）湿敏电阻器

图 2.1.7　常用的敏感电阻器

四、检测固定电阻器

（1）选挡。选择合适的量程，使万用表的指针尽量指到刻度线的中间位置或偏右位置，这样读数比较准确。

（2）调零。将万用表的红、黑表笔短接，调节欧姆调零旋钮，使指针向右偏转指向 0 刻度，如图 2.1.8 所示。

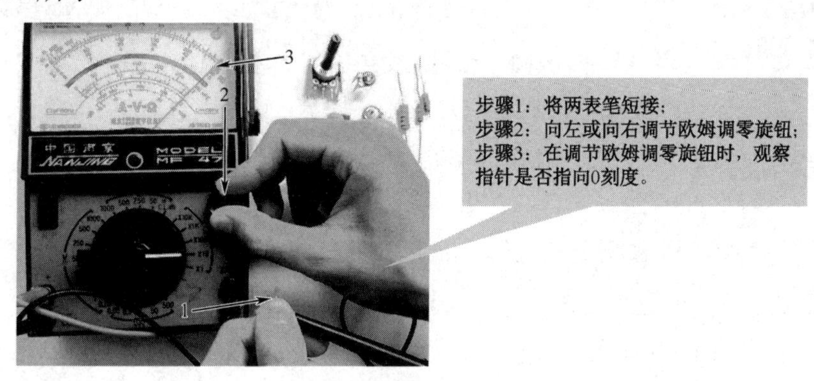

图 2.1.8　调零

（3）测量。将万用表的红、黑表笔分别与固定电阻器的两引脚连接，待接触良好后，进行测量。

（4）读数。根据指针所指的刻度和所选用的量程，计算出固定电阻器的电阻，电阻=刻度×量程（见图 2.1.9）。

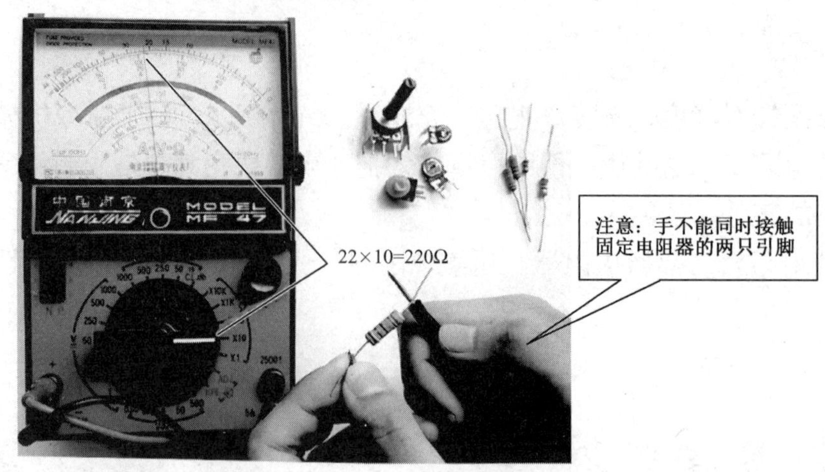

图 2.1.9　测量及读数

五、检测可变电阻器

选择万用表电阻挡的适当量程，首先测量两个定片之间的电阻，测量结果为可变电阻器的标称电阻值（最大电阻）；然后用一只表笔接动片，另一只表笔接某一个定片，顺时针或逆时针缓慢旋转动片，此时指针所表示的电阻应从 0Ω 连续变化到标称电阻值，用同样的方法测量另一个定片与动片之间的电阻的变化情况。若两次测量结果相同，说明可变电阻器是好的；否则，说明可变电阻器已经损坏。检测可变电阻器的方法如图 2.1.10 所示。

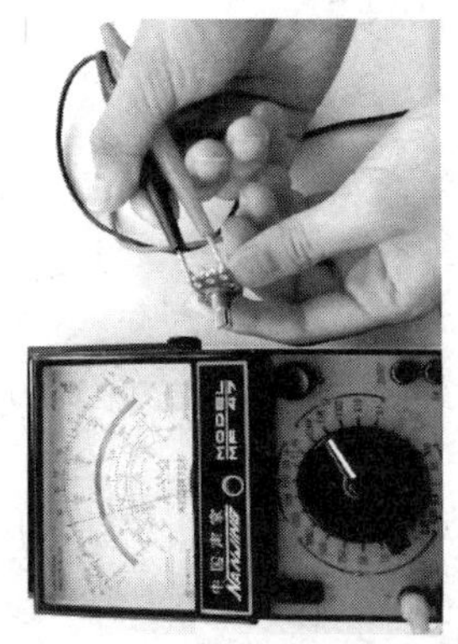

（a）测量标称电阻值

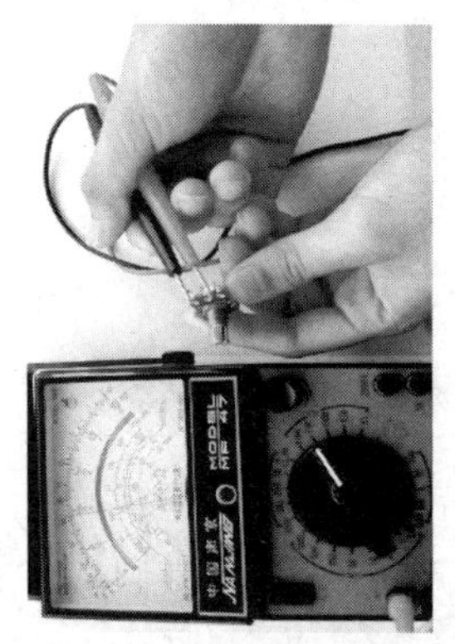

（b）测量动片与定片之间的电阻

（c）均匀改变电阻

图 2.1.10　检测可变电阻器的方法

【思考与提高】

1. 简述用指针式万用表测量一个（10±1%）kΩ 电阻器的操作步骤及方法。
2. 选择题

（1）某四环电阻器的电阻为 25Ω，误差范围为±1%，其色环对应的颜色是（　　）。

A. 红黑黑棕　　B. 红绿黑棕　　C. 红棕黑金　　D. 棕棕红红

（2）用万用表测量电阻时，遵循先选挡位，后选量程，量程（　　）选用的原则。

A. 从大到小　　B. 从小到大　　C. 最小　　D. 随意

（3）识读固定电阻器的色环时，应先找出（　　）色环。

A. 允许误差　　B. 倍率　　C. 有效数字　　D. 任一

3. 下面所示为固定电阻器表面的标注内容或色环颜色，请写出下列固定电阻器的标称电阻值和允许误差。

①102k；②4R7；③223J；④68；⑤红黄棕金；⑥橙白棕银；⑦紫红棕红绿。

【拓展阅读】

贴片电阻器的识别

任务2.2　电容器的识别与检测

同步操作视频

任务目标

（1）能正确识读电容器上标注的主要参数。

（2）会使用万用表对电容器进行检测，并能正确判断其质量的好坏。

（3）了解电子技术的新发展，增强专业意识，培养良好的职业道德和职业习惯。

任务分解

一、电容器

1. 电容器的结构及分类

电容器是一个由两块相互绝缘的极板构成的整体，具有存储电荷的功能。电容器的种类很多，按结构形式划分，有固定电容器、半可变电容器、可变电容器等；按有无极性划分，有有极性电容器（电解电容器等）和无极性电容器（瓷片电容器和涤纶电容器等）两类。图2.3.1所示为常见电容器的实物图。

注意：有极性电容器的引脚有正、负极之分，而无极性电容器的引脚没有正、负极之分。

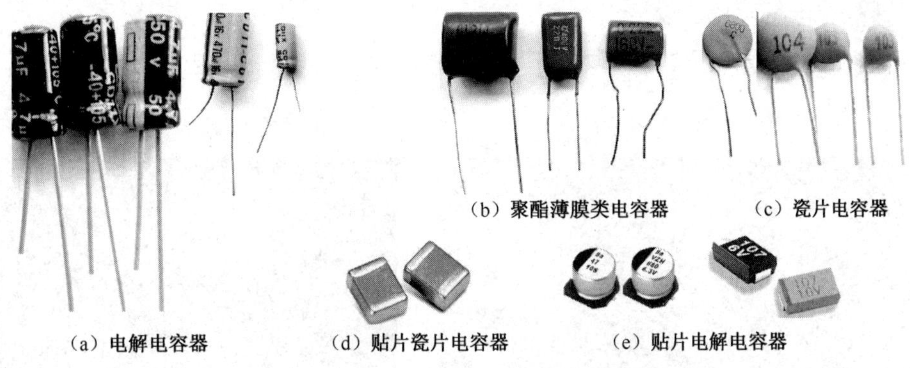

（a）电解电容器　（b）聚酯薄膜类电容器　（c）瓷片电容器　（d）贴片瓷片电容器　（e）贴片电解电容器

图2.2.1　常见电容器的实物图

2．几种常见电容器的介绍

根据介质材料不同，电容器可以分为CBB电容器、涤纶电容器、瓷片电容器、云母电容器、独石陶瓷电容器、铝电解电容器、钽电容器等，下面介绍各种电容器的优缺点。

（1）CBB电容器又称为聚丙烯电容器，它属于无极性电容器，由2层聚丙烯塑料和2层金属箔交替夹杂捆绑而成，其外形如图2.2.2所示。其电容为1000pF～10μF，额定电压为63～2000V。

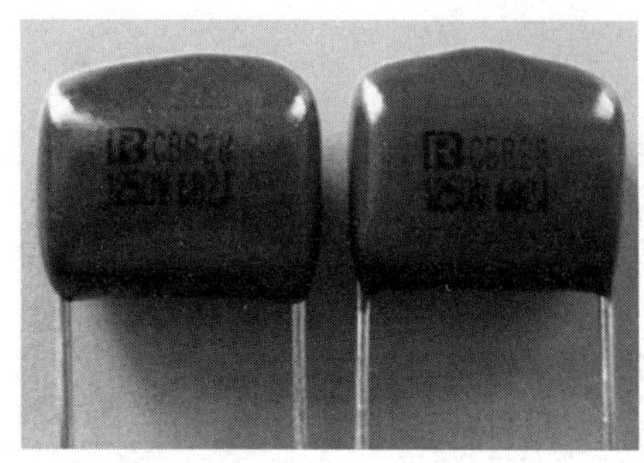

图2.2.2　CBB电容器的外形

优点：高频特性好、体积较小，可代替大部分聚苯乙烯电容器或云母电容器，用于要求较高的电路。

缺点：电容较小、耐热性能较差、温度系数大。

（2）瓷片电容器属于无极性电容器，由薄瓷片两面镀金属银膜制成，其外形如图2.2.3所示。

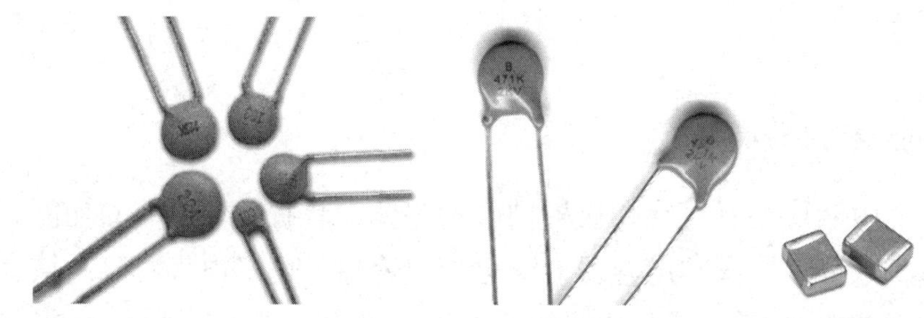

图2.2.3　瓷片电容器的外形

优点：性能稳定、绝缘性好、漏电流低、耐高温。

缺点：易碎、电容较小。

（3）独石陶瓷电容器又称为多层陶瓷电容器，其外形如图2.2.4所示，它属于无极性电容器。

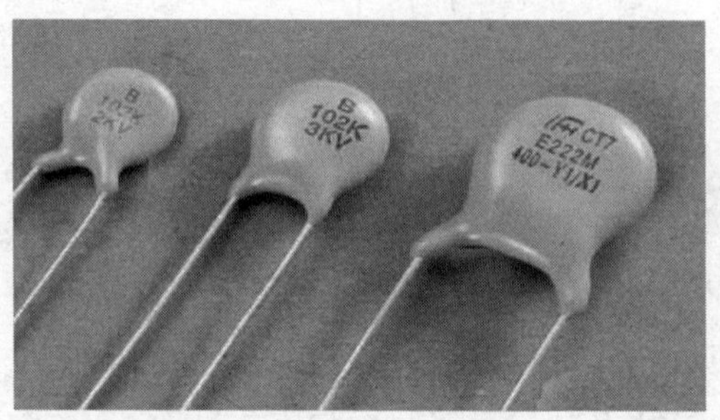

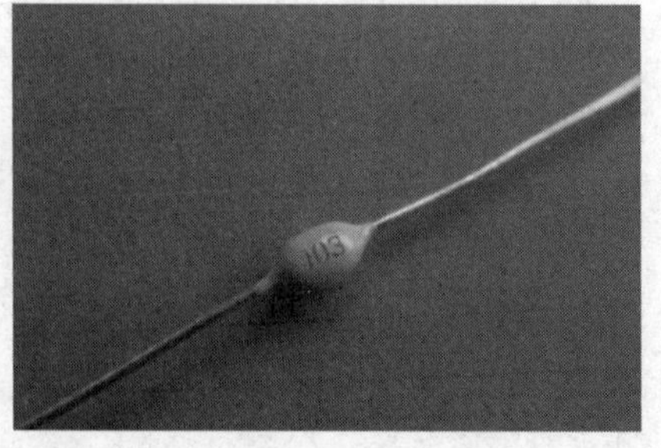

图2.2.4　独石陶瓷电容器的外形

优点：电容大且稳定、体积小、频率特性好、可靠性高、耐高温、绝缘性好、成本低。

缺点：有电感。

（4）云母电容器属于无极性电容器，通过在云母片上镀两层金属薄膜制成，其外形如图 2.2.5 所示。

图 2.2.5　云母电容器的外形

优点：介质损耗小、绝缘电阻大、温度系数小，适用于高频电路。

缺点：体积大、电容小、造价高。

（5）铝电解电容器属于有极性电容器，正极为金属箔（铝），负极由导电材料、电解质（可以是固体，也可以是液体）和其他材料制成，其外形如图 2.2.6 所示。

（a）铝电解电容器　　（b）贴片铝电解电容器

图 2.2.6　铝电解电容器的外形

优点：电容大。

缺点：高频特性不好。

（6）钽电容器的全称为钽电解电容器，它属于有极性电容器，用金属钽作为正极，在电解质外喷上金属作为负极，其外形如图 2.2.7 所示。

优点：稳定性好、电容大、高频特性好。

缺点：造价高。

图 2.2.7　钽电容器的外形

3．电容器类型及材料的标注方法

电容器的种类很多，为了区别开来，常用英文字母来表示电容器的类型，如图 2.2.8 所示。第一个英文字母 C 表示电容器，第二个英文字母表示介质材料，第三个及其后的英文字母表示形状、结构等。

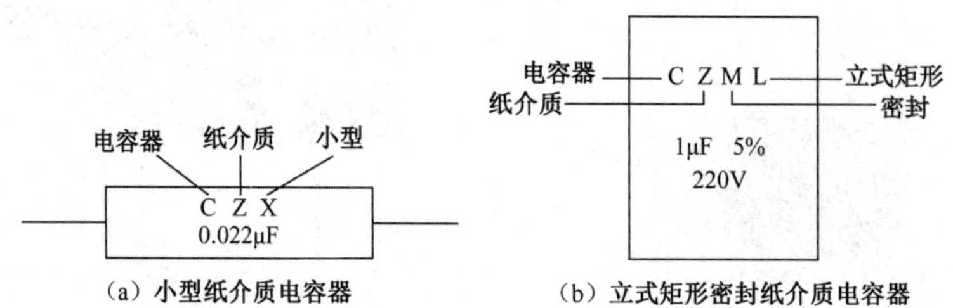

（a）小型纸介质电容器　（b）立式矩形密封纸介质电容器

图 2.2.8　电容器类型及材料的标注方法

电容器上标注的英文字母的含义如表 2.2.1 所示。

表 2.2.1　电容器上标注的英文字母的含义

顺　　序	含　　义	名　　称	简　　称	符　　号
第一个英文字母	主称	电容器	电容	C
第二个英文字母	介质材料	纸介质	纸	Z
		电解	电	D
		云母	云	Y
		高频陶瓷介质	瓷	C
		低频陶瓷介质		T
		金属化纸介质		J
		聚苯乙烯薄膜介质		B
		聚酯膜介质		L
第三个及其后的英文字母	形状	管状	管	G
		立式矩形	立	L
		圆片状	圆	Y
	结构	密封	密	M
	大小	小型	小	X

4．电容器的图形符号

电容器的图形符号如图 2.2.9 所示。

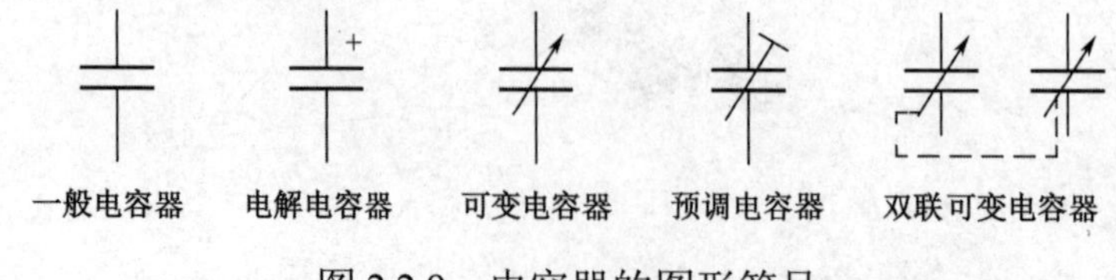

图 2.2.9　电容器的图形符号

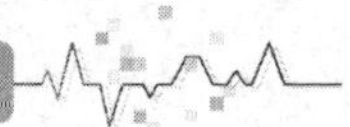

二、电容器的主要参数

电容器的主要参数有标称电容和耐压。

1．电容器的标称电容

标称电容用于反映电容器加电后储存电荷的能力或储存电荷的多少。电容器的标称电容和它的实际电容之间也会有误差，电容器标称电容的标注方法有以下三种。

（1）直标法。它是指将电容器的标称电容及允许误差等直接标在电容器外壳上的标注方法。如图 2.2.10 所示，这是一只电解电容器，其外壳上直接标注出其标称电容为 22μF，耐压为 400V。

（2）数字表示法。它是一种只标注数字的直接表示法，一般不在电解电容器上标注单位。所标数字小于 1 时的单位一般为 μF，大于 1 时的单位一般为 pF，如图 2.2.11 所示。例如，普通电容器上标注的 4700、120、12 分别表示 4700pF、120pF、12pF；标注的 0.47、0.15 分别表示 0.47μF、0.15μF。

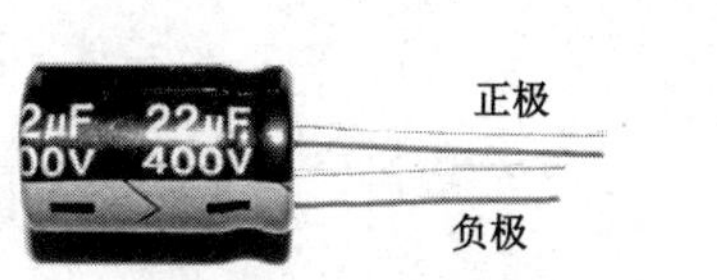

图 2.2.10　直标法

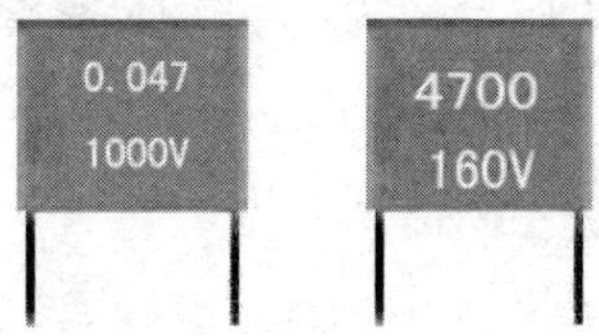

图 2.2.11　数字表示法

（3）数码表示法。数码表示法通常采用三位数，从左边算起，第一位、第二位为有效数字，第三位为倍率，表示有效数字后面零的个数，单位均为 pF。例如，电容器上标注的 472、103 表示电容器的标称电容分别为 4700pF 和 10000pF。

在瓷片电容器或聚酯类电容器中，有时用“n”来表示电容器标称电容的单位为 nF，但此单位一般换算成 pF 使用，因此，“n”在末尾时表示末尾有 3 个零，在中间时表示末尾有 2 个零，其单位仍然使用 pF。例如，电容器上标注 56n、10n、4n7 表示电容器的标称电容分别是 56000pF、10000pF、4700 pF。

在标注普通电容器的标称电容时，可采用多种标注方法。例如，0.0047pF 可以标注为 472、4n7、4700 等。图 2.2.12 所示分别标称电容量 4700pF 和 10000pF 的标注方法。

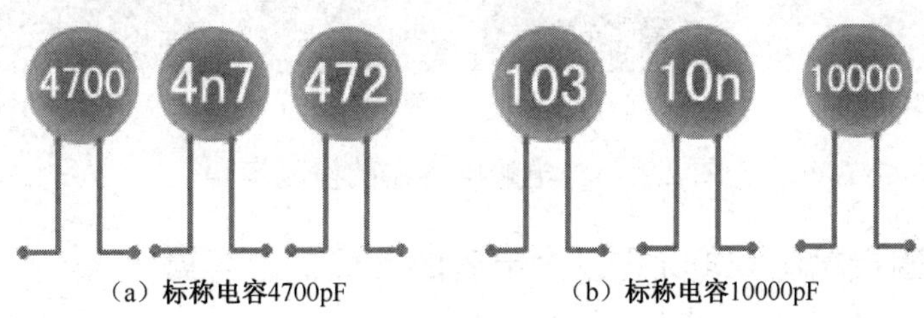

（a）标称电容4700pF　（b）标称电容10000pF

图 2.2.12　标称电容 4700pF 和 10000pF 的标注方法

2．电容器的耐压和额定电压

电容器的耐压是指电容器内部极板之间所能承受的最大电压，即电容器所能承受的不会发生短路或击穿的最大电压。电容器的额定电压是指电容器所能承受的常规工作电压，若电容器的工作电压超过额定电压，则可能会造成电容器失效或短路，因此不应使用过高的电压驱动电容器。电容器的耐压通常会标注在电容器的外壳上。

电容器的耐压通常为6.3V、10V、16V、25V、63V、100V、160V、400V、630V、1000V等。

几种电容器的电容和额定电压如图2.2.13所示。

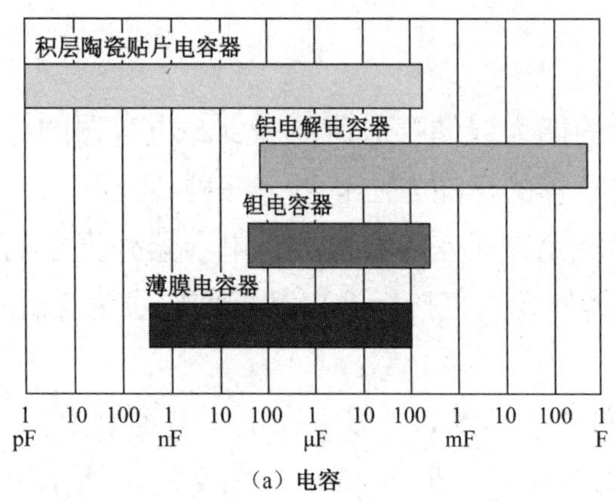

（a）电容

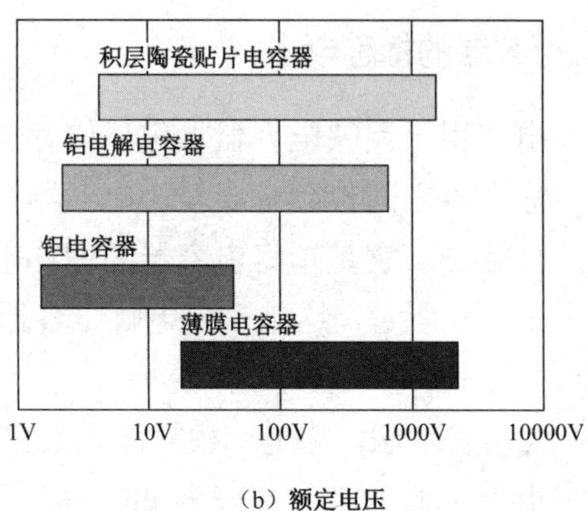

（b）额定电压

图2.2.13　几种电容器的电容和额定电压

在选用电容器时，必须满足耐压要求。

三、检测电容器

1. 用万用表电阻挡检测电解电容器

电解电容器的两只引脚有正、负极之分。在检测耐压较低（6V或10V）的电解电容器时，应使用万用表的R×10或R×100挡，将红表笔接至电解电容器的负极，黑表笔接至正极。若这时万用表指针先快速向右摆动，再复原（回到无穷大处），将两表笔反接，指针摆动的幅度比第一次更大，然后再次复原（回到无穷大处），则说明电解电容器是好的。电解电容器的电容越大，充电时间越长，指针摆动得也越慢，检测步骤如图2.2.14所示。

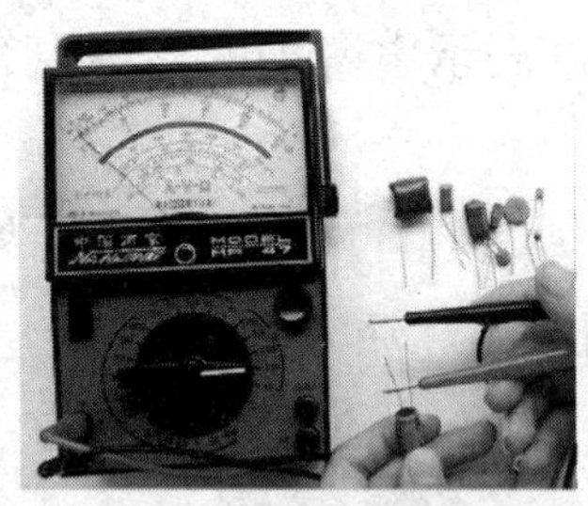
（a）电解电容器放电

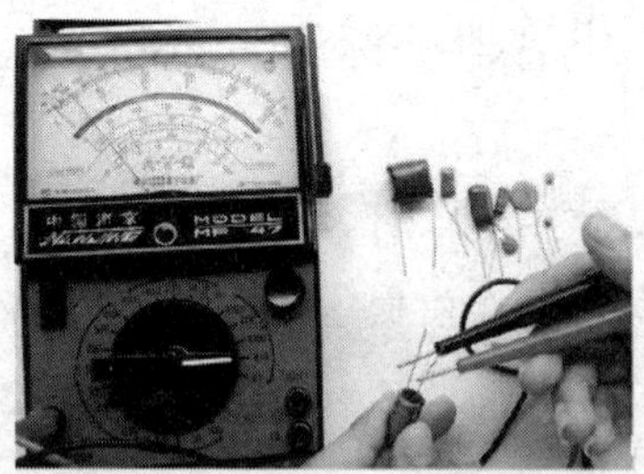
（b）用R×10挡测量

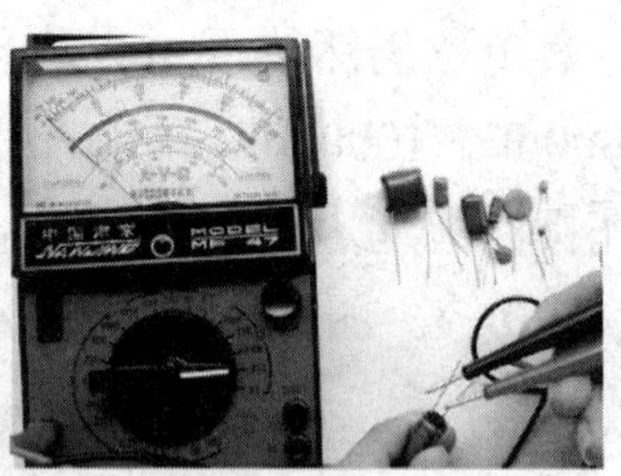
（c）指针回到无穷大处

图2.2.14　电解电容器的检测步骤

2. 用万用表电阻挡检测5000pF以上电容的无极性电容器

用万用表电阻挡可粗略检测5000pF以上电容的无极性电容器的好坏。检测时选择万用表的R×1k挡，将两表笔分别与无极性电容器两端接触，这时指针快速地摆动一下然后复原；反向连接，指针摆动的幅度比第一次更大，而后又复原，说明该电容器是好的，如图2.2.15所示。电容器的电容越大，检测时万用表指针摆动的幅度越大，指针复原的时间也越长，我们可以根据万用表指针摆动幅度的大小来比较两个无极性电容器的电容。

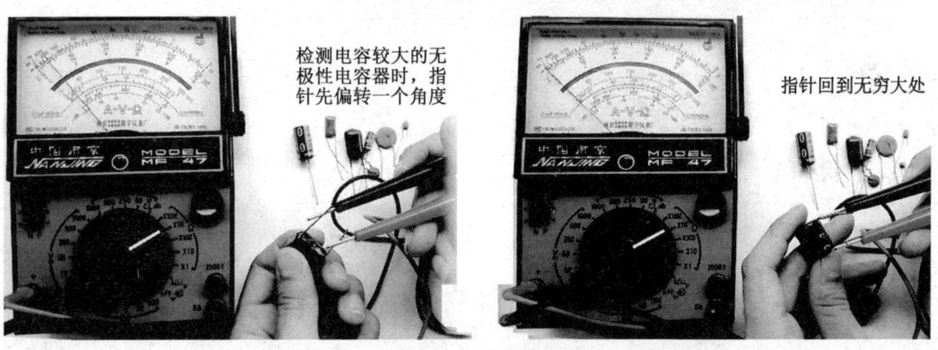

图 2.2.15 检测电容较大的无极性电容器

3. 用万用表电阻挡粗略检测 5000pF 以下电容的无极性电容器

用万用表电阻挡检测电容为 5000pF 以下的无极性电容器时，一般选用万用表的 R×10k 挡，此时指针几乎不偏转，若指针发生偏转，说明该电容器已损坏，如图 2.2.16 所示。

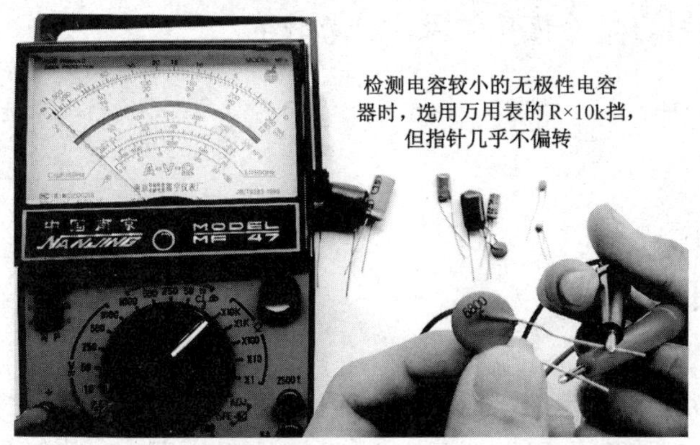

图 2.2.16 检测电容较小的无极性电容器

【思考与提高】

1. 准备 10 只采用不同标注方法且具有不同电容的电容器，对其进行识读训练。

2. 若用指针式万用表对电容器进行检测时出现如下检测结果，请你判断电容器的好坏及故障原因。

（1）指针式万用表的指针先向右偏转，再向左回摆到底（电阻无穷大处）。

（2）指针式万用表的指针先向右偏转，再向左回摆，但是回摆不到底，而是停在某一刻度上。

（3）指针式万用表的指针向右偏转到欧姆零刻度线后不回摆。

（4）指针式万用表的指针无偏转。

3. 请写出图 2.2.17 中各电容器的参数。

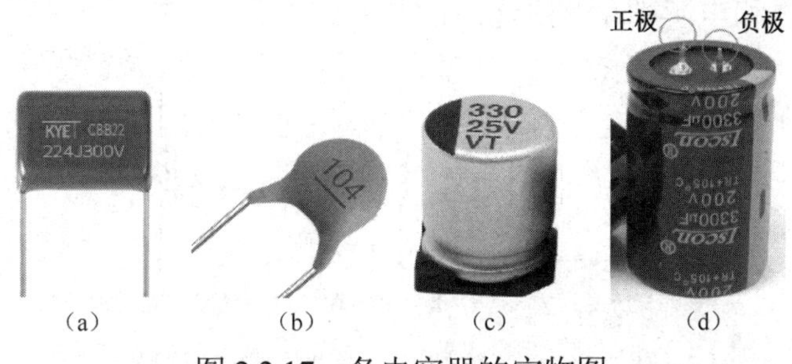

图 2.2.17 各电容器的实物图

【拓展阅读】

贴片电容器的识别

任务2.3　电感器和变压器的识别与检测

同步操作视频

任务目标

（1）能正确识别常用的电感器和变压器。

（2）会使用万用表对电感器、变压器进行检测，并能正确判断其质量的好坏。

（3）弘扬科学家精神，培养优良学风，崇尚科学。

任务分解

一、电感器和变压器

电感器也叫作电感或电感线圈，它是利用电磁感应原理制成的元件，在电路中起阻交通直、变压、谐振、阻抗变换等作用。常用电感器的外形如图2.3.1所示。

图2.3.1　常用电感器的外形

变压器可将一种电压等级的交流电能变换为同频率的另一种电压等级的交流电能，它的主要部件是一个铁芯和套在铁芯上的两个绕组。铁芯是变压器的磁路部分，绕组是变压器的电路部分。变压器常用的铁芯有E型和C型。变压器的主要功能为电压变换、阻抗变换、隔离等。

在电路中，变压器和电感器的图形符号如图2.3.2所示。

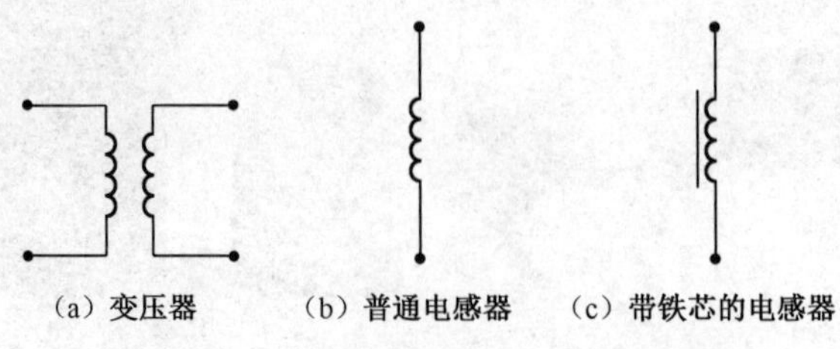

图2.3.2　变压器和电感器的图形符号

利用电感器可以制成中周、变压器等特殊元件，如图 2.3.3 所示。

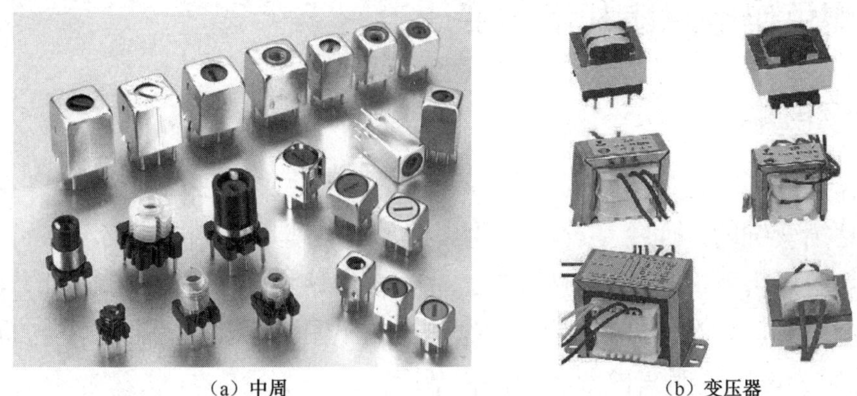

（a）中周　　（b）变压器

图 2.3.3　中周及变压器的实物图

二、电感器和变压器的主要参数

1．电感器的主要参数

（1）电感量。电感量 L 表示线圈本身的固有特性，与电流大小无关。除专门的电感器（色码电感器）外，电感量一般不专门标注在线圈上，而以特定的名称标注。

（2）感抗。电感器对交流电流阻碍作用的大小称为感抗，单位是 Ω。

（3）额定电流。额定电流是指可以流过电感器的最大电流。

2．变压器的主要参数

（1）变压比。变压比是指变压器一次电压和二次电压的比值。在忽略铁芯、线圈损耗的前提下，变压器的变压比与变压器的一次绕组匝数和二次绕组匝数的比值是相等的，即变压比等于匝数比。

（2）额定功率。额定功率是指在规定的频率和电压下，变压器正常工作时所能够输出的最大功率。

三、电感器的主要作用

1．电感器有阻交通直的性质

电感器具有阻碍交流电流的性质，交流电流的频率越大，电感器的阻碍能力越强。它在电路中常用于电源滤波，阻止波纹电压经过。

2．信号的耦合和变压作用

利用线圈的互感作用，电感器在电路中可以对交流信号进行耦合和变压。

3．选频特性

电感器和电容器可以共同构成振荡电路，对信号进行选频。

四、检测色码电感器和电源变压器

1．检测色码电感器

色码电感器的外形与色环电阻器差不多，区别在于色码电感器两头尖、中间大，与引脚衔接的地方是逐渐变细的，而色环电阻器两头粗、中间细，形态很均匀，与引脚衔接的地方是垂直横切面。用万用表检测色码电感器的方法：将万用表置于 R×1 挡，红、黑表笔各接色码电感器的任一引脚，如图 2.3.4 所示。根据测出的电阻大小，可进行以下判断。

① 测得电阻为零，说明其内部有短路性故障。

② 只要能测出电阻，就判定被测色码电感器是正常的。

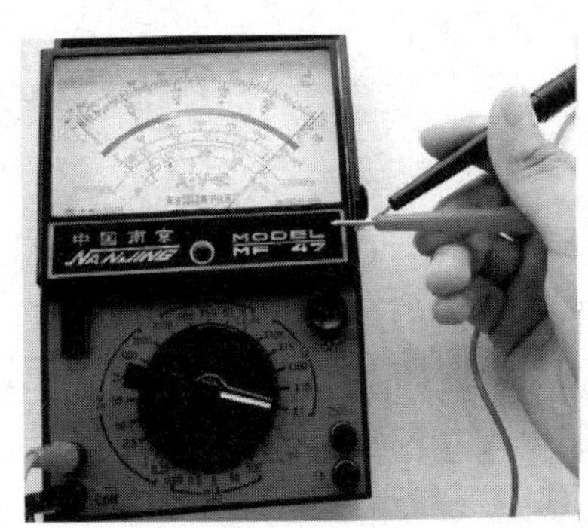

（a）使用万用表的R×1挡

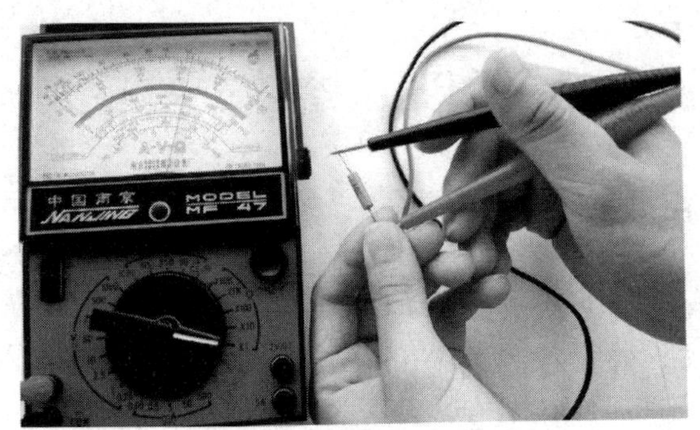

（b）用R×1挡检测色码电感器

图 2.3.4　色码电感器的检测

2．检测电源变压器

在电子产品中，用于交流稳压供电的变压器属于降压变压器，通常也称为电源变压器。

（1）外观检查。通过观察电源变压器的外观，检查其是否有明显的异常现象，如线圈引脚是否断裂、脱焊，绝缘材料是否有烧焦痕迹，铁芯紧固螺杆是否松动，硅钢片有无锈蚀，绕组线圈是否裸露等。

（2）判别一、二次绕组。电源变压器一次绕组和二次绕组的引脚一般都是从两侧引出的，一次绕组通常标有 220V 字样，二次绕组则标出额定电压，如 15V、24V、35V 等，可根据这些标记进行判别。除此之外，一次绕组的线径较细，匝数较多，电阻较大。

（3）线圈通断检测。将万用表置于 R×1 挡，各个绕组均应有一定的电阻，若某个绕组的电阻为无穷大，则说明该绕组有开路性故障。

（4）绝缘性能测试。用万用表的 R×10k 挡分别测量铁芯与一次绕组、一次绕组与各二次绕组、铁芯与各二次绕组、静电屏蔽层与一次、二次绕组间的电阻，万用表指针均应指在无穷大位置不动。否则，说明电源变压器的绝缘性能不良。

（5）空载电流的检测。将所有二次绕组全部开路，将万用表置于 500mA 交流电流挡并串入一次绕组。当一次绕组接入 220V 交流电时，万用表所指示的电流便是电源变压器的空载电流。此值不应大于电源变压器满载电流的 10%～20%，常见电子设备电源变压器的正常空载电流应为 100mA 左右。如果超出太多，说明电源变压器有短路性故障。

（6）电源变压器短路性故障的综合检测判别。电源变压器发生短路性故障后的主要症状

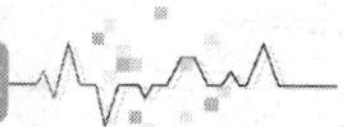

是发热严重和二次绕组输出电压失常。通常情况下，绕组线匝间的短路点越多，短路电流就越大，而电源变压器发热就越严重。判断电源变压器是否有短路性故障的简单方法是测量空载电流。存在短路性故障的电源变压器的空载电流远大于满载电流的 10%。当短路情况严重时，电源变压器在空载加电后几十秒钟之内便会迅速发热，用手触摸铁芯会有烫手的感觉，此时不用测量空载电流便可判定电源变压器有短路性故障存在。

【思考与提高】

1. 判断题

（1）双绕组变压器的高压绕组匝数多、线径细；低压绕组匝数少、线径粗。(　　)

（2）变压器既可以变换电压、电流和阻抗，又可以变换相位、频率和功率。(　　)

（3）电感器是把电能转换成磁场能并储存在磁场中的设备，制作电感器的线圈电阻越小，其性能就越好。(　　)

（4）用万用表检测电感器的质量时，应选用万用表的电流挡。(　　)

2. 识别不同种类的电感器、变压器。在实训室中准备不同种类的电感器、变压器，把识别结果填入表 2.3.1。

表 2.3.1　识别记录表

序　　号	类别（电感器、变压器）	作　　用
1		
2		
3		
4		
5		
6		

【拓展阅读】

贴片电感器的识别

任务 2.4　二极管的识别与检测

同步操作视频

任务目标

（1）能正确识别不同类型的二极管，并能够分清其正、负极。

（2）会使用万用表对二极管进行检测，并能正确判断其正、负极与质量的好坏。

（3）培养爱岗敬业、吃苦耐劳、肯干、实干的敬业精神和奉献精神。

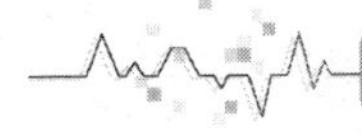

任务分解

一、二极管

1．二极管的结构及类型

在 PN 结的 P 区和 N 区加上相应的电极引线，再用外壳封装，就构成了晶体二极管，简称二极管，如图 2.5.1 所示。P 区引出的电极为二极管的正极，N 区引出的电极为二极管的负极。二极管通常用塑料、玻璃或金属材料作为封装外壳。

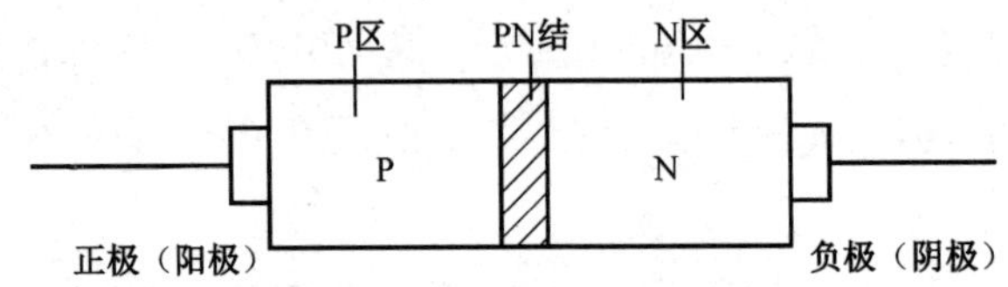

图 2.4.1　二极管的结构

根据用途不同，二极管可分为整流二极管、整流堆、检波二极管、LED、光电二极管等类型，它们的外形如图 2.4.2 所示。

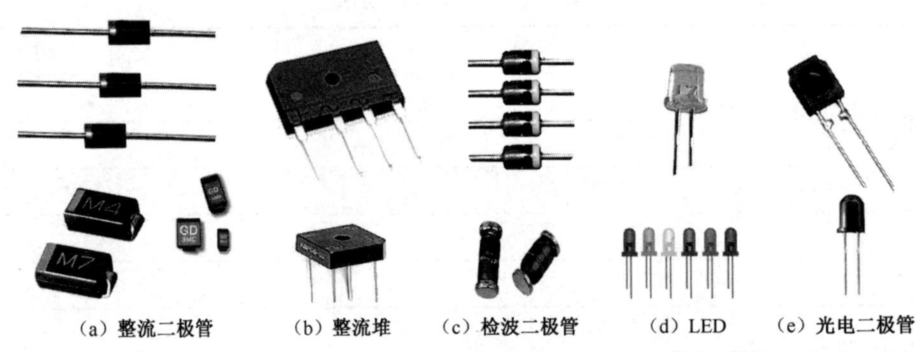

（a）整流二极管　（b）整流堆　（c）检波二极管　（d）LED　（e）光电二极管

图 2.4.2　二极管的外形

2．二极管引脚极性的识别

二极管的正、负极通常可通过外壳上的标注或外形识别，分为四种情况（见图 2.4.3）：一是通过二极管的图形符号标注识别；二是通过色环标注识别（有色环端为负极）；三是通过色点标注识别（有色点端为正极）；四是通过引脚长短识别（LED 的长引脚为正极）。

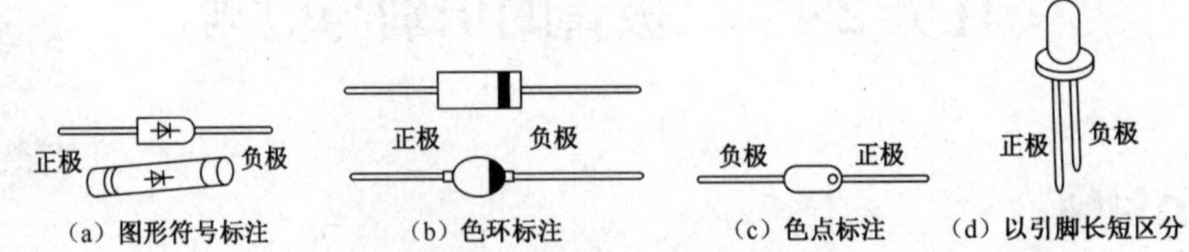

（a）图形符号标注　（b）色环标注　（c）色点标注　（d）以引脚长短区分

图 2.4.3　二极管引脚极性的识别

3．二极管的图形符号

在电路中，二极管的图形符号如图 2.4.4 所示。

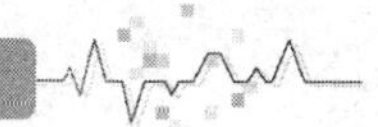

普通二极管　稳压二极管　LED　光电二极管

图 2.4.4　二极管的图形符号

4．大功率 LED

普通 LED 的功率通常为 0.05W，工作电流为 20mA，而大功率 LED 的功率可以达到 1W、2W，甚至数十瓦，工作电流为几十毫安到几百毫安不等，被广泛应用于汽车灯、手电筒、照明灯具等领域。

目前，市场上的大功率 LED 有普通型大功率 LED 和集成型大功率 LED 两种，如图 2.4.5 所示。而普通型大功率 LED 分为单色光与 RGB 全彩两种，集成型大功率 LED 一般均为单色光，RGB 全彩的极少。

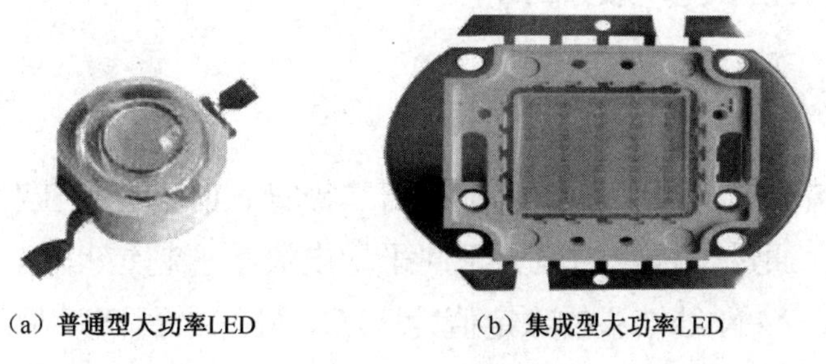

（a）普通型大功率LED　（b）集成型大功率LED

图 2.4.5　大功率 LED

5．LED 数码管

LED 数码管是由多只 LED 封装在一起组成“8”字形的器件，引线已在内部连接完成，只需引出它们的各个笔段、公共电极即可。

LED 数码管实际上是由 7 只 LED 组成“8”字形笔段的，加上小数点共 8 只 LED。这些笔段分别由字母 A、B、C、D、E、F、G、DP 来表示，如图 2.4.6 所示。

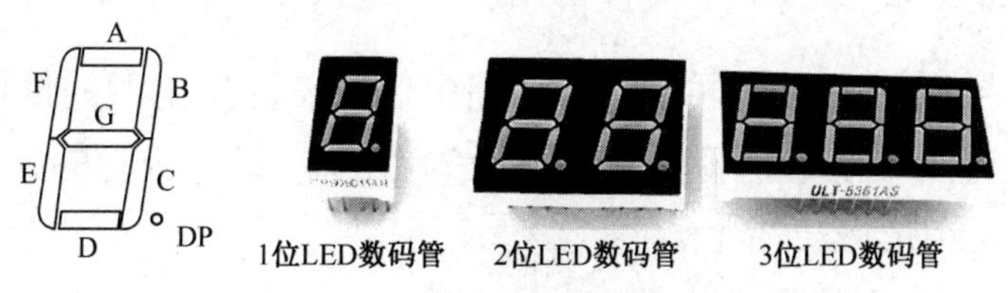

1位LED数码管　2位LED数码管　3位LED数码管

图 2.4.6　LED 数码管

当给 LED 数码管特定的笔段加上电压后，这些特定的笔段就会发亮，以形成我们眼睛看到的字样。常用 LED 数码管显示的数字和字符是 0、1、2、3、4、5、6、7、8、9、A、B、C、D、E、F。

6．点阵 LED

点阵 LED 作为一种现代电子媒体，具有灵活的显示面积（可分割、任意拼装）、高亮度、长寿命、数字化、实时等特点，应用非常广泛。

一个 LED 数码管由 8 只 LED 组成，同理，一个 8×8 的点阵 LED 由 64 只 LED 组成。图 2.4.7 所示为 8×8 点阵 LED 的内部结构，这是一个点阵 LED 的最小单元。

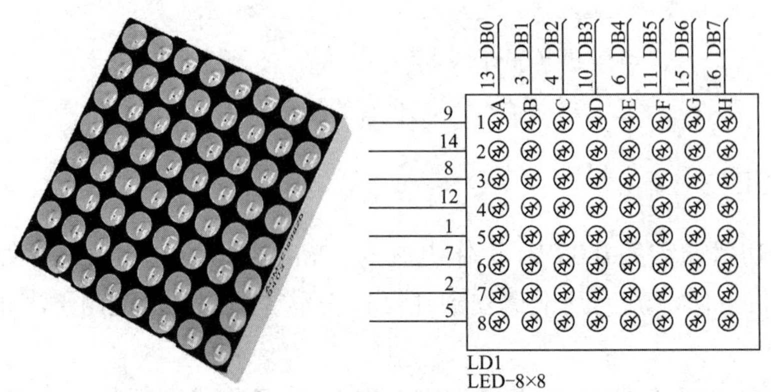

图 2.4.7　8×8 点阵 LED 的内部结构

二、二极管的主要参数及特性

1. 二极管的主要参数

（1）最大整流电流 I_{CM}。最大整流电流是指二极管长时间正常工作时，允许通过的最大电流。使用二极管时，通过二极管的最大正向平均电流不能超过此值，否则会使 PN 结的结温超过额定值（锗二极管 PN 结结温的额定值为 80℃，硅二极管 PN 结结温的额定值为 150℃）而烧坏。

（2）最高反向耐压 U_{RM}。最高反向耐压是指二极管长时间正常工作时所能承受的最高反向峰值电压。为了留有余量，一般厂家提供的最高反向耐压为反向击穿电压的 1/2 或 2/3。

（3）最高工作频率 f_{max}。最高工作频率是指二极管正常工作所允许的最高工作频率。使用二极管时，通过二极管的电流的频率不得超过最高工作频率，否则二极管将失去单向导电性。

2. 二极管的特性

二极管具有单向导电性。当 P 区接电源的高电位、N 区接电源的低电位时，如果外加电压大于二极管的死区电压（硅二极管的死区电压为 0.5V，锗二极管的死区电压为 0.2V），二极管就导通，如图 2.4.8 所示。

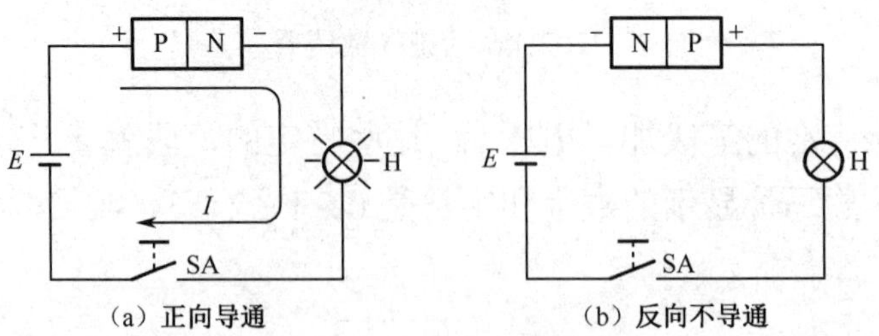

图 2.4.8　二极管的单向导电性

当反向电压达到某一特定值时，二极管反向导通，此时电流急剧增加，电压略有上升或者不变；当反向电压达到反向击穿电压时，二极管将会被击穿。这就是二极管的反向击穿特性。

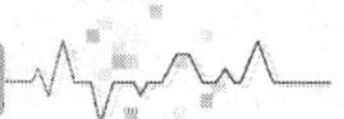

在实际应用中，通常利用二极管的单向导电性构成整流电路（把交流电转变成直流电）、限幅电路、检波电路等；利用二极管的反向击穿特性构成稳压电路。

三、检测二极管

1．检测整流二极管

选择万用表的 R×1k 挡或 R×100 挡，分别测量整流二极管的正向电阻与反向电阻各一次，如果其中一次测得的电阻很大（接近无穷大），而另一次测得的电阻较小（只有几千欧），则这只整流二极管是好的，如图 2.4.9 所示。如果两次测得的电阻都很大，说明整流二极管内部开路；如果两次测得的电阻都很小，说明整流二极管内部短路。

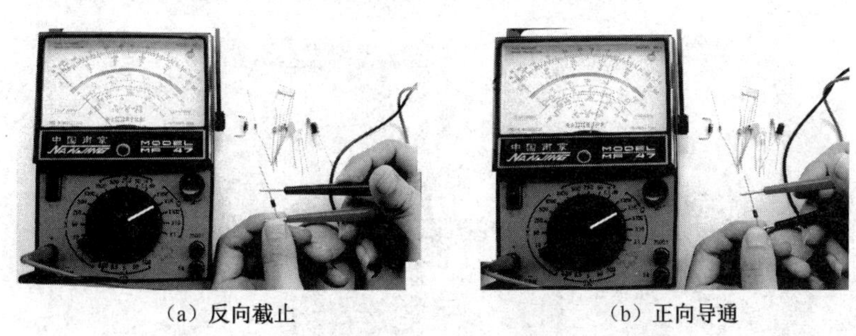

（a）反向截止　　（b）正向导通

图 2.4.9　整流二极管的检测

2．检测稳压二极管

稳压二极管的检测步骤与普通二极管相同，用万用表的 R×1k 挡测量其正、反向电阻，正常情况下，反向电阻应很大，测量时若指针摆动或有其他异常现象，说明该稳压二极管性能不良或已经损坏。

选用万用表的 R×1k 挡，将两表笔分别接至稳压二极管的两个电极，得到测量结果后，将两表笔对调再次进行测量。在两次测量中，测得电阻较小的那一次，黑表笔接的是稳压二极管的正极，红表笔接的是稳压二极管的负极。若测得稳压二极管的正向电阻、反向电阻均很小或均为无穷大，则说明该二极管已击穿或开路损坏。

用通电的方法也可以大致判断稳压二极管的好坏，其方法是用万用表的直流电压挡测量稳压二极管两端的直流电压，若测得的直流电压接近该稳压二极管的标称稳压值，说明该稳压二极管基本完好；若测得的直流电压偏离标称稳压值太多或不稳定，说明该稳压二极管损坏。

3．检测 LED

LED 是一种将电能转换成光能的特殊二极管，是一种新型的冷光源，常用于电子设备的电平指示、模拟显示等场合，近年来，大功率高亮度 LED 已经用于制造照明灯具。

用万用表的 R×1k 挡测量 LED 的正向电阻与反向电阻，测量结果均应为无穷大，如图 2.4.10 所示。

用万用表的 R×10k 挡检测 LED 时，正常测量结果仍然是正向导通、反向截止（LED 的正向电阻、反向电阻均比普通二极管大得多）。在测量其正向电阻时，可以看到 LED 有微弱的发光现象，如图 2.4.11 所示。

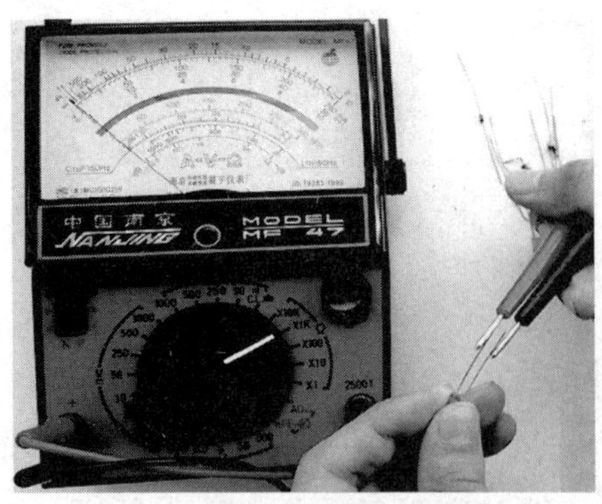
（a）正向电阻

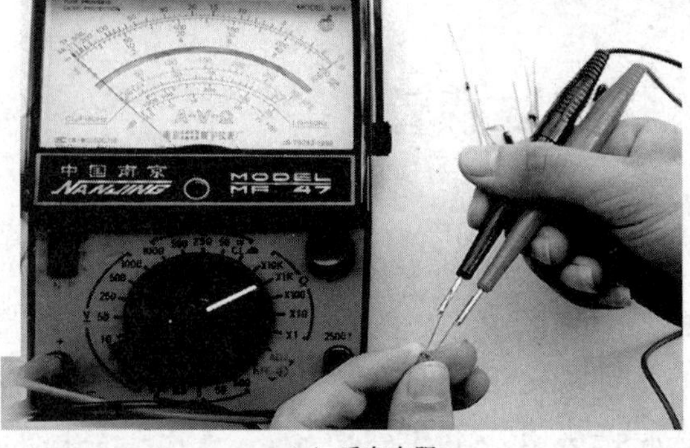
（b）反向电阻

图 2.4.10　用万用表的 R×1k 挡测量 LED 的正、反向电阻

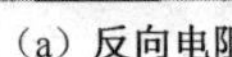
（a）反向电阻

（b）正向电阻

图 2.4.11　用万用表的 R×10k 挡测量 LED 的正、反向电阻

【思考与提高】

1. 识别不同类型的二极管，判断其正、负极。

2. 在实训室中准备不同种类的二极管，用万用表测量它们的正向电阻、反向电阻，并把测量结果填入表 2.4.1。

表 2.4.1　二极管测量记录表

序　号	二极管类型	符　号	正向电阻（万用表量程）	反向电阻（万用表量程）
1				
2				
3				
4				
5				
6				

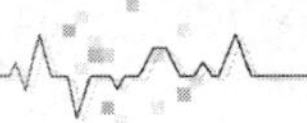

【拓展阅读】

贴片二极管的识别

任务2.5 三极管的识别与检测

同步操作视频

任务目标

(1)能正确识别不同类型的三极管，并根据所标型号确定其管型。

(2)会使用万用表对三极管的管型、引脚进行判别检测，并能正确判断其质量好坏。

(3)培养勤奋严谨、吃苦耐劳的精神。

任务分解

一、三极管

1. 三极管的结构、符号及类型

晶体三极管俗称三极管，它由在一块半导体基片上制作的两个相距很近的 PN 结构成，有 PNP 和 NPN 两种类型。两个 PN 结把整块半导体基片分成三部分，中间是基区，两侧是发射区和集电区，基区很薄，而发射区较厚、杂质浓度较大。发射区和基区之间的 PN 结叫作发射结，集电区和基区之间的 PN 结叫作集电结。从 3 个区引出相应的电极，分别为基极 b、发射极 e 和集电极 c。三极管的结构及图形符号如图 2.5.1 所示。

在三极管的图形符号中，PNP 型三极管发射极的箭头向内，NPN 型三极管发射极的箭头向外。发射极箭头的指向也是 PN 结在正向电压下的导通方向。

常用 NPN 型三极管的型号有 3DG6、3DG12、3DG201、C9013、C9014、C9018、C1815、C8050、2N5551、3DD15D、DD03A 等，PNP 型三极管的型号有 C9012、C9015、C1015、C8580 等。

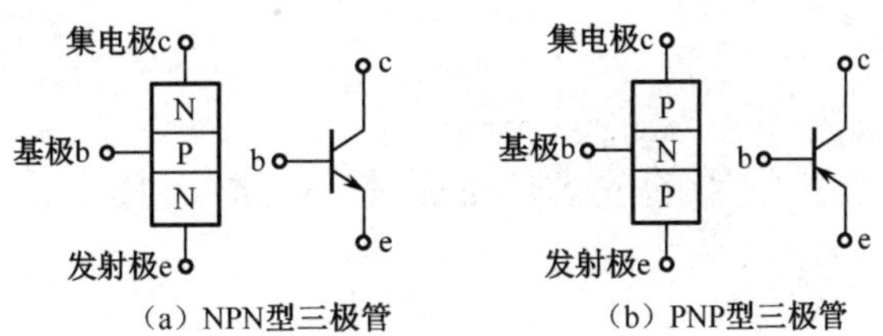

图 2.5.1 三极管的结构及图形符号

2. 三极管的外形

三极管的封装形式主要有金属封装、陶瓷封装和塑料封装三种，装配方式有通孔插装（通孔式）、表面安装（贴片式）和直接安装三种，引脚形状有长引线直插、短引线和无引线贴装等。常见三极管的外形及引脚排列如图 2.5.2 所示。常见的 9011～9018、C1815 系列三极管的引脚排列：将三极管的平面对着自己，引脚朝下，从左至右依次是发射极 e、集电极 c、基极 b。

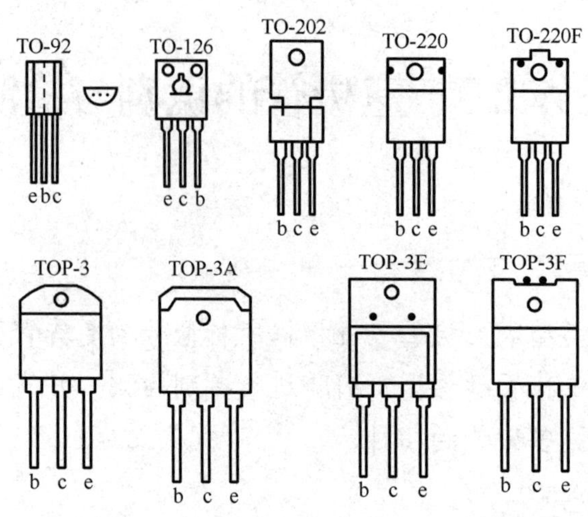

图 2.5.2 常见三极管的外形及引脚排列

3. 三极管在电路中的作用

三极管能够放大电流，在电路中通常有三种状态：截止、放大、饱和。三极管在电路中具有两种作用：一是放大信号；二是在数字电路中用作电子开关，此时三极管工作在截止和饱和状态。

二、三极管的主要参数

1. 放大倍数

放大倍数一般用字母 β 表示，β 通常在 20～200 之间，它是表征三极管电流放大作用的主要参数。

2. 最高反向击穿电压

最高反向击穿电压是指当三极管基极开路时，加在三极管集电极与发射极两端的最大允许电压，一般为几十伏，高压大功率三极管的最高反向击穿电压可达 1kV 以上。

3. 最大集电极电流

最大集电极电流是指当三极管的放大倍数基本不变时，集电极允许通过的最大电流。

4. 特征频率

三极管的特征频率通常被定义为其增益最大时的高频截止频率。特征频率不仅与三极管本身的结构和特性有关，还与其工作环境有关。当三极管的特征频率达到一定值时，三极管的增益开始下降，同时失真和干扰会增加，因此在设计电路时需要考虑三极管的特征频率。

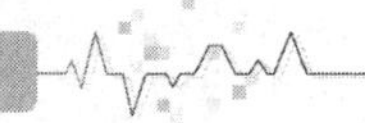

三、检测三极管

1．确定基极和三极管的类型

首先假设三极管的一只引脚是基极，然后将万用表的一只表笔固定在假设的基极上，用另一只表笔分别接触其余两只引脚。如果两次测量的结果均为不导通，那么互换表笔再次测量，直到找到基极，如图 2.5.3 所示。

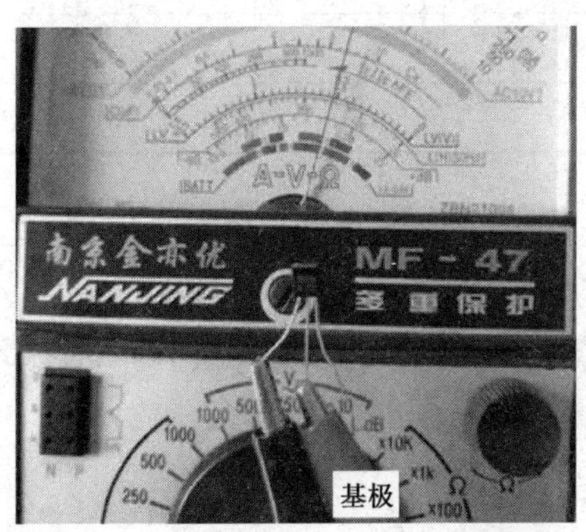

图 2.5.3　确定基极

将黑表笔固定在假设的基极上，用红表笔分别接触其余两只引脚，如果两次测量过程中，万用表指针都发生比较大的偏转，说明黑表笔接的是基极，该三极管是 NPN 型三极管。

将红表笔固定在假设的基极上，用黑表笔分别接触其余两只引脚，如果两次测量过程中，万用表指针都发生比较大的偏转，说明红表笔接的是基极，该三极管是 PNP 型三极管。

2．确定集电极和发射极

找出了三极管的基极后，可使用 β 值法来确定三极管的集电极和发射极。方法是：先将万用表置于 hFE 挡，再将三极管的引脚随意插到插孔中（基极是可以插正确的），测量 h_{FE}，记录下此数据，然后将三极管除基极外的两只引脚对调，再次测量，得到 h_{FE}，记录下此数据。比较两次测量结果，h_{FE} 大的一次，各引脚插入的位置是正确的，按照插孔旁边对应的字母，就可以确定集电极和发射极，如图 2.5.4 所示。

图 2.5.4　确定集电极与发射极

注意：NPN 型三极管和 PNP 型三极管应该插入各自对应的插孔。MF47 型万用表上的字母 N 代表 NPN 型三极管，字母 P 代表 PNP 型三极管。

【思考与提高】

1. 在实训室中准备不同型号的三极管，用万用表判断其类型和各引脚的极性，画出三极管的引脚排列图。

2. 分别用指针式万用表和数字万用表检测表2.5.1中的三极管，完成下表。

表2.5.1　三极管识别记录表

序　　号	型　　号	类型（NPN型、PNP型）	材质（锗、硅）	β值
1	9011			
2	9015			
3	9018			
4	8550			
5	8050			
6	1815			

3. 判断题

（1）用万用表判别三极管引脚的依据：NPN型三极管的基极到发射极和基极到集电极均为PN结的正向，而PNP型三极管的基极到发射极和基极到集电极均为PN结的反向。(　　)

（2）三极管是电压放大元件。(　　)

【拓展阅读】

贴片三极管的识别

任务2.6　光电器件的识别与检测

同步操作视频

任务目标

（1）能正确识别常用的光电器件。

（2）会使用万用表对光电器件进行检测，并能正确判断其质量的好坏。

（3）培养崇尚创新、勇于创新、善于创新的精神，提高创新能力。

任务分解

光电器件是指利用光敏半导体的光敏特性工作的光电导器件，它能将光信号转变为电信号。其与LED配合，可以实现电→光、光→电的相互转换。常见的光电器件有光敏电阻器、光电二极管、光敏三极管和光电耦合器。

一、光敏电阻器

光敏电阻器是在陶瓷基片上沉积一层光敏半导体，再接上两根引线作为电极而制成的。

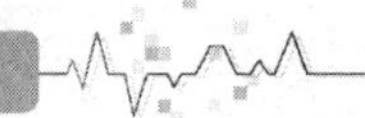

它的外壳上有玻璃窗口或透镜，使光线能够入射到光敏半导体上。入射光的强度不同，光敏半导体的特征激发强度也不同，光敏半导体内部的载流子数量发生变化，从而使光敏电阻器的电阻随之改变。

常见的光敏电阻器有紫外光敏电阻器、可见光敏电阻器、红外光敏电阻器等，它们各自对应的波长不同，使用时不能混淆。

光敏电阻器广泛应用于各种自动控制电路（如自动照明灯控制电路、自动报警电路等）、家用电器（如电视机等）及测量仪器中。

1．光敏电阻器的外形及图形符号

光敏电阻器的外形及图形符号如图 2.6.1 所示。

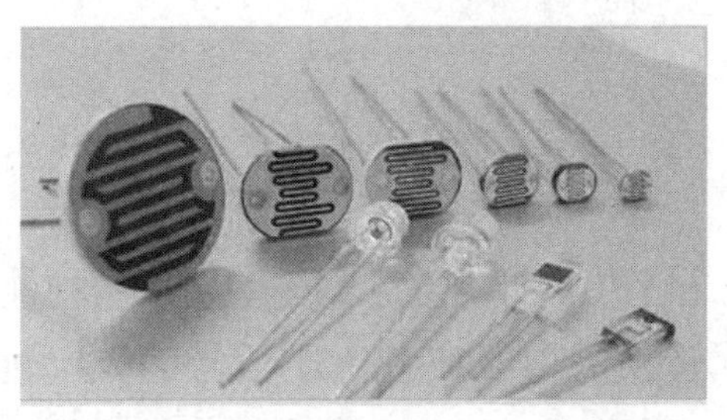

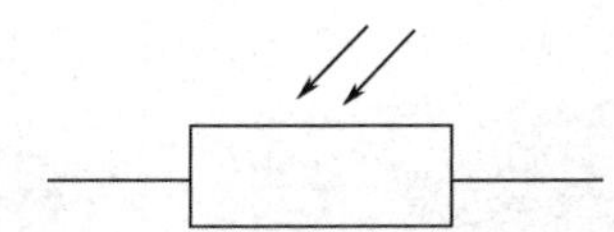

图 2.6.1　光敏电阻器的外形及图形符号

光敏电阻器在电路中用字母“R”、“RL”或“RG”表示。

2．光敏电阻器的主要参数

（1）暗电阻（R_D）：指光敏电阻器在无光照时所具有的电阻。

（2）亮电阻（R_L）：指光敏电阻器在受到光照射时所具有的电阻。

（3）亮电流：指光敏电阻器在规定的外加电压下受到光照射时所通过的电流。

（4）暗电流：指光敏电阻器在规定的外加电压下无光照时所通过的电流。

（5）时间常数：指从光照停止开始，光电流下降至原来的 63%所需的时间。

（6）灵敏度：指光敏电阻器在有光照和无光照时电阻的相对变化。

3．光敏电阻器的检测

（1）亮电阻测量。将一光源对准光敏电阻器的透光窗口，此时万用表的指针有较大幅度的摆动，指向几千欧的位置，如图 2.6.2（a）所示。此电阻越小，说明光敏电阻器的性能越好。若此值很大甚至无穷大，表明光敏电阻器内部已经开路损坏，不能继续使用了。

（2）暗电阻测量。用一黑纸片将光敏电阻器的透光窗口遮住，此时万用表的指针基本保持不动，电阻接近无穷大，如图 2.6.2（b）所示。此值越大，说明光敏电阻器的性能越好。若此值很小或接近零，说明光敏电阻器已烧穿损坏，不能继续使用了。

（3）将光敏电阻器的透光窗口对准入射光线，用黑纸片在光敏电阻器的透光窗口上部晃动，使其间断受光，此时万用表的指针应随黑纸片的晃动而左右摆动。如果万用表的指针始终停在某一位置，不随黑纸片的晃动而摆动，说明光敏电阻器的光敏半导体已经损坏。

（a）亮电阻测量

（b）暗电阻测量

图 2.6.2　光敏电阻器的检测

二、光电二极管

1．光电二极管的特性与外形

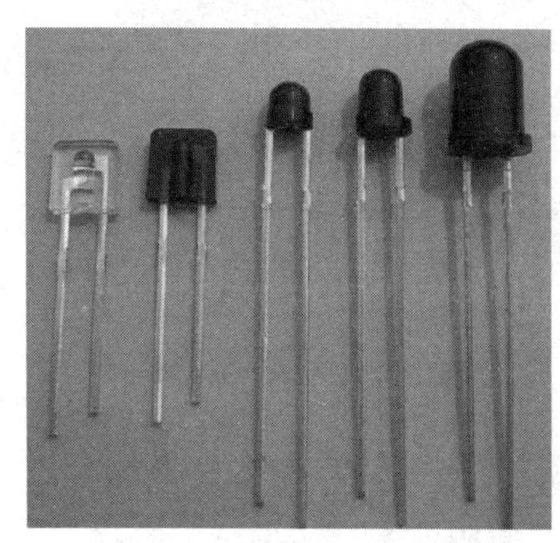

图 2.6.3　光电二极管的外形

光电二极管又称为光敏二极管，是一种能够将光信号根据使用方式转换成电流或者电压信号的光电转换器件，其外形如图 2.6.3 所示。光电二极管的管芯常使用一个具有光敏特性的 PN 结，其对光照强度的变化非常敏感，具有单向导电性，而且在光照强度不同时会改变电学特性，因此可以通过改变光照强度来改变电路中的电流。

光电二极管是在反向电压下工作的。在无光照条件下，反向电流（暗电流）很小。当有光照时，反向电流（亮电流）迅速增大到几十微安。在入射光线的光照强度一定时，光电二极管的反向电流为恒值，与所加反向电压的大小基本无关。

2．光电二极管的检测

（1）用万用表的 R×l00 挡或 R×lk 挡测量光电二极管的正、反向电阻，如图 2.6.4 所示。

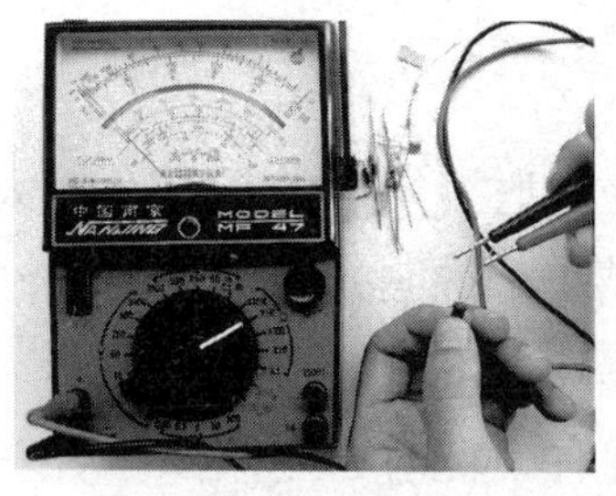

（a）反向电阻

（b）正向电阻（有光照时）

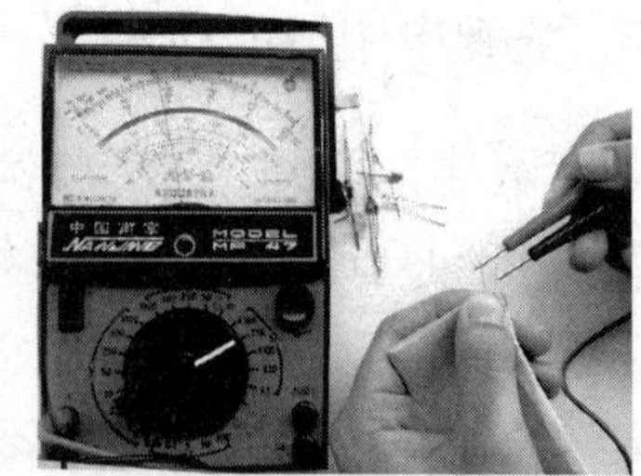

（c）正向电阻（无光照时）

图 2.6.4　光电二极管正、反向电阻的测量

（2）用黑纸或黑布遮住光电二极管的透光窗口，在正常情况下，正向电阻应为 10～20kΩ，反向电阻为无穷大。若测得正、反向电阻均很小或均为无穷大，则说明该光电二极管漏电或已经开路损坏。

（3）去掉黑纸或黑布，使光电二极管的透光窗口对准光源，然后观察其正、反向电阻的

变化。在正常情况下，正、反向电阻均应变小。正、反向电阻的变化越大，说明该光电二极管的灵敏度越高，若测得的正、反向电阻都是无穷大或零，则说明该光电二极管已损坏。

三、光敏三极管

1．光敏三极管的特性及外形

光敏三极管又称为光电三极管，它和普通三极管类似，也有电流放大作用，只是它的集电极电流不仅受基极电流控制，还受光的控制。

光敏三极管和普通三极管的结构类似，不同之处是光敏三极管必须有一个对光敏感的 PN 结作为感光面。光敏三极管的电极通常只有两个，部分光敏三极管的电极有三个，其外形如图 2.6.5 所示。

图 2.6.5　光敏三极管的外形

应用光敏三极管作为接收器件时，为提高接收灵敏度，可给它施加一个适当的偏置电流，即施加一个附加光照，使其进入浅放大区。采用这种办法可以非常有效地提高接收灵敏度，增大遥控距离。在实际安装时，不要挡住光敏三极管的受光面，以免影响遥控信号的接收。

2．光敏三极管的检测

（1）用遮光物遮住光敏三极管的透光窗口，无光照条件下的光敏三极管没有电流，测得集电极与发射极之间的正、反向电阻应为无穷大。

（2）去掉遮光物，使光敏三极管的透光窗口朝向光源，将万用表的黑表笔接至集电极，红表笔接至发射极，光敏三极管导通，万用表的指针向右偏转，指向 1kΩ 左右的位置，指针偏转幅度的大小反映了光敏三极管的灵敏度。

四、热释电红外传感器

热释电红外传感器又称为热红外传感器，是一种能检测人体辐射的红外线的新型高灵敏度红外探测元件，其结构及内部电路如图 2.6.6 所示。热释电红外传感器能以非接触形式检测人体辐射的红外线能量的变化，并将其转换成电压信号输出，将输出的电压信号加以放大，便可驱动各种控制电路，如电源开关控制电路、防盗防火报警电路、感应水龙头电路、感应灯电路等。

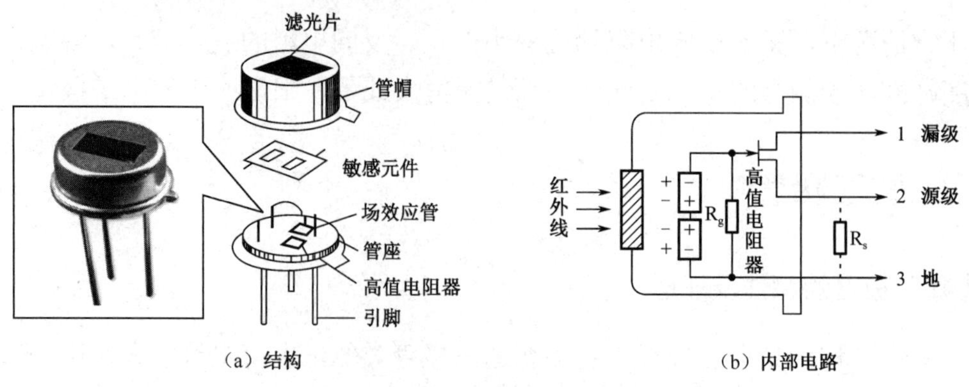

图 2.6.6　热释电红外传感器的结构及内部电路

热释电红外传感器既可用于防盗报警装置，又可用于自动控制、接近开关、遥测等领域。用它制作的防盗报警装置具有灵敏度高、控制范围大、隐蔽性好、可流动安装，以及不需要红外线或电磁波的发射源的特点。

五、光电耦合器

光电耦合器简称光耦，是一种以光为媒介，把输入端的电信号耦合到输出端的新型半导体“电-光-电”转换器件。也就是说，它具有把电信号转换成相应变化的光信号，然后重新转换成为变化规律相同的电信号的单向传输功能，并且能够有效地隔离噪声和抑制干扰，实现输入与输出之间的电绝缘。

光电耦合器的优点是单向传输信号、输入与输出在电气上完全隔离、输出信号对输入端无影响、抗干扰能力强、工作稳定、无触点、体积小、使用寿命长、传输效率高等，因此在隔离电路、开关电路、数模转换电路、逻辑电路、过电流保护电路、长线传输电路、高压控制电路及电平匹配电路等电路中得到了越来越广泛的应用。

目前，光电耦合器已发展成为种类最多、用途最广的光电器件之一，几种常用光电耦合器的外形及引脚识别方法如图 2.6.7 所示。

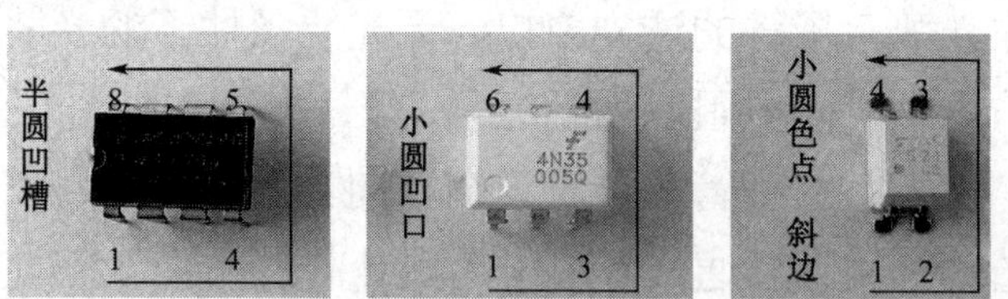

图 2.6.7　几种常用光电耦合器的外形及引脚识别方法

【思考与提高】

1. 识别不同种类的光电器件，并用万用表初步检测其性能。

2. 在实训室中准备光敏电阻器、光电二极管、光敏三极管、热释电红外传感器和光电耦合器，熟悉它们的外形，用万用表对其进行检测，把检测结果填入表 2.6.1。

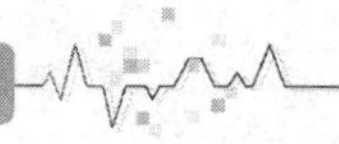

表 2.6.1　光电器件检测记录表

类　型	画出外形	有光照时		无光照时	
		正向电阻	反向电阻	正向电阻	反向电阻
光敏电阻器					
光电二极管					
光敏三极管					
热释电红外传感器					
光电耦合器					

【拓展阅读】

光电器件简介

任务 2.7　其他常用元器件的识别

任务目标

（1）能正确识别集成电路等常用元器件。

（2）了解集成电路等常用元器件的主要应用情况。

（3）提高团队合作与探究能力，培养虚心求教精神。

任务分解

一、集成电路

1. 集成电路的分类

集成电路的英文缩写为 IC。它是把一定数量的常用电子元件，如电阻器、电容器、三极管等，以及这些元件之间的导线，通过半导体工艺集成在一起的具有特定功能的电路。

集成电路按功能、结构不同，可分为模拟集成电路、数字集成电路和模数混合集成电路三大类；按制作工艺不同，可分为半导体集成电路和膜集成电路；按集成度不同，可分为小规模集成电路、中规模集成电路、大规模集成电路、超大规模集成电路和特大规模集成电路。

2. 集成电路的引脚序号识别

集成电路通常有扁平、双列直插、单列直插等封装形式。无论是哪种集成电路，外壳上都有供识别引脚排序（或称第一脚）的定位标记，如图 2.7.1 所示。对于扁平封装的集成电路，一般在集成电路正面的一端标上小圆点（或小圆圈、色点）作为标记。塑封双列直插式集成电路的定位标记通常是弧形凹口、圆形凹坑或小圆圈。

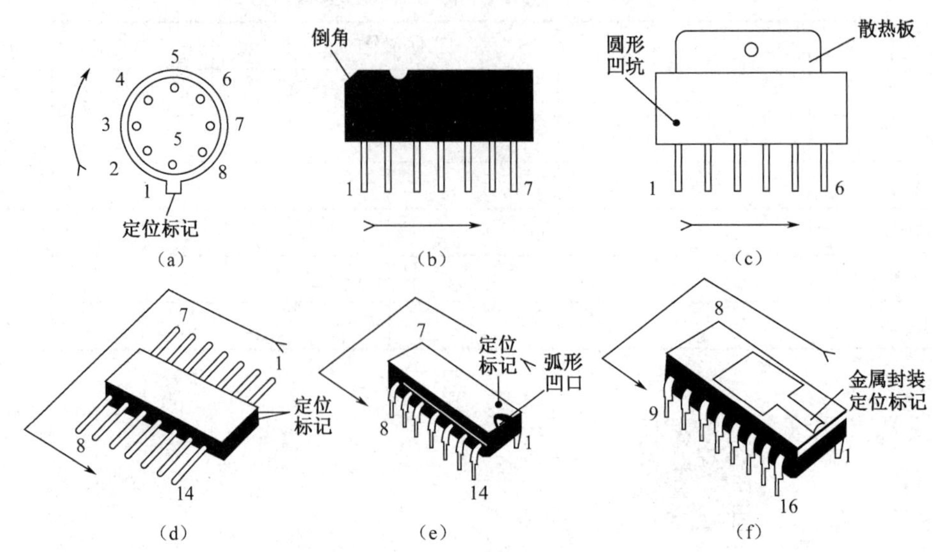

图 2.7.1　识别引脚排序的定位标记

3．三端集成稳压器

最简单的集成稳压电源只有输入端、输出端和公共引出端（地），故称之为三端集成稳压器。常用的是 W78××、W79××系列三端集成稳压器，如图 2.7.2 所示。通常情况下，三端集成稳压器输入电压和输出电压的最小差值约为 2V，否则不能输出稳定的电压。使用三端集成稳压器时，应安装足够大的散热器。

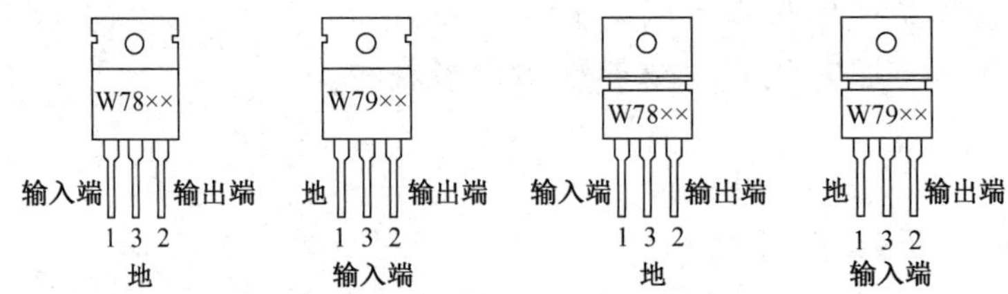

图 2.7.2　常用的三端集成稳压器

4．常用集成电路的检测

（1）微处理器集成电路的检测。微处理器集成电路的关键测试引脚是电源端、复位端、晶振信号输入端、晶振信号输出端，以及其他各线输入端、输出端。在路测量这些关键测试引脚对地的电阻和电压，比较其是否与正常值（可从产品电路图或有关维修资料中查出）相同。不同型号微处理器集成电路的复位电平也不相同，有的是低电平复位，即在开机瞬间为低电平，复位后保持高电平；有的是高电平复位，即在开关瞬间为高电平，复位后保持低电平。

（2）开关电源集成电路的检测。开关电源集成电路的关键测试引脚是电源端、激励脉冲输出端、电压检测输入端、电流检测输入端。测量各引脚对地的电压和电阻，若测量结果与正常值相差较大，在其外围元器件正常的情况下，可以确定该集成电路已损坏。内置大功率开关管的厚膜集成电路，还可通过测量大功率开关管集电极、基极、发射极之间的正、反向电阻，来判断大功率开关管是否正常。

（3）音频功率放大集成电路的检测。检查音频功率放大集成电路时，应先检测其电源端（正电源端和负电源端）、音频输入端、音频输出端及反馈端对地的电压和电阻。若测量结果与正常值相差较大，而外围元器件均正常，则该集成电路内部损坏。对引起无声故障的音频功率放大集成电路，若其电源电压正常，则可用信号干扰法来检测。检测时，万用表应置于R×1 挡，将红表笔接地，用黑表笔点触音频输入端，正常时扬声器中应有较强的“喀喀”声。

（4）运算放大器的检测。用万用表直流电压挡测量运算放大器输出端与负电源端之间的电压（在静态时电压较高）。手持金属镊子依次点触运算放大器的两个输入端（加入干扰信号），若万用表的指针有较大幅度的摆动，则说明该运算放大器完好；若万用表的指针不动，则说明该运算放大器已损坏。

二、磁性元件

1. 电磁继电器

电磁继电器是具有隔离功能的自动开关元件，它实际上是一种用小电流控制大电流的自动开关，在电路中起自动调节、安全保护、转换电路等作用，广泛应用于遥控、遥测、通信、自动控制、机电一体化等领域的电力电子设备中，是最重要的控制元件之一。其外形如图 2.7.3 所示。

图 2.7.3　电磁继电器的外形

电磁继电器一般由铁芯、线圈、衔铁、触点弹簧等组成，其工作原理可以简单概括为当电磁铁的线圈通电时，通过线圈的电流产生磁场，磁场吸附衔铁动作通断触点，使两个触点接通，工作电路闭合；当电磁铁的线圈断电时，其失去磁性，弹簧把衔铁拉起来，切断工作电路。

电磁继电器的触点有动合型（常开、H 型）、动断型（常闭、D 型）和转换型（Z 型）三种基本形式。

2. 干簧管

干簧管也称为舌簧管或磁簧开关，是一种机械式磁敏开关、无源器件。它的两个触点由特殊材料制成，被封装在真空的玻璃管里。只要使磁铁接近它，干簧管的两个触点就会吸合在一起，使电路导通，如图 2.7.4 所示。

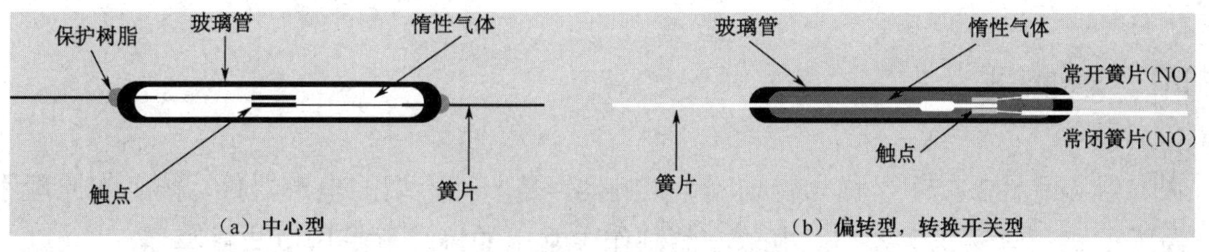

图 2.7.4　干簧管

干簧管是干簧继电器和接近开关的主要组成部件，可以作为传感器用于计数、限位等。例如，将其装在门上，可实现开门时报警、问候等；在断线报警器的制作中，也会用到干簧管。

干簧管期望的开关寿命为一百万次。

3. 霍尔元件

图 2.7.5 霍尔元件

霍尔元件为电子式磁敏器件，是一种有源器件，如图 2.7.5 所示。它是一种基于霍尔效应的磁传感器，可用于检测磁场及其变化，在各种与磁场有关的场景中使用。

由于霍尔元件本身是一只芯片，因此其工作寿命理论上无限制。目前，霍尔元件已发展成一个品种多样的磁传感器产品族，并得到了广泛应用。

根据功能不同，霍尔元件可分为霍尔线性器件和霍尔开关器件。前者输出模拟量，后者输出数字量。

三、驻极体话筒

驻极体话筒的内部由声电转换系统和场效应管两部分组成。它与电路的接法有两种：源极输出型和漏极输出型。源极输出型驻极体话筒有三根引线，漏极输出型驻极体话筒有两根引线。目前，市面上的驻极体话筒大部分是漏极输出型驻极体话筒，其灵敏度比较高，但动态范围比较小。

常用驻极体话筒的外形分为机装型（内置型）和外置型两种。机装型驻极体话筒适合在各种电子设备内部安装使用。常见的机装型驻极体话筒多为圆柱形，有 ϕ6mm、ϕ9.7mm、ϕ10mm、ϕ10.5mm、ϕ12.5mm、ϕ12mm、ϕ13mm 多种规格，根据引脚数量可分两端式和三端式两种，如图 2.7.6 所示。

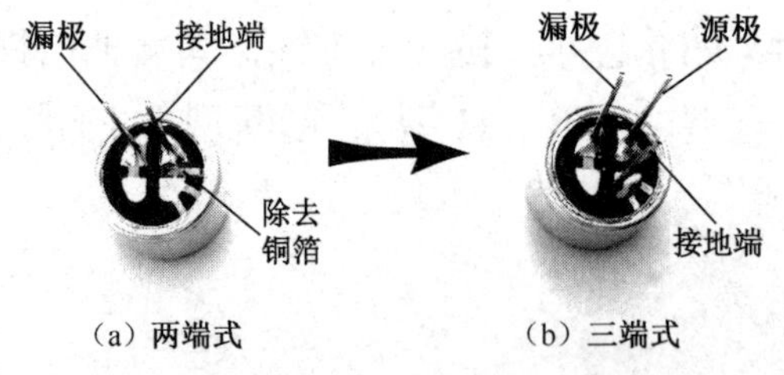

图 2.7.6 机装型驻极体话筒

驻极体话筒属于有源器件，即在使用时必须给驻极体话筒加上合适的直流偏置电压，才能保证它正常工作，这是其有别于普通动圈式话筒、压电陶瓷式话筒的地方。

四、蜂鸣器

蜂鸣器（见图 2.7.7）又称为音响器、讯响器，是一种小型的电声器件，按工作原理不同，可分为压电式和电磁式两大类。电子产品制作中常用的蜂鸣器是压电式蜂鸣器。

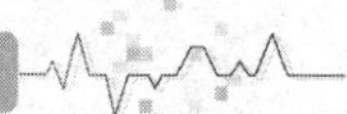

压电式蜂鸣器采用压电陶瓷片制成，当给压电陶瓷片加以音频信号时，在逆压电效应的作用下，压电陶瓷片将随着音频信号的频率发生机械振动，从而发出声响。有的压电式蜂鸣器外壳上还装有 LED。

电磁式蜂鸣器由磁铁、线圈和振动膜片等组成，当音频电流流过线圈时，线圈产生磁场，振动膜片以与音频信号相同的周期被吸合和释放，产生机械振动，并在共鸣腔的作用下发出声响。

（a）电磁式蜂鸣器　　（b）压电式蜂鸣器

图 2.7.7　蜂鸣器

利用万用表的 R×1 挡可以区分有源蜂鸣器和无源蜂鸣器，方法：将黑表笔接至蜂鸣器"+"引脚，红表笔在另一只引脚上来回碰触，如果发出"咔、咔"声，且电阻只有 8Ω（或 16Ω）的是无源蜂鸣器；如果能发出持续声音，且电阻在几百欧以上的是有源蜂鸣器。

有源蜂鸣器直接接上具有额定电压的电源（有源蜂鸣器的标签上有相关标注）就可连续发声，而无源蜂鸣器则和电磁扬声器一样，需要接在音频输出电路中才能发声。

五、液晶显示屏

液晶显示屏以液晶材料为基本组件，在两块平行板之间填充液晶材料，利用电压来改变液晶材料内部分子的排列状况，以达到遮光和透光的目的，从而显示深浅不一、错落有致的图像，而且只要在两块平行板间加入三原色的滤光层，就可以显示彩色图像。液晶显示屏的功耗很低，适用于使用电池的电子设备。

液晶显示屏面板主要由背光源（或背光模组）、偏光片、彩色滤光片和胶框等组成，如图 2.7.8 所示。

图 2.7.8　液晶显示屏面板

六、微型直流电动机

图2.7.9 微型直流电动机

微型直流电动机是指输出或输入为直流电的旋转电动机。在安装位置有限的情况下，微型直流电动机相对来说比较合适。

电子产品制作中应用的微型直流电动机一般为电磁式或永磁式直流电动机，具有启动转矩较大、机械特性强、负载变化时转速变化不大等优点，同时有功率不大、电压不高、体积较小的特点。

如图 2.7.9 所示，微型直流电动机只有两根引线，可通过调节供电电压或电流实现调速，更换两根引线的极性可使微型直流电动机换向。

七、半导体传感器

半导体传感器是利用半导体材料的各种物理、化学和生物学特性制成的传感器。半导体传感器的种类繁多，它们利用近百种物理效应和材料的特性，使其具有类似人眼、耳、鼻、舌、皮肤等的多种感觉功能。

电子产品制作中常用的半导体传感器主要有热敏传感器、光敏传感器、气敏传感器、压力传感器、红外传感器、超声波传感器、振动传感器等。简易机器人中使用的半导体传感器如图 2.7.10 所示。

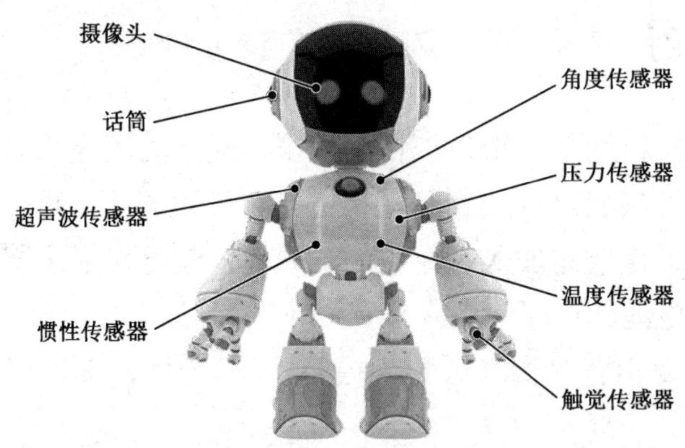

图 2.7.10 简易机器人中使用的半导体传感器

八、接插件

1. 实验板

在电子产品制作中，常用的实验板有面包板、任意焊接元件板和铜基覆铜板，如图 2.7.11 所示。

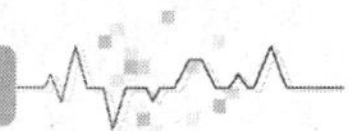

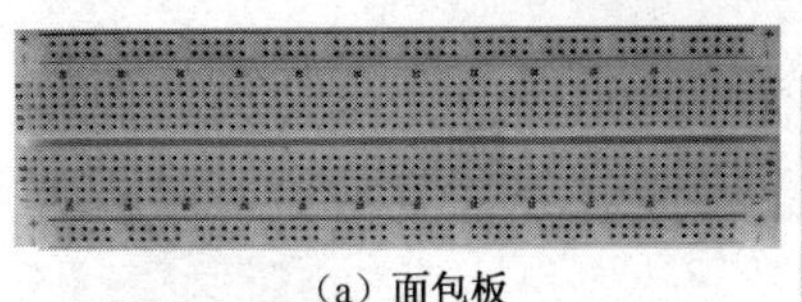

（a）面包板

（b）任意焊接元件板

（c）铜基覆铜板

图 2.7.11　常用的实验板

2．杜邦线

图 2.7.12　杜邦线

如图 2.7.12 所示，杜邦线用于实验板的引脚扩展、增加实验项目等，其可以非常牢靠地和插针连接，无须焊接，从而快速进行电路试验。

3．其他接插件

在电子产品制作中，常用的接插件主要有排针、排母、接线端子、集成电路插座、锁紧座等，如图 2.7.13 所示。

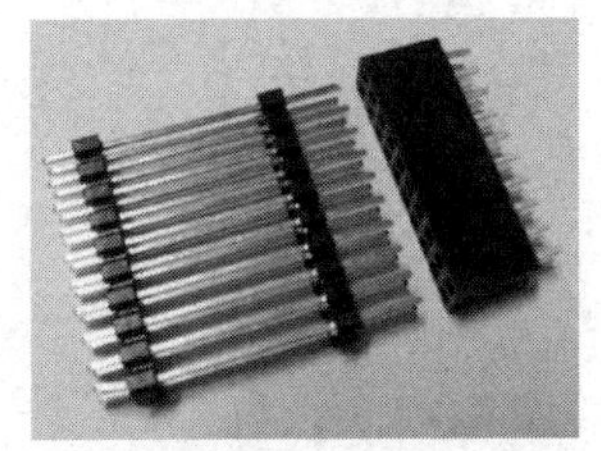

（a）排针、排母

（b）接线端子

（c）集成电路插座

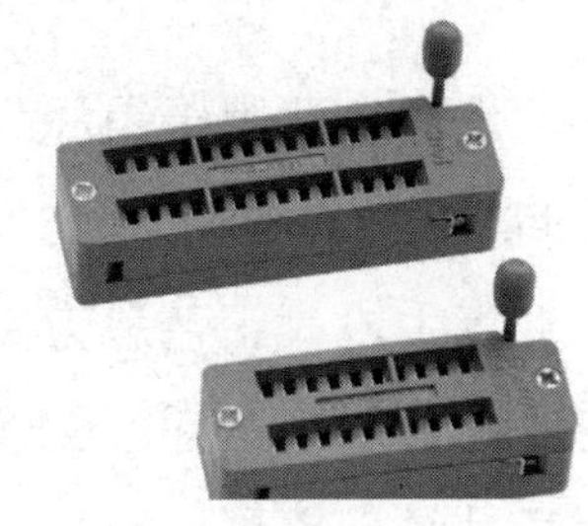

（d）锁紧座

图 2.7.13　常用的接插件

【思考与提高】

1. 三端集成稳压器有哪些类型？应用时应注意哪些问题？
2. 常用的磁性元件有哪些？它们各自有何作用？
3. 在铜基覆铜板上可以直接焊接元器件吗？若不能，应该怎么办？

【拓展阅读】

常用电子元器件参考资料

项目 3　电子装调技能入门训练

任务 3.1　电子装调工艺

任务目标

（1）了解工艺文件的编制要求。

（2）熟悉电子产品装配流程。

（3）掌握电子产品硬件调试技术。

（4）树立“就业靠专业，发展凭素质”的成才理念，以准职业人的标准严格要求自己，培养吃苦耐劳的职业精神和严谨细致的工作作风。

任务分解

一、工艺文件

所谓工艺文件，是指企业用于组织生产、指导工人操作，以及进行生产管理、工艺管理等的各种技术文件的总称。编制工艺文件的主要依据是产品的电路设计文件，另外要考虑本企业的生产条件、工艺手段、工艺总方案和有关标准等。这些标准包括国家标准和企业自己的标准，这两者需要结合起来考虑。工艺文件是产品加工、装配、检验的技术依据，也是企业组织生产和进行产品经济核算、质量控制、产品加工的主要依据。

1. 工艺文件专业术语

（1）工艺文件的编号：指工艺文件的代号，简称文件代号。它由四部分组成：企业区分代号、工艺文件编制对象（设计文件）的十进制分类编号、工艺文件简号和区分号。

（2）底图总号：企业技术档案部门在接收产品设计文件时，填写的设计文件的底图总号。

（3）旧底图总号：由企业技术档案部门填写的被现底图总号代替的底图总号。

（4）草图：设计产品时绘制的原始资料，它是供生产和设计部门使用的一种临时性设计文件，草图可以徒手绘制。

（5）原图：供描绘底图用的设计文件。

（6）底图：用于确定产品及其组成部分的基本凭证。底图可以分为基本底图和副底图。基本底图（原底图）是经过有关人员签署的底图，是确定产品的基本凭证。副底图（基本底

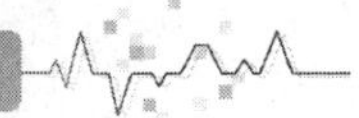

图的副本）是供复制用的底图。在某些企业的实际应用中，编制底图设计文件不再区分基本底图和副底图，两者已经合二为一。

（7）通用栏：各种工艺文件的表头、标题栏及登记栏统称为通用栏，用于填写产品名称、产品图号、编号、签名、更改标记及底图归档等。

2．工艺文件的编制原则

工艺文件应在保证产品质量和有利于稳定生产的条件下，采用最经济、最合理的工艺手段，遵循少而精的原则进行编制。

（1）既要具有经济上的合理性和技术上的先进性，又要考虑企业的实际情况，具有适用性。

（2）必须严格与设计文件的内容相符，应尽量体现设计的意图，最大限度地保证设计质量的实现。

（3）要力求文件内容完整、正确，表达简洁明了，条理清楚，用词规范、严谨，并尽量采用视图加以表达；要做到不需要口头解释，根据工艺规程，就可以进行一切工艺活动。

（4）要体现品质观念，对影响产品质量的关键部位及薄弱环节应重点加以说明。

（5）尽量提高工艺规程的通用性，使工艺规程各环节尽量采用相同的工艺。

（6）表达形式应具有较大的灵活性及适应性，当生产发生变化时，工艺文件中需要重新编制的比例应压缩到最小。

3．工艺文件的编制要求

（1）工艺文件要有统一的格式及幅面，其格式、幅面的大小应符合有关规定，工艺文件要装订成册。

（2）工艺文件的填写内容要明确、通俗易懂、字迹清楚、幅面整洁，尽量使用计算机编制。

（3）工艺文件所用的文件名称、编号、符号和元器件代号等，应与设计文件一致。

（4）工艺安装图可不完全照实样绘制，但基本轮廓要相似，安装层次应表示清楚。

（5）装配接线图中的接线部位要清楚，连接线的接点要明确。

（6）编制工艺文件要执行审核、会签、批准手续。

4．电子产品的工艺文件

电子产品的生产过程一般包含准备工序、流水线工序和调试检验工序，工艺文件应按照工序编制具体内容。

5．装配工艺卡

装配工艺卡是电子整机产品装配过程中的重要文件，它反映了该道工序的具体任务，供操作人员在机械装配和电气装配时使用，如图 3.1.1 所示。

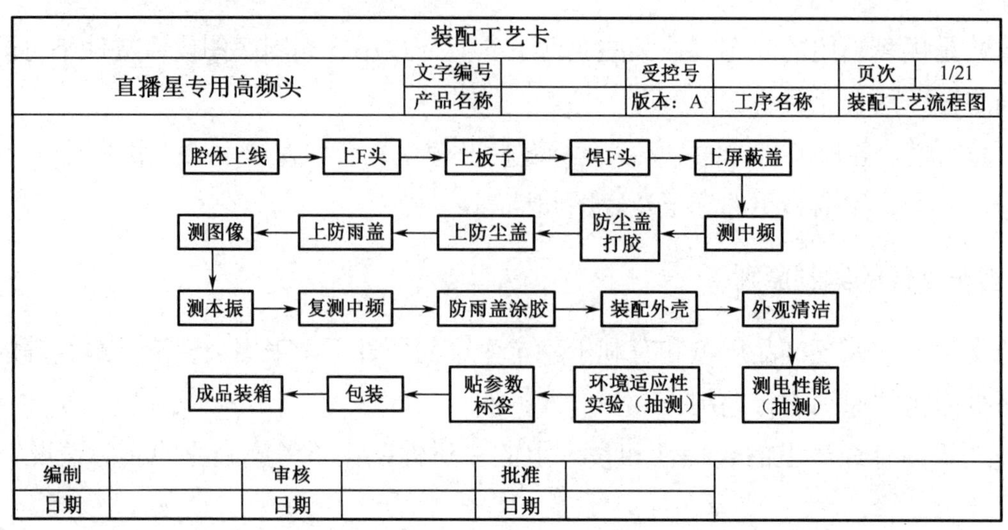

装配工艺卡						
直播星专用高频头	文字编号		受控号		页次	1/21
	产品名称		版本：A	工序名称	装配工艺流程图	

腔体上线 → 上F头 → 上板子 → 焊F头 → 上屏蔽盖 → 测中频 → 防尘盖打胶 → 上防尘盖 → 上防雨盖 → 测图像 → 测本振 → 复测中频 → 防雨盖涂胶 → 装配外壳 → 外观清洁 → 测电性能（抽测） → 环境适应性实验（抽测） → 贴参数标签 → 包装 → 成品装箱

编制		审核		批准		
日期		日期		日期		

图 3.1.1　装配工艺卡

二、电子产品装调须知

1．电子产品装调的基本流程

电子产品装调是整个生产过程中至关重要的一环。装配过程是将元器件、PCB、外壳等部件按照一定的工艺要求进行组装的过程，而调试是指通过对电子产品进行一系列的测试和调整，使其达到预期的性能指标和质量要求。电子产品只有经过装调后，才能成为真正具有使用价值的商品。电子产品的生产是一个复杂的过程，一般包括以下环节。

（1）零部件采购与检测：确保零部件的质量和性能符合设计要求。

（2）装配：将零部件按照一定的工艺要求进行组装。

（3）调试：通过测试和调整，使电子产品达到预期的性能指标和质量要求。

（4）质量检测：对电子产品进行全面的质量检测，确保电子产品的质量符合标准。

（5）包装：对电子产品进行包装。

2．装配过程对电子产品质量的影响

（1）装配失误：在装配过程中，如果操作人员疏忽大意，那么可能会出现元器件装反、PCB 连接错误等问题。这些问题轻则导致电子产品性能下降，重则直接导致电子产品损坏。

（2）不良率：在装配过程中，如果使用的元器件存在质量问题或者装配流程不合理，那么电子产品的不良率会大大增加。这也是装配过程中需要对元器件和工艺流程进行严格把控的原因。

（3）耐用性：装配过程中的不当操作或恶劣的环境因素可能会导致电子产品的耐用性降低。例如，过于粗暴的操作可能会使元器件或 PCB 受到损伤，进而影响电子产品的使用寿命。

3．电子产品装调的注意事项

（1）在装配前，一定要仔细阅读产品说明书和装配图纸，了解各个元器件的安装方法和注意事项。

（2）在装配过程中，一定要注意元器件的极性、方向等要求，避免因安装错误导致电子

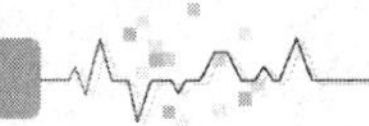

产品损坏或性能下降。

（3）在调试过程中，一定要按照产品说明书和调试流程进行操作，避免因操作不当导致电子产品出现故障或损坏。

（4）在调试过程中，一定要注意安全，避免因操作不当导致人员受伤或设备损坏。

（5）在装调过程中，一定要注意环境保护和废弃物的安全处理，确保生产过程环保且合规。

三、电子产品装配流程

1. 准备阶段

准备阶段主要完成对元器件等的检查和清洁，以及各种装配工具和材料的准备。

在检查电子产品时，需要对其各零部件进行仔细观察，包括 PCB、元器件等，要确保所有零部件都是完好的，没有损坏或缺失。另外，还需要对电子产品的外壳和内部进行清洁，去除灰尘和污垢，保证装配质量。

在准备装配工具和材料时，需要考虑到不同的电子产品需要不同的装配工具和材料。常用的装配工具包括螺丝刀、钳子、镊子、焊接工具等，常用的材料包括螺钉、导线、插座、胶带等。需要根据电子产品的特点和装配需求，准备好相应的装配工具和材料，以便在装配过程中使用。

2. 元器件的准备与检测

（1）确定元器件的种类和数量。

根据 PCB 设计要求确定所需元器件的种类和数量。首先要对 PCB 的功能、性能和设计要求进行充分了解，统计出所需的各类元器件，如集成电路、电阻器、电容器、二极管等。同时，要明确各类元器件的规格、型号、数量等信息，以确保装配的准确性和一致性。

（2）元器件的检测。

元器件的检测包括外观检测、性能检测和可焊性检测。

在装配之前，需要对每个元器件进行外观检测，以确保元器件无明显损坏，规格符合要求。例如，检查电阻器是否有裂纹、色环是否清晰；检查电容器是否有鼓包、漏液等现象。如果发现不合格的元器件，那么应及时进行更换。

判断元器件性能是否正常的方法并不固定，必须根据元器件的不同类型采用不同的方法，特别是对初学者来说，熟练掌握常用元器件的检测方法，积累相关经验很有必要。

元器件的可焊性检测是指检测元器件在焊接过程中与焊盘之间的连接可靠性，是保证电子产品质量的重要环节，对降低不良率、提高生产效率具有关键作用。

3. 元器件的焊接与装配

在焊接元器件之前，需要先准备好焊接工具和材料，包括电烙铁、焊锡丝、助焊剂和镊子等，然后将元器件按照电路设计的要求，放置在 PCB 的正确位置上，并使用电烙铁和焊锡丝将它们焊接牢固。

元器件的装配顺序是指将元器件插入 PCB 的先后顺序。在确定元器件的装配顺序时，需要遵循以下几个原则。

（1）先轻后重：优先装配轻小的元器件，以确保 PCB 承受的重量最小化。

（2）先小后大：先装配体积较小的元器件，以防大元器件占据小元器件的安装位置。

（3）先低后高：优先装配低矮的元器件，以便后续对较高元器件进行安装和连通。

在实际应用中，不同电子产品的元器件装配顺序可能有所不同。例如，对于电阻器、电容器等常规元器件，一般遵循“先轻后重、先小后大、先低后高”的原则进行装配。而对于一些有特殊要求的元器件，如大型散热器、风扇等，则需要根据实际情况对装配顺序进行调整。

四、电子产品硬件调试技术

在电子产品装调过程中，硬件调试技术是至关重要的一环。硬件调试不仅涉及对电子产品性能和质量的检测，还直接关系到电子产品的稳定性、可靠性和安全性。因此，掌握硬件调试技术对电子产品制造和维修具有重要意义。

1．准备工作

（1）熟悉电路图：了解电子产品的电路图，明确各个元器件的连接关系和功能，这样才能在调试过程中准确找到问题所在。

（2）准备调试工具：电子产品制作中常用的调试工具主要有万用表、示波器、信号发生器等。这些调试工具可以用于测量电路的电压、电流、波形等，以便对电路进行深入的分析和调试。

（3）备份原始数据：在调试过程中，需要备份原始数据和参数，以便在必要时进行对比和分析。

2．常见故障排除方法

（1）观察法：通过观察电子产品的外观和运行状态，判断其是否存在异常，如 PCB 是否有烧焦痕迹、元器件是否完好无损等。

（2）排除法：通过逐个排除可能的故障点，找到故障所在。例如，可以依次断开各个可疑元器件，观察电子产品的功能是否恢复正常，以确定故障点。

（3）替换法：将疑似发生故障的元器件替换为正常元器件，观察电子产品的功能是否恢复正常，以验证故障点。

（4）测量法：通过测量电路的电压、电流、波形等，分析电路的工作状态，找到故障所在。

3．硬件调试的步骤

（1）检查电源：检查电源是否正常，以保证电路正常工作。

（2）检查元器件：检查各个元器件是否完好无损，以及它们的参数是否正确。

（3）观察运行状态：观察电子产品的运行状态，判断其是否存在异常，如 PCB 上的指示灯是否亮起等。

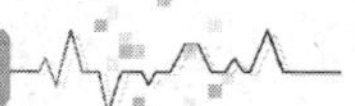

（4）逐个排除故障：通过排除法逐个排除可能的故障点，找到故障所在。

（5）替换法和测量法：使用替换法和测量法进一步验证故障点和故障性质。

（6）调试、修复：找到故障点后，对其进行调试、修复，以恢复电子产品的正常功能。

4．硬件调试的注意事项

（1）将安全放在第一位。在调试过程中，需要确保不会发生电击、火灾等安全事故。例如，必须按照规定使用测试仪器，避免操作过程中的意外伤害。

（2）遵循操作规程。在调试过程中，需要遵循一定的操作顺序和步骤，操作不当可能会导致电子产品损坏或测试结果不准确。同时，调试过程需要认真细致，不放过任何一个可能的故障点。

（3）记录总结很重要。在调试过程中，需要对测试数据进行及时记录和分析。在调试完成后，对这些测试数据进行总结和分析，找出可能出现的问题，并提出相应的改进措施。这将为今后的电子产品设计和生产打下坚实的基础。

总之，在电子产品装调过程中，不仅需要掌握扎实的电子技术理论知识，还需要具备一定的实践经验和操作技能。只有严格遵循操作规程，掌握先进的工艺和技术，不断地学习和总结经验，才能更好地应对各种复杂的问题和挑战。

【思考与提高】

1．在电子产品装配过程中，为什么需要注意调整元器件之间的距离和高度，以确保它们之间的间隙适当？

2．使用电烙铁进行焊接时，合格焊点的外观标准是什么？虚焊和冷焊是如何造成的？

【拓展阅读】

怎样获得合格的焊点？

任务3.2　电子工程图

任务目标

（1）了解电子工程图的作用，能理解同一电路可能有不同形式的框图。

（2）会分析常用电子工程图，并能根据框图指出各单元电路的作用。

（3）能看懂PCB图，能根据PCB的实物画出部分单元电路原理图。

（4）弘扬工匠精神，培养勤奋好学、专注工作的品质。

任务分解

一、识图的基本知识

（1）熟悉常用元器件的图形符号，掌握这些元器件的性能、特点和用途。元器件是组成电路的基本单元。

（2）熟悉并掌握一些基本单元电路的构成、特点、工作原理及各个元器件的作用，任何一个复杂的电子产品电路都是由一个个简单的基本单元电路组合而成的。

（3）了解不同图纸的不同功能，掌握识图的基本规律。图纸的作用、功能不同，识图方法也不同。例如，可以根据电路元器件的性能、特点和用途，展开电路进行识读，也可以结合典型电路进行识读，还可以根据电路的绘制顺序（从上到下、从左到右）进行识读等。

电子产品装配过程中常用的电子工程图有许多种，主要有框图、电路原理图和 PCB 图三种。

二、识读框图

框图将电路原理图中的单元电路用正方形或长方形的方框表示，各方框之间用线连接起来，表示各单元电路之间的相对位置。框图的作用在于简明扼要地说明设备的工作原理，这对识别电路原理图与维修电路具有重要意义。

框图可分为整机电路框图、单元电路框图和集成电路的内部电路框图。

在分析电路原理时，首先要看框图。由分立元件组成的半导体超外差式收音机，由输入电路、变频电路、中频放大器、检波电路、自动增益控制电路、音频放大电路、功率放大电路 7 个单元电路组成，如图 3.2.1 所示。

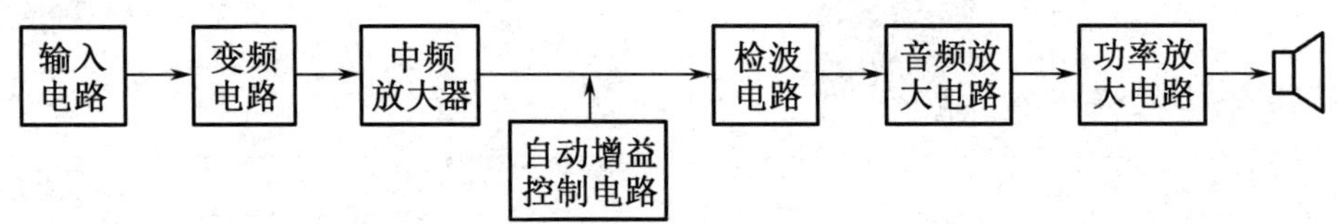

图 3.2.1　半导体超外差式收音机框图

识读框图的注意事项如下。

（1）框图粗略地表达了某电路的组成情况，给出了这一电路的主要单元电路的位置、名称及各单元电路之间的相互连接关系。在识图时，要注意各单元电路之间的信号传输方向，即电路中箭头所指的方向，箭头方向表示了信号传输的方向。

（2）框图还表示了信号在各单元电路之间的传输顺序，特别是控制电路的框图，要明确控制信号的来路和控制对象。

三、识读电路原理图

电路原理图也叫作整机电路图，它用元器件的图形符号、代号表示元器件实物，用于表示电子产品的工作原理。电路原理图展示了整个电子产品的电路结构、各单元电路的具体形

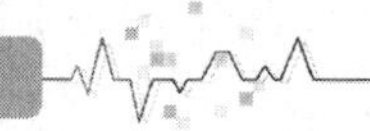

式和它们之间的连接方式。电路原理图给出了电路中各个元器件的具体参数，如型号、标称值和其他重要数据。有些电路原理图还给出了测试点的工作电压，为检修电路故障提供了方便。在识读电路原理图时，应注意以下事项。

（1）先要熟悉单元电路，如基本整流电路、滤波电路、放大电路、分压式偏置电路等，为识读复杂电路奠定基础。

（2）对电路原理图的分析主要包括找出各单元电路在电路原理图中的位置、明确单元电路的类型、直流工作电压供给电路分析、交流信号传输分析。直流工作电压供给电路分析一般从右向左进行，对某一级放大电路的直流电路进行分析的方向是从上而下。交流信号传输分析一般从左向右进行。

（3）能正确分析各分立元件在电路中的作用，如电阻器在电路中主要起限流、分压、产生电压降等作用。电阻器与电阻器串联并从中间引出抽头，一般情况下是为了进行分压，如图 3.2.2（a）所示；电阻器与稳压二极管串联是为了限制通过稳压二极管的电流，如图 3.2.2（b）所示；电阻器与电容器并联，电阻器构成电容器放电的回路，用于确定放电时间，如图 3.2.2（c）所示；电阻器与电容器串联组成微分电路，如图 3.2.2（d）所示；在图 3.2.2（e）所示的放大电路中，与三极管基极相连的电阻器作为三极管基极偏置电阻，与三极管集电极串联的电阻器作为集电极负载电阻，与发射极串联的电阻器作为发射极电阻。

电容器在图 3.2.2（e）所示放大电路中的主要作用是储能、滤波、耦合信号等，它的特点是通交流、隔直流。电容器与三极管放大电路的输入端、输出端连接时，电容器起输入、输出耦合作用；电容器与三极管的发射极串联时，起交流旁路作用。

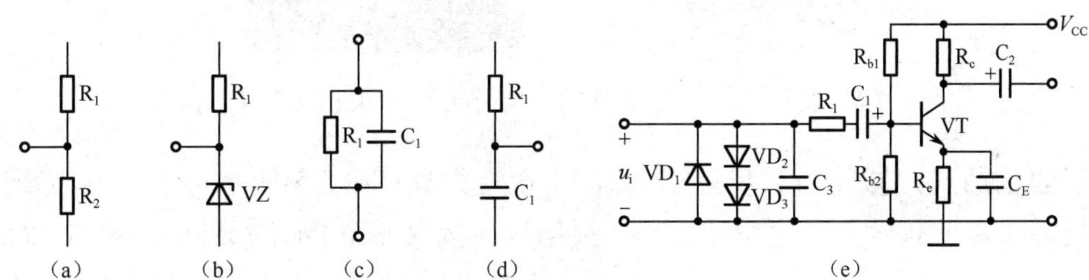

图 3.2.2　部分单元电路原理图

电感器在电路中的作用为滤波、储能，电感器的主要特点是通直流、隔交流。

二极管在图 3.2.2（e）所示的放大电路中的主要作用是整流，与三极管放大电路的输入信号并联接入三极管的基极，VD_1、VD_2、VD_3 起输入电路限幅和钳位作用。

三极管 VT 在图 3.2.2（e）所示的放大电路中的主要作用为放大信号，在模拟电路或数字电路中有时还起开关作用，工作在截止和饱和两种状态下。

（4）对于集成电路，只需明确它的功能和各引脚的作用即可。LM7805 三端稳压集成电路的典型应用电路如图 3.2.3 所示。

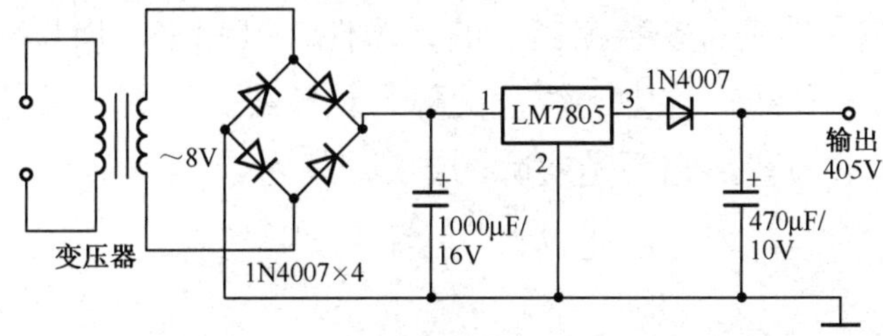

图 3.2.3　LM7805 三端稳压集成电路的典型应用电路

四、识读 PCB 图

PCB 又称为印刷线路板，是根据电路原理图设计的一种布线图，它既是元器件的支撑体，又是元器件电气连接的载体。PCB 已从单层发展到双层、多层和挠性等类型。进行电子产品制作时使用的 PCB 主要有单面板和双面板。

1. 单面板和双面板

使用单面板时，通常在没有导电铜箔的一面安装元器件，将元器件引脚通过插孔穿到有导电铜箔的一面，利用导电铜箔将元器件引脚连接起来就可以构成电路或电子产品了。

双面板的两面都有导电铜箔，每面都可以直接焊接元器件，两面的元器件可以通过穿过插孔的元器件引脚连接，也可以利用过孔实现连接。过孔是一种穿透 PCB 并将两面的导电铜箔连接起来的金属化导电圆孔。

2. 元器件的封装

典型直插式元器件的封装外形及其在 PCB 上的焊接如图 3.2.4 所示。

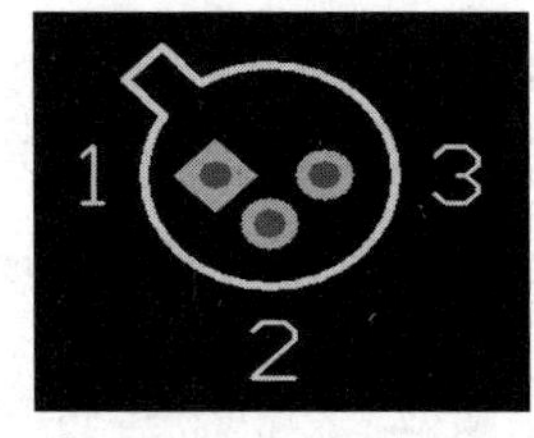

图 3.2.4　典型直插式元器件的封装外形及其在 PCB 上的焊接

典型表面粘贴式元器件的封装外形及其 PCB 焊盘如图 3.2.5 所示。此类封装形式的元器件的焊盘只限于表面板层，即顶层或底层，采用这种封装形式的元器件的引脚在 PCB 上占用的空间小，不影响其他层的布线，但是这种封装形式的元器件的手工焊接难度相对较大。

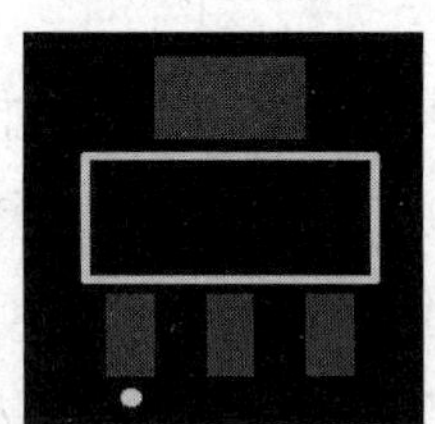

图 3.2.5　典型表面粘贴式元器件的封装外形及其 PCB 焊盘

3. 导线

PCB 以导电铜箔作为导线将安装在其上的元器件连接起来，所以将导电铜箔称为导线。

与导线类似的还有一种线，称为飞线，又称为预拉线。飞线主要用于表示各个焊盘之间的连接关系，指引导线的布置，它不是实际的导线。

4. 焊盘

焊盘的作用是在焊接元器件时放置焊锡，将元器件引脚与导线连接起来。焊盘的形式有圆形、方形和八角形等，常见的焊盘如图3.2.6所示。焊盘有针脚式和表面粘贴式两种，表面粘贴式焊盘无须钻孔，而针脚式焊盘要求钻孔。

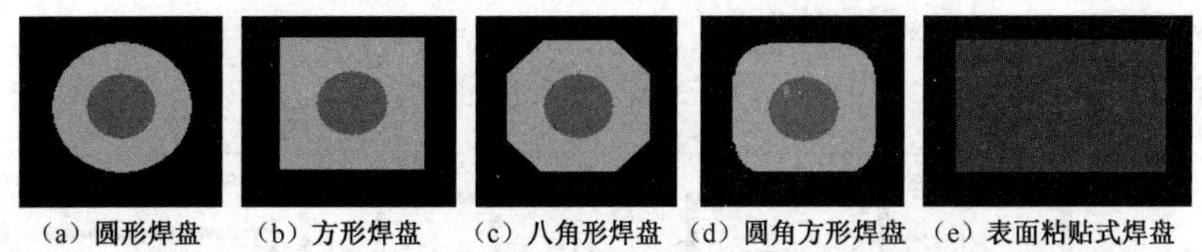

图3.2.6　常见的焊盘

5．助焊膜和阻焊膜

为了使PCB的焊盘更容易粘上焊锡，通常在焊盘上涂一层助焊膜。

为了防止PCB上的导线不小心粘上焊锡，要在这些导线上涂一层绝缘层，通常是绿色透明的膜，这层膜称为阻焊膜。

6．丝印层

丝印层为文字层，一般用于注释。为了方便电路的安装和维修等，在PCB的上、下两面印上所需要的标志、图案、文字、代号等，如元器件的标号、标称值、外廓形状、厂家标志、生产日期等。

识读PCB图时，首先要找到PCB图中连接供电电源的两条线，即地线和电源正极线，这两条线要向各级电路提供能量。地线通常布满整个PCB图。PCB图中布线粗细的主要依据是电流的大小，通过的电流大，布的线就粗。细线在条件允许的情况下可以节约空间和成本。

根据PCB图，可以找出各个元器件之间的关系。如果是电源电路，就要找到整流滤波的元器件；如果是放大电路，就要以三极管为核心，明确三极管的集电极、基极和发射极，同时找到信号的输入端与输出端；如果是集成运算放大电路，就一定要找到同相、反相输入端和输出端；如果是数字逻辑电路，就一定要找到每个逻辑门。

**【思考与提高】**

1．正确指出图3.2.7所示电路中的单元电路，并回答以下问题。

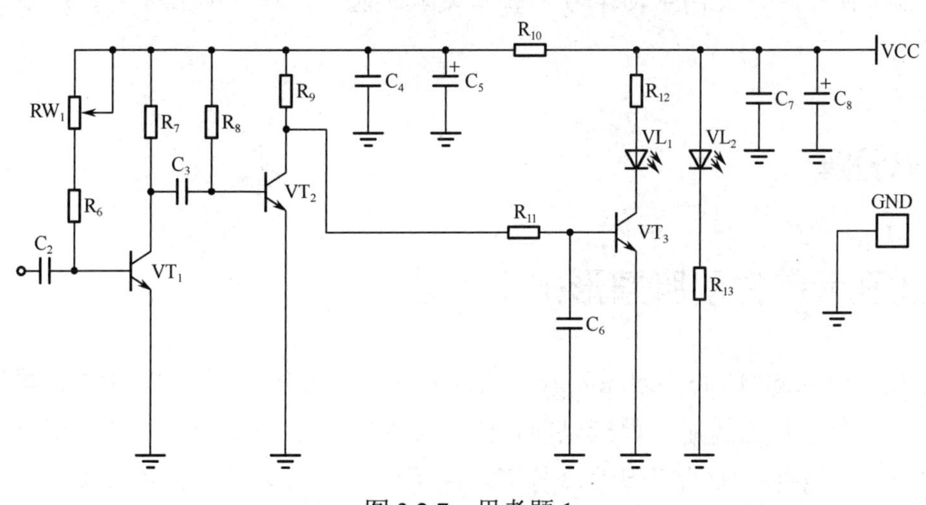

图3.2.7　思考题1

（1）R_{10}的作用是什么？C_4、C_5、C_7、C_8的作用是什么？

（2）VL_2与R_{13}的作用是什么？

（3）RW_1、C_2、C_3的作用是什么？

2. 根据图3.2.8所示的PCB图，画出电路原理图。

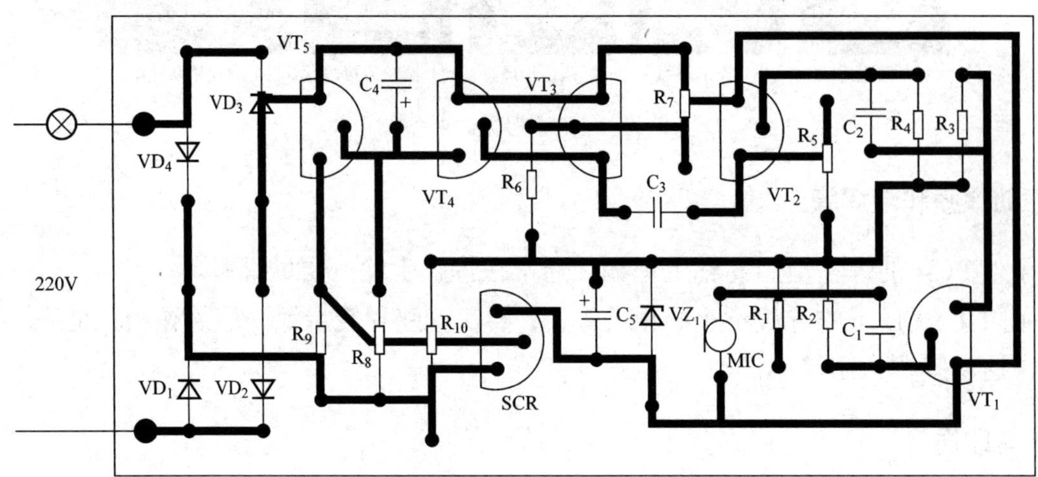

图3.2.8　思考题2

【拓展阅读】

电子装调实训须知

任务3.3　通孔元器件插装

任务目标

（1）了解常用通孔元器件引脚整形加工的工艺要求，掌握通孔元器件引脚整形加工的方法。

（2）熟悉通孔元器件的焊接步骤，掌握其焊接要领。

（3）弘扬工匠精神，提高主动学习、查阅文献的能力，培养一丝不苟、精益求精、勤奋钻研的品质。

任务分解

一、通孔元器件引脚整形加工工艺

通孔技术（Through Hole Technology，THT）是指将元器件插到PCB上，再用焊锡焊牢的技术。在电子产品开始装配、焊接以前，除了要事先做好静电防护，还要进行两项准备工作：一是要检查元器件引脚的可焊性，若可焊性不好，就必须进行镀锡处理；二是要熟悉工艺文件，根据工艺文件的要求对元器件进行分类，按照PCB上的插装形式，对元器件的引脚

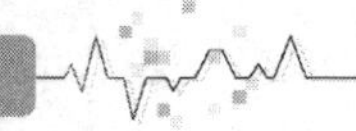

进行整形，使之符合 PCB 上的插装孔位。如果没有完成这两项准备工作就匆忙开始装配与焊接，很可能造成虚焊或插装错误。

PCB 手工装配的工艺流程如图 3.3.1 所示。

图 3.3.1　PCB 手工装配的工艺流程

1．元器件分类

在手工装配时，按电路原理图或工艺文件将电阻器、电容器、电感器、三极管、二极管、变压器、插排线、插座、导线、紧固件等归类。

2．元器件筛选

首先，对元器件进行外观质量筛选；然后，用仪器对元器件的电气性能进行测量，以确定其质量优劣，剔除已经失效的元器件。

3．元器件引脚整形

（1）元器件引脚整形工艺要求。

① 所有元器件的引脚均不得从根部弯折，一般应距离根部 1.5mm 以上，因为元器件的制造工艺使元器件的引脚根部容易被折断。弯折半径应大于引脚直径的 1～2 倍，避免弯成死角。

② 引脚整形完成以后，元器件的标记朝向应向上、向外，方向一致，如表 3.3.1 所示。

表 3.3.1　引脚整形完成后元器件的标记朝向

标 记 朝 向	向外	向上	第一环位置	符合习惯（由左到右、由近到远）
图　　示	标记向外，便于观察	标记位置 45°　45°	第一环	5K1　103

③ 若引脚上有焊点，则焊点和元器件之间不允许有弯折点，焊点到弯折点之间的距离应保持 2mm 以上。

④ 元器件引脚整形尺寸应满足插装尺寸的要求。

总之，引脚整形后，元器件本体不应该产生破裂，表面封装不应损坏，引脚弯折部分不应出现裂纹，元器件的标称值应处于方便查看的位置，一般应位于元器件的上表面或外表面。

（2）元器件引脚整形的基本步骤。

在将元器件插装到 PCB 上之前，通常要对元器件进行加工，加工的目的是便于元器件的插装或有利于元器件散热。手工整形工具主要有镊子和尖嘴钳，通孔元器件引脚整形的基本步骤如表 3.3.2 所示。

表 3.3.2　通孔元器件引脚整形的基本步骤

基 本 步 骤	图　　示
将引脚用镊子铆直	

续表

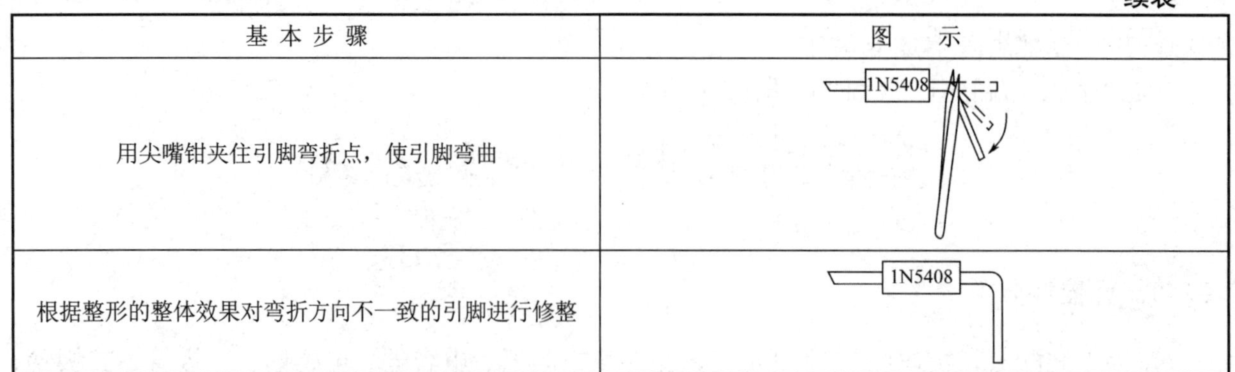

基本步骤	图　示
用尖嘴钳夹住引脚弯折点，使引脚弯曲	1N5408
根据整形的整体效果对弯折方向不一致的引脚进行修整	1N5408

（3）常用元器件的整形方法。手工对元器件进行整形时，可以借助镊子或小螺丝刀对引脚进行整形，常用元器件的整形形状及尺寸要求如表 3.3.3 所示，整形后的效果如图 3.3.2 所示。

表 3.3.3　常用元器件的整形形状及尺寸要求

元器件类型	整形形状	尺寸要求
电阻器	电阻器 H L	H=4±0.5mm（电阻器的功率小于 1W）
		H=7±0.5mm（电阻器的功率大于 1W）
		L：根据 PCB 孔距确定
	电阻器 H_1 H_2 L	H_1=6±1.0mm
		H_2=4±0.5mm
		L：根据 PCB 孔距确定
	H_1 电阻器 H_2 L	H_1=3±0.5mm
		H_2=4±0.5mm
		L：根据 PCB 孔距确定
二极管	二极管 H L	H=4±0.5mm
		L：根据 PCB 孔距确定
	H_1 H_2 二极管 L	H_1=3±0.5mm
		H_2=4±0.5mm
		L：根据 PCB 孔距确定
三极管	字符面 三极管 L H 散热器面	H=4±0.5mm
		L：根据 PCB 孔距确定
电容器	电容器 H_1 H_2 L	H_1=2.5±0.5mm
		H_2=4±0.5mm
		L：根据 PCB 孔距确定
	电容器 H L	H=4±0.5mm
		L：根据 PCB 孔距确定
	电容器 H_1 H_2 L	H_1=3.5±0.5mm
		H_2=4±0.5mm
		L：根据 PCB 孔距确定

续表

元器件类型	整 形 形 状	尺 寸 要 求
电容器	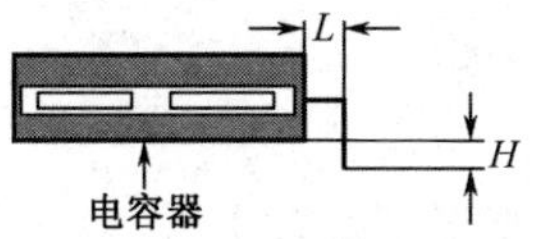 电容器 L H	H=4±0.5mm
		L：根据 PCB 孔距确定
电感器	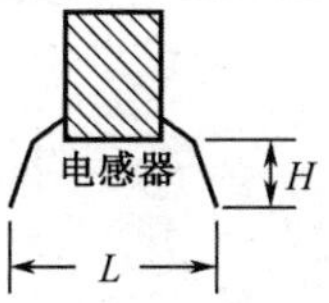 电感器 H L	H=4±0.5mm
		L：根据 PCB 孔距确定
	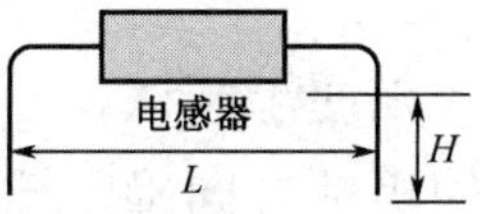 电感器 H L	H=4±0.5mm
		L：根据 PCB 孔距确定
	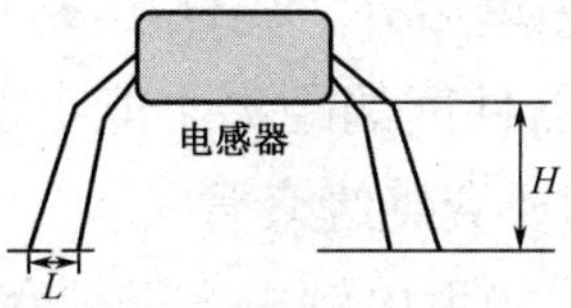 电感器 H L	H=4±0.5mm
		L：根据 PCB 孔距确定
晶振	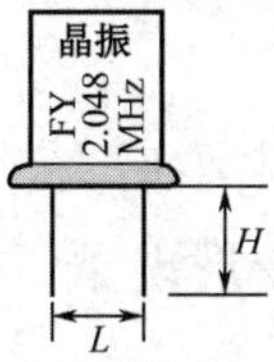 晶振 FY 2.048 MHz H L	H=4±0.5mm
		L：根据 PCB 孔距确定
	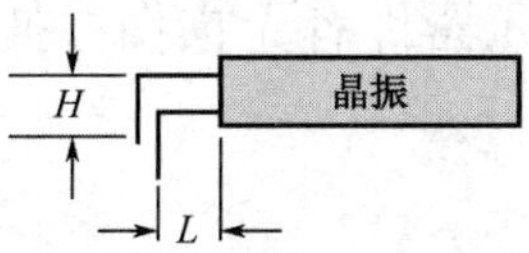 H 晶振 L	H=4±0.5mm
		L：根据 PCB 孔距确定
变压器	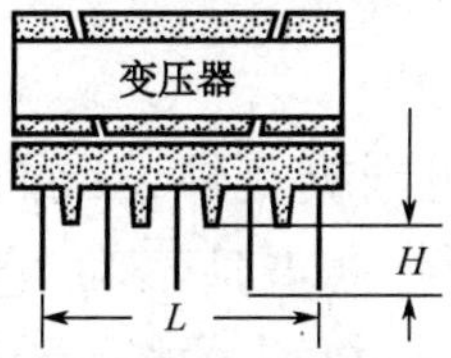 变压器 H L	H=4±0.5mm
		L：根据 PCB 孔距确定
集成电路	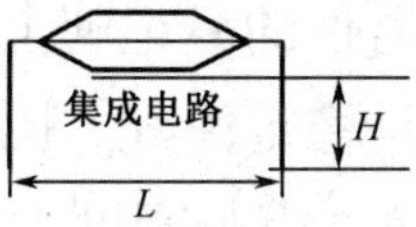 集成电路 H L	H=4±0.5mm
		L：根据 PCB 孔距确定
导线	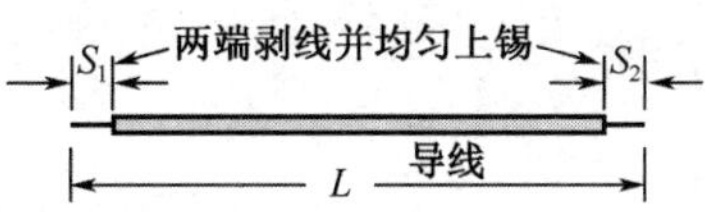 S_1 两端剥线并均匀上锡 S_2 导线 L	S_1=S_2=4±0.5mm
		L：根据设计要求确定
套管	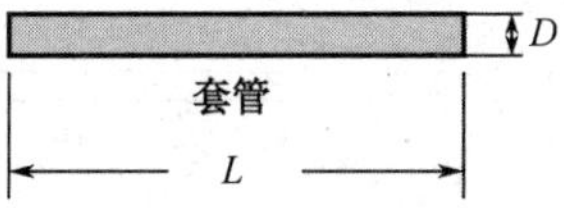 套管 D L	D：根据设计要求确定
		L：根据设计要求确定

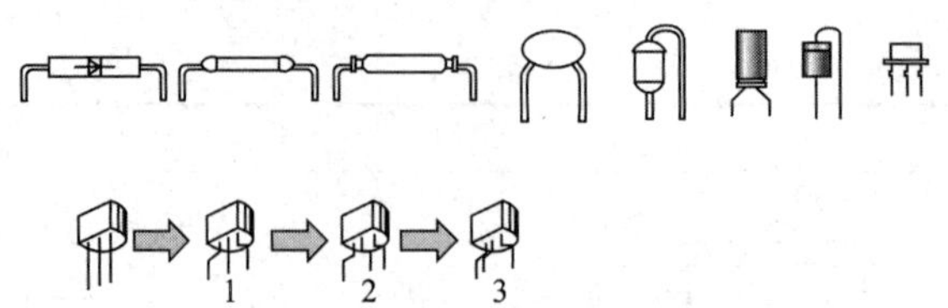

图 3.3.2　整形后的效果

二、插装通孔元器件

1. PCB 上元器件的插装原则

① 元器件的插装应使其标记和色码朝上，以便于辨认。

② 对于有极性的元器件，应根据其标记的极性方向确定插装方向。

③ 元器件的插装顺序应为先轻后重、先里后外、先低后高。

④ 应注意元器件间的距离。PCB 上元器件间的距离不能小于 1mm；引脚的间隔要大于 2mm，当它们之间有可能发生接触时，引脚要套绝缘套管。

⑤ 对于体积较大、较重的特殊元器件，如大电解电容器、变压器、阻流圈、磁棒等，插装时必须用金属固定件或固定架加强固定。

总之，手工插装元器件应遵循“先低后高，先小后大，先一般后特殊，最后插装集成电路”的原则，元器件应插装到位，无明显倾斜、变形现象，要做到整齐、美观、稳固。同时，应方便焊接且有利于元器件焊接时的散热。

插装前，应检查元器件参数是否正确、元器件有无损伤；插装后焊接前，应检查有无插装错误。

2. 元器件插装

（1）插装方式。

① 贴板插装。元器件与 PCB 之间的距离可根据具体情况而定，贴板插装如图 3.3.3 所示。贴板插装的优点是稳定性好、插装方便且简单，缺点是不利于元器件散热，对散热有要求的元器件不适合采用这种插装方式。非贴板插装有利于元器件散热，但插装时需要控制元器件的高度，保证产品美观。贴板插装时，要求元器件的标记朝上，插装方向一致，元器件插装完成后，上表面整齐、美观。贴板插装的优点是稳定性好、比较牢固、受震动时不易脱落。

② 立式插装。立式插装如图 3.3.4 所示。其优点是密度大、占用 PCB 的面积小、拆卸方便，电容器、三极管多采用此法进行插装。电阻器、电容器、二极管的插装与 PCB 设计有关，应根据具体要求选择插装方式。

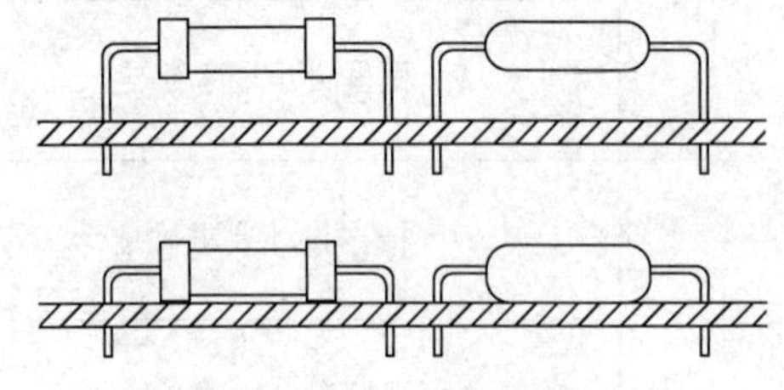

图 3.3.3　贴板插装

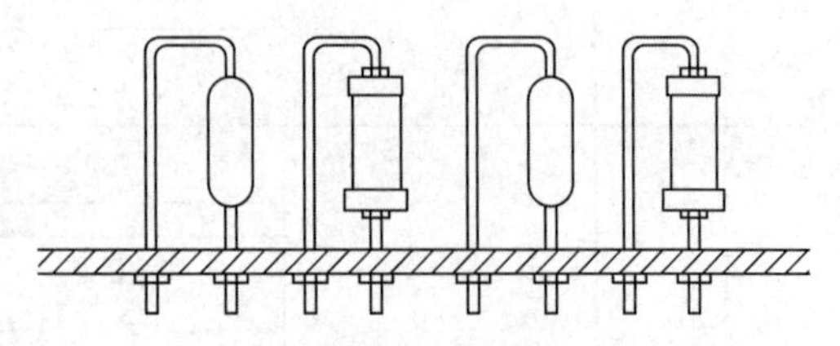

图 3.3.4　立式插装

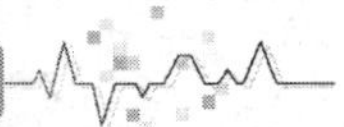

为了满足不同的插装要求，在一块 PCB 上，有的元器件可采用立式插装，有的元器件可采用俯卧式贴板插装，如图 3.3.5 所示。

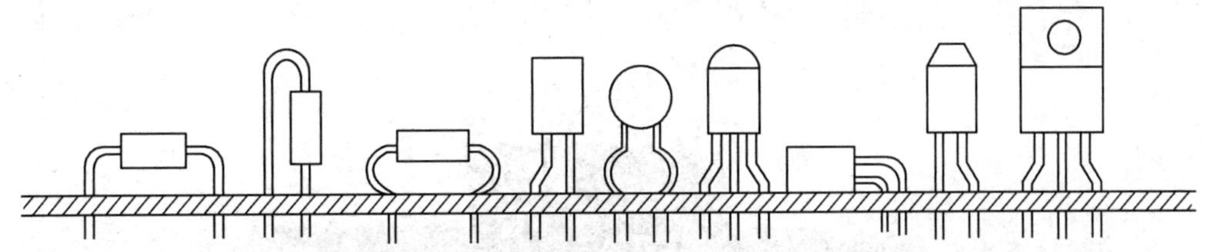

图 3.3.5　根据实际情况确定插装方式

（2）常用元器件的插装顺序。

常用元器件的插装顺序为电阻器、电容器、二极管、三极管、集成电路、大功率管，其他元器件的插装顺序为先小后大。

① 长脚元器件的插装方法。用食指和中指夹住元器件，再准确插入 PCB 对应的插孔中，如图 3.3.6 所示。其中，“L”为元器件与 PCB 表面的间距，应不小于 0.2mm。

图 3.3.6　长脚元器件的插装

② 短脚元器件的插装方法。短脚元器件的引脚经过整形后，引脚较短，只能贴板插装。当短脚元器件插装到位后，用镊子将穿过插孔的引脚向内弯折，以免元器件掉出，如图 3.2.7 所示。

③ 多引脚元器件的插装方法。集成电路及插座、微型开关、多头插座等多引脚元器件在插入 PCB 前，必须用专用工具或专用扁口钳进行校正，不允许强力插装，力求使元器件引脚对准 PCB 插孔的中心，如图 3.2.8 所示。

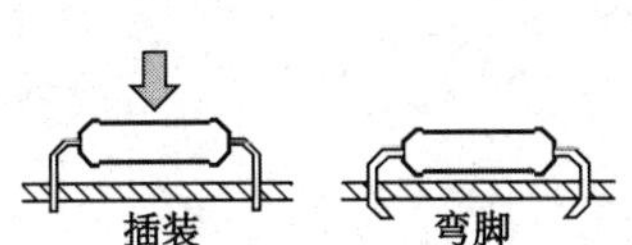

图 3.3.7　短脚元器件的插装

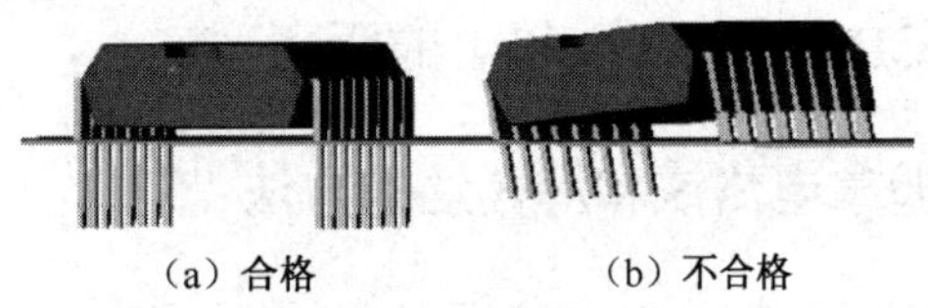

图 3.3.8　多引脚元器件的插装

④ 金属件的装配。螺钉、螺栓紧固后外留 1.5～3 个螺扣，紧入不少于 3 个螺扣。沉头螺钉旋紧后应与被紧固件保持平整，允许稍低于被紧固件表面但不能超过 2mm，如图 3.3.9 所示。用于连接元器件的金属件（如铆钉、焊片、托架等）安装完成后应牢固，不得松动和歪斜。对于可能会对 PCB 组装件的结构或性能造成损坏的地方，要采取预防措施，如规定紧固扭矩的值。

图 3.3.9　螺钉、螺栓的装配

⑤ 散热器的装配。散热器应与 PCB 隔开一定距离，以便于清洗，保证电气绝缘，防止吸潮。在不影响焊接或 PCB 组装件性能的情况下，允许在元器件下方安装接触面很小的专用垫片（如支脚、垫片等），但垫片不得妨碍对元器件下方的清洗和对焊点的检验，如图 3.3.10 所示。

图 3.3.10　散热器的装配

三、通孔元器件的手工焊接

1. 常用焊接工具

手工焊接常用的工具主要有电烙铁、热风枪、镊子、带灯放大镜、防静电护腕等，如图 3.3.11 所示。

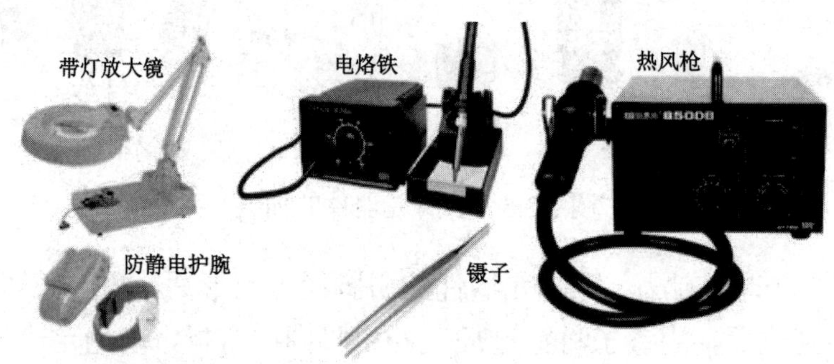

图 3.3.11　手工焊接常用的工具

2. 正确的焊接姿势

一般采用坐姿焊接，其要求与坐着写字的要求基本一致，工作台和桌椅的高度要合适，人眼与 PCB 保持 20cm 以上的距离。

3. 握拿电烙铁和焊锡丝的方法

握拿电烙铁的方法有反握法、正握法和握笔法，如图 3.3.12 所示。握拿焊锡丝的方法如图 3.3.13 所示，图 3.3.13（a）适用于连续焊接，图 3.3.13（b）适用于断续焊接。

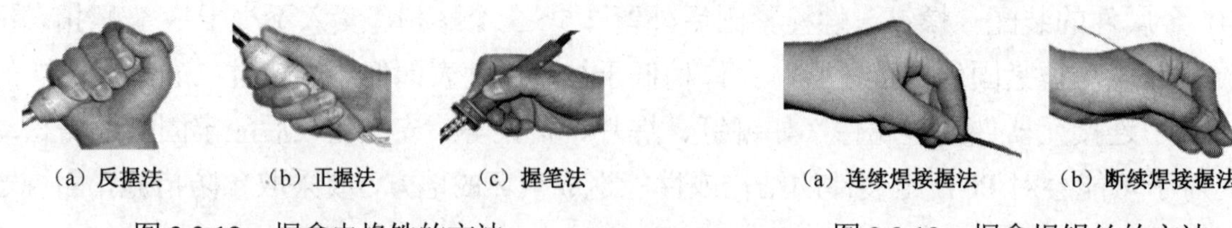

（a）反握法　（b）正握法　（c）握笔法

图 3.3.12　握拿电烙铁的方法

（a）连续焊接握法　（b）断续焊接握法

图 3.3.13　握拿焊锡丝的方法

4. 焊接操作步骤

手工焊接的基本步骤如图 3.3.14 所示。先学习五步工程法，待熟练掌握后，就可以直接按照三步工程法操作。

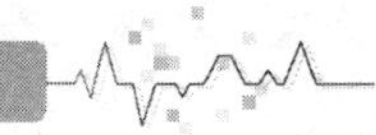

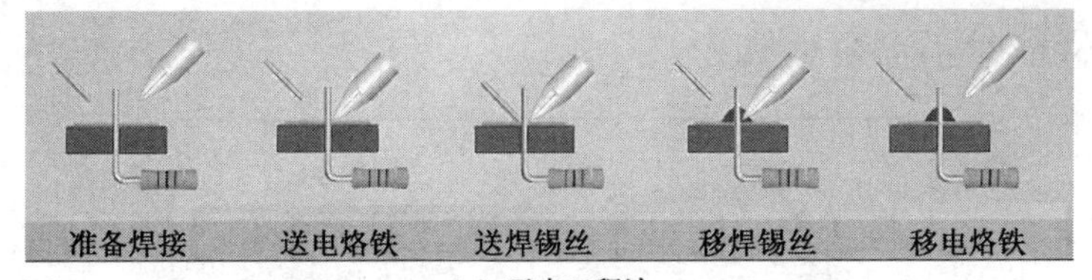

（a）五步工程法

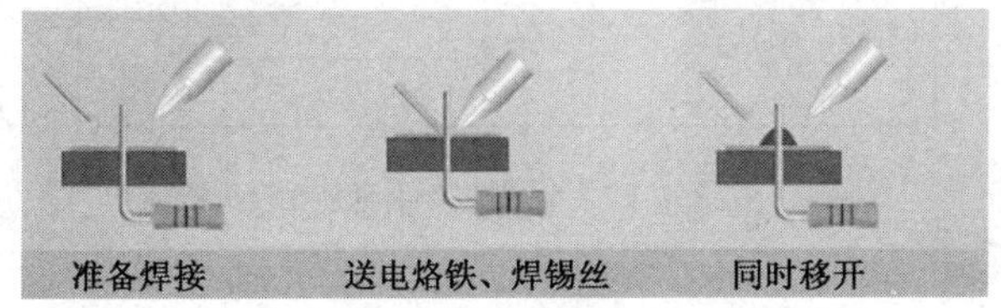

（b）三步工程法

图 3.3.14　手工焊接的基本步骤

在焊接过程中，需要注意以下几点。

（1）烙铁头温度要适当：烙铁头的实际温度应控制在（200±10）℃范围内，温度过高可能会导致元器件和 PCB 受损，温度过低则可能导致焊接不牢固。

（2）焊锡量要适当：根据焊点大小决定烙铁头蘸取的焊锡量，使焊锡能够包裹住焊接处，形成一个大小合适且圆滑的焊点，焊锡过多可能会导致元器件的引脚短路，焊锡过少则可能导致焊接不牢固。

（3）焊接时间要适当：焊接时间以 2～3s 为宜，焊接时间过长可能会导致元器件和 PCB 过热，焊接时间过短则可能导致焊接不牢固。

（4）防止虚焊和冷焊：虚焊是焊锡没有完全熔化或没有充分浸润元器件和 PCB 的焊接处导致的，冷焊则是烙铁头温度过低导致的。这两种情况都会使元器件和 PCB 的连接不牢固，从而影响电子产品的性能。

5．焊接质量

合格焊点的要求：焊点光亮、圆滑且无毛刺，如图 3.3.15 所示。

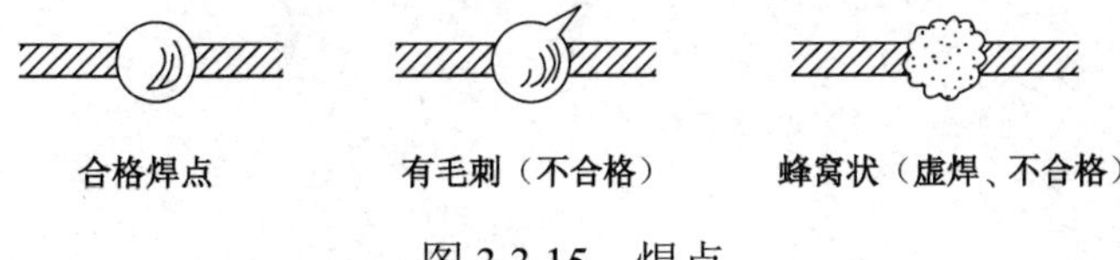

图 3.3.15　焊点

焊接时，焊锡量要适中，焊锡过多或过少都不能保证焊接质量，如图 3.3.16 所示。

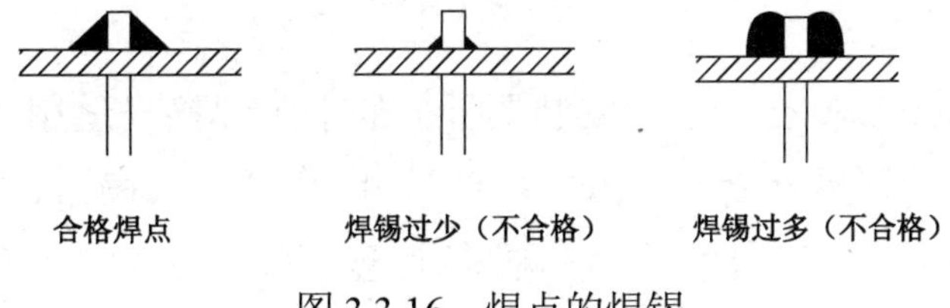

图 3.3.16　焊点的焊锡

6．剪脚

焊接完毕，用斜口钳对元器件的引脚进行修剪。引脚凸出高度从焊点的顶部算起，L 最小为 0.5mm，最大为 1.0mm，如图 3.3.17 所示。对于集成电路、继电器、端子等元器件，在不影响外观、装配性能时不需要剪脚。

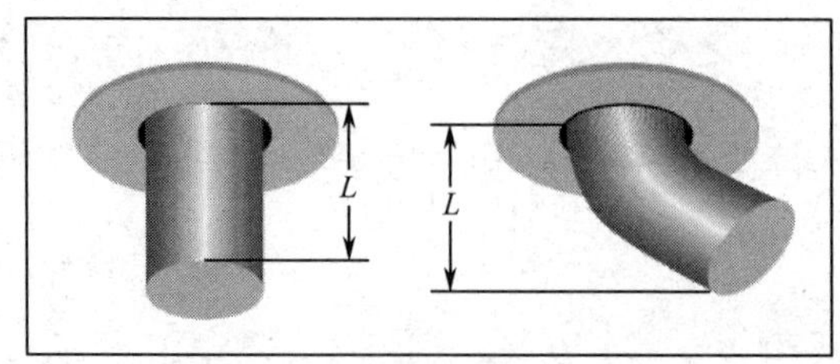

图 3.3.17　元器件引脚修剪

【思考与提高】

1. 准备电阻器、电容器、二极管、三极管等元器件，练习元器件引脚加工整形的方法。
2. 在 PCB 上进行元器件焊接训练，使焊点符合要求。

【拓展阅读】

PCB 手工组装工艺流程 

任务 3.4　SMD 贴装

任务目标

（1）了解 SMD 的贴装要求，掌握 SMD 贴装的过程与步骤。

（2）熟悉 SMD 的焊接步骤，掌握 SMD 焊接的要领。

（3）明白“技不压身，艺不压人”的道理，弘扬劳模精神，干一行，爱一行，树立工作责任意识。

任务分解

一、手工焊接 SMD 的要求

SMD（Surface Mount Device，表面安装器件）的手工焊接只适用于小批量生产、维修及调试等。常用的焊接工具有热风枪（热风拆焊台）、电烙铁、吸锡器、置锡钢板等。

在手工焊接时，由于 SMD 体积小，引脚多而密，易出现虚焊、短路等问题，因此我们应了解手工焊接 SMD 的要求。

（1）一般要求采用防静电恒温电烙铁，采用普通电烙铁时，必须使其良好接地。

（2）手工焊接 SMD 通常采用 30W 左右的电烙铁，注意烙铁头要细，顶部的宽度不能大于 1 mm。

（3）手工焊接 SMD 通常使用直径较小的焊锡丝，其直径一般为 0.5～0.75mm。

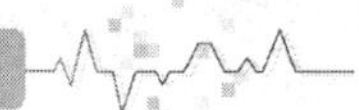

（4）SMD 的贴装顺序为先小后大，先低后高。

二、焊接操作步骤及方法

手工焊接 SMD 的具体步骤及方法：一整、二对、三焊、四修、五洗。

（1）一整。在焊盘上加上适当的焊锡或助焊剂，如图 3.4.1 所示，以免焊盘镀锡不良或被氧化，影响焊接。

（2）二对。用镊子小心地将 SMD 放到 PCB 上，注意对准极性和方向，如图 3.4.2 所示。

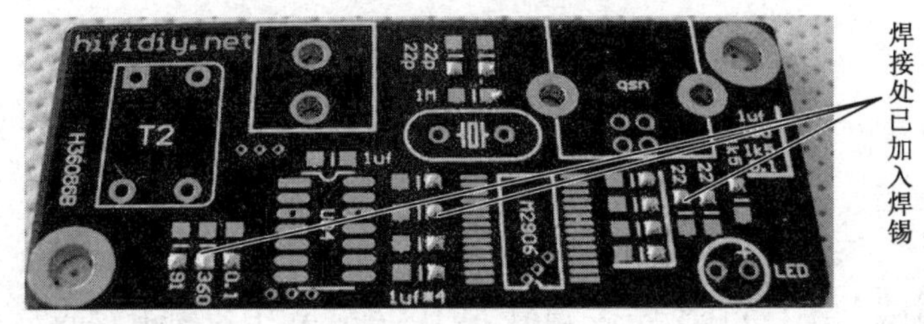

图 3.4.1　加焊锡　　图 3.4.2　用镊子将 SMD 放到 PCB 上

（3）三焊。将 SMD 对准位置后进行焊接。引脚少的 SMD 可用电烙铁进行焊接，引脚多的 SMD 建议用热风枪焊接。

① 焊接贴片阻容元件时，先在一个焊点上点上焊锡，然后放上贴片阻容元件的一端，用镊子夹住贴片阻容元件，该端焊接完成之后，观察贴片阻容元件是否放正了，如果已放正，那么焊接贴片阻容元件的另一端，如图 3.4.3 所示。

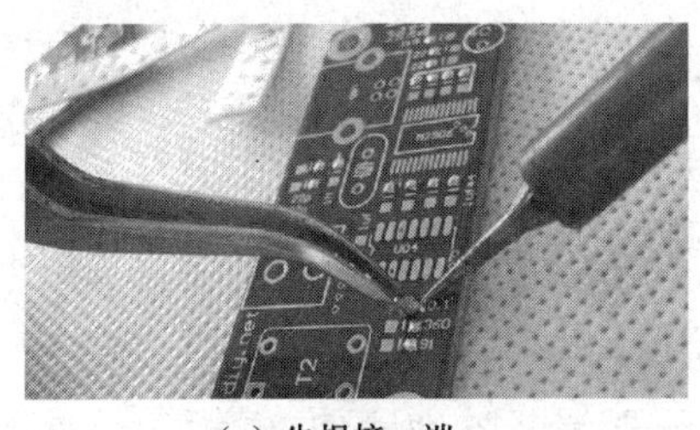

（a）先焊接一端

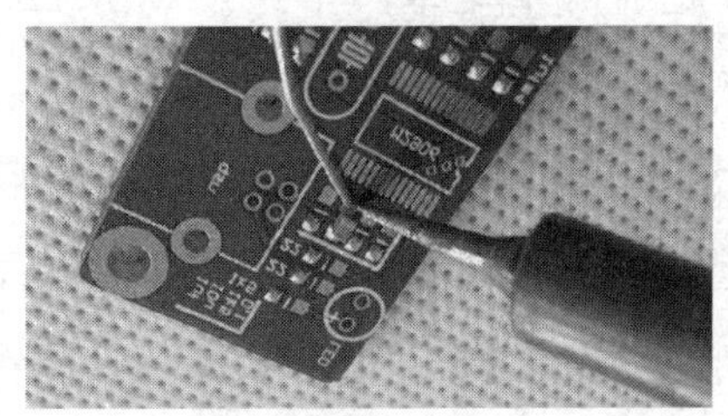

（b）再焊接另一端

图 3.4.3　焊接贴片阻容元件的方法

② 焊接集成电路时，先焊接对角的引脚，使集成电路固定，再把 PCB 斜放至 45°，采用拖焊技术进行焊接，其焊接过程如图 3.4.4 所示。

（a）固定对角的引脚

（b）拖焊

（c）焊完所有引脚

图 3.4.4　集成电路的焊接

（4）四修。焊点冷却后，可用尖头电烙铁对不良焊点进行修补，直至焊点符合工艺要求。

（5）五洗。所有 SMD 焊接完毕，PCB 表面，特别是 SMD 引脚处会留下少许助焊剂，可以用无水酒精清洗，如图 3.4.5 所示。

（a）清洗前

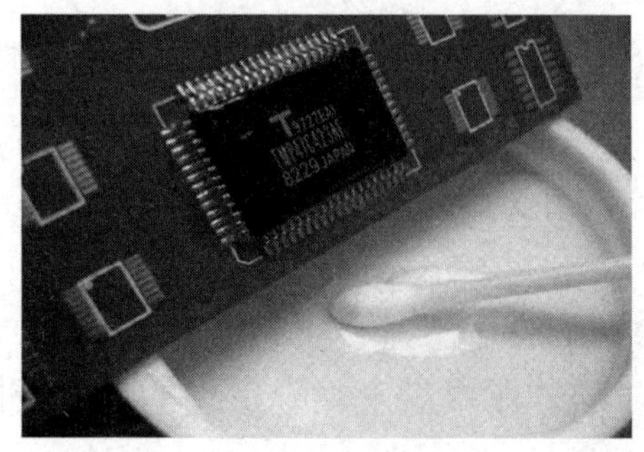

（b）清洗后

图 3.4.5　清洗 PCB

三、评分标准

1．电子产品焊接评分标准

在中职技能大赛“电子产品装配与调试”中，PCB 焊接满分为 10 分。其中，SMD 焊接为 4 分，非 SMD 焊接为 6 分。

根据电路原理图，在给出的元器件中，正确选择所需的元器件，并把它们准确地焊接在 PCB 上。

（1）焊接要求。

焊接在 PCB 上的元器件的焊点大小适中，无漏焊、假焊、虚焊、连焊现象；焊点光滑、圆润、干净、无毛刺；引脚加工尺寸及整形符合工艺要求；导线长度、剥头长度符合工艺要求，芯线完好，捻头镀锡。

（2）SMD 焊接评分标准。

SMD 焊接工艺按下面标准进行分级评分。

A 级（4 分）：所焊接的元器件的焊点大小适中，无漏焊、假焊、虚焊、连焊现象；焊点光滑、圆润、干净、无毛刺；焊点大小基本一致，没有歪焊。

B 级（3 分）：所焊接的元器件的焊点大小适中，无漏焊、假焊、虚焊、连焊现象；个别（1～2 个）元器件的焊点有毛刺、不光亮或存在歪焊。

C 级（2 分）：3～5 个元器件有漏焊、假焊、虚焊、连焊现象或焊点有毛刺、不光亮，存在歪焊。

不入级（1 分）：有严重（超过 6 个元器件）漏焊、假焊、虚焊、连焊现象或焊点有毛刺、不光亮，存在歪焊。

（3）非 SMD 焊接评分标准。

非 SMD 焊接工艺按下面标准进行分级评分。

A 级（6 分）：所焊接的元器件的焊点大小适中，无漏焊、假焊、虚焊、连焊现象；焊点光滑、圆润、干净、无毛刺；焊点大小基本一致；引脚的加工尺寸及整形符合工艺要求；导线长度、剥头长度符合工艺要求，芯线完好，捻头镀锡。

B 级（5 分）：所焊接的元器件的焊点大小适中，无漏焊、假焊、虚焊、连焊现象；个别（1～2 个）元器件的焊点有毛刺、不光亮；导线长度、剥头长度不符合工艺要求，捻头未镀锡。

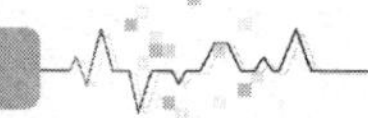

C 级（4 分）：3～5 个元器件有漏焊、假焊、虚焊、连焊现象；焊点有毛刺、不光亮；导线长度、剥头长度不符合工艺要求，捻头未镀锡。

不入级（3 分）：有严重（超过 6 个元器件）漏焊、假焊、虚焊、连焊现象；焊点有毛刺、不光亮；导线长度、剥头长度不符合工艺要求，捻头未镀锡。

2. 电子产品装配评分标准

在中职技能大赛“电子产品装配与调试”中，电子产品装配满分为 10 分。

（1）装配要求。

PCB 接插件位置正确，元器件极性正确；元器件引脚加工尺寸及整形符合工艺要求，导线安装及元器件标识符方向正确；接插件、紧固件安装可靠牢固，PCB 安装对位；无烫伤和划伤处，整机清洁，无污物。

（2）评分标准。

电子产品装配按下面标准进行分级评分。

A 级（10 分）：所焊接的元器件全部正确；元器件的焊点适中，无漏焊、假焊、虚焊、连焊现象，焊点光滑、圆润、干净、无毛刺，焊点大小基本一致；元器件引脚的加工尺寸及整形符合工艺要求，导线安装及元器件的标识符方向正确，贴片元器件没有歪焊；导线长度、剥头长度符合工艺要求，芯线完好，捻头镀锡；无烫伤和划伤处，无污物。

B 级（8 分）：有 1～2 个元器件错误；缺少 1～2 个元器件或接插件；1～2 个接插件位置不正确或元器件极性不正确；元器件引脚的加工尺寸及整形不符合工艺要求，导线安装及元器件的标识符方向有误；有 1～2 处烫伤和划伤，有污物。

C 级（6 分）：缺少 3～5 个元器件或接插件；3～5 个接插件位置不正确或元器件极性不正确；3～5 个元器件有漏焊、假焊、虚焊、连焊现象，焊点有毛刺、不光滑；导线长度、剥头长度不符合工艺要求，捻头未镀锡；元器件引脚的加工尺寸及整形不符合工艺要求，导线安装及元器件的标识符方向有误；有 3～5 处烫伤和划伤，有污物。

不入级（4 分）：超过 6 个元器件有漏焊、假焊、虚焊、连焊现象，焊点有毛刺、不光滑；导线长度、剥头长度不符合工艺要求，捻头未镀锡；6 个以上接插件位置不正确或元器件极性不正确；元器件引脚的加工尺寸及整形不符合工艺要求，导线安装及元器件的标识符方向有误；有 6 处以上烫伤和划伤，有污物。

【思考与提高】

1. 在 PCB 上进行 SMD 焊接练习。
2. 学习小组根据焊接情况进行经验总结与交流提高。
3. 搜索中职技能大赛“电子产品装配与调试”的相关内容，了解电子产品装配的工艺要求。

【拓展阅读】

SMD 手工贴装实训程序

项目 4　单元电路的安装与测试

任务 4.1　串联可调直流稳压电源的安装与测试

同步操作视频

任务目标

（1）了解串联可调直流稳压电源的组成及各个元器件的作用。

（2）能正确使用万用表检测构成串联可调直流稳压电源的元器件。

（3）能用示波器观察串联可调直流稳压电源的波形。

（4）培养严肃认真的工作态度，增强工作责任感，尽职尽责地做好每一项工作。

任务分解

知识 1　串联可调直流稳压电源的基本原理

图 4.1.1 所示为串联可调直流稳压电源的电路原理图，在 X_1 端输入交流电压，经过 VD_1～VD_4 桥式整流后，通过 C_1 滤波得到直流电压，再由 VT_1、VT_2、VT_3 及周边元器件构成的稳压电路进行稳压，最终在 X_2 端得到稳定可调的直流电压。

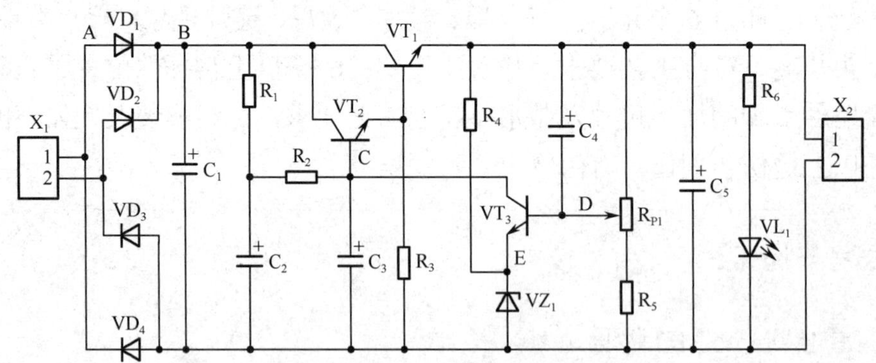

图 4.1.1　串联可调直流稳压电源的电路原理图

稳压原理：当输入电压 U_{X_1} 升高时，U_{X_1}↑→V_A↑→V_B↑→V_D↑（U_{X_2}↑）→由于 V_E 保持不变，U_{DE}↑→$I_{VT_{3b}}$↑→$I_{VT_{3c}}$↑→U_{CE}↓→V_C↓（$I_{R_2}=I_{VT_{3c}}+I_{VT_{2b}}$）→$I_{VT_{2b}}$↓→$I_{VT_{2c}}$↓→$I_{VT_{2e}}$↓→$I_{VT_{1b}}$↓→$I_{VT_{1c}}$↓→$U_{VT_{1ce}}$↑（根据 $U_{X_2}=V_B-U_{VT_{1ce}}$）→U_{X_2}↓，从而达到稳压的目的。

当输入电压 U_{X_1} 下降时，U_{X_1}↓→V_A↓→V_B↓→V_D↓（U_{X_2}↓）→由于 V_E 保持不变，U_{DE}↓→$I_{VT_{3b}}$↓→$I_{VT_{3c}}$↓→U_{CE}↑→V_C↑（$I_{R_2}=I_{VT_{3c}}+I_{VT_{2b}}$）→$I_{VT_{2b}}$↑→$I_{VT_{2c}}$↑→$I_{VT_{2e}}$↑→$I_{VT_{1b}}$↑→

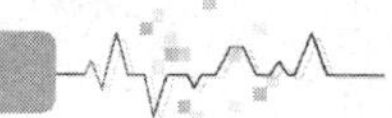

$I_{VT_{1c}}$ ↑→$U_{VT_{1ce}}$ ↓（根据$U_{X_2}=V_B-U_{VT_{1ce}}$）→U_{X_2} ↑，从而达到稳压的目的。

实际上，串联可调直流稳压电源的电路是一个电压串联负反馈电路，也可根据瞬时极性法进行输出电压变化的分析。

知识 2　主要元器件的作用

VD_1～VD_4：构成桥式整流电路，把交流电变成脉动的直流电；C_1：低频滤波电容器，把脉动的直流电变成平滑的直流电；R_1、R_2、R_3：偏置电阻，分别为 VT_3、VT_2、VT_1 提供偏置电压；C_2、R_2、C_3：构成退耦电路；R_{P1}、R_5：构成取样电路；R_4、VZ_1：构成基准电路，为 VT_3 发射极提供稳定的电压；VT_3：构成比较电路，将取样电压与基准电压进行比较后送入 VT_1、VT_2 进行电压调整；VT_1、VT_2：构成一个 NPN 型复合管，提高电路的功率，同时调整输出电压大小；C_4：抗干扰电容器；C_5：输出滤波电容器；R_6、VL_1：构成稳压输出指示电路。

操作 1　清点元器件

根据图 4.1.1 对表 4.1.1 中的元器件按照类别进行清点，并分类摆放好，然后在“清点结果”一栏中打√。

表 4.1.1　元器件清单

序　号	元器件名称	规格/型号	元器件编号	数　量	清 点 结 果
1	色环电阻器	1kΩ	R_1、R_2、R_4、R_5	4	
2	色环电阻器	47kΩ	R_3	1	
3	色环电阻器	1.5kΩ	R_6	1	
4	可变电阻器	蓝白 1kΩ	R_{P1}	1	
5	整流二极管	1N4007	VD_1～VD_4	4	
6	稳压二极管	6.2V	VZ_1	1	
7	LED	ϕ3mm	VL_1	1	
8	三极管	S9013	VT_2、VT_3	2	
9	三极管	D880	VT_1	1	
10	电解电容器	1000μF	C_1	1	
11	电解电容器	10μF	C_2、C_3、C_4	3	
12	电解电容器	470μF	C_5	1	
13	单排针	2.54mm	X_1、X_2	4	
14	PCB	配套		1	

元器件分类清点结果如图 4.1.2 所示。

图 4.1.2　元器件分类清点结果

操作 2　检测元器件

为了保证电路的装配质量，应用万用表检测元器件，防止将性能不良的元器件装配在电路中，影响电路的正常工作。

（1）检测可调电阻器 R_{P1}。

质量判断：____________（好或坏）。

（2）检测三极管 VT_3。

材料：________（硅或锗）；质量判断：________（好或坏）；引脚排列：________。

操作 3　安装串联可调直流稳压电源

（1）准备好装配工具与器材。

（2）按照工艺要求和焊盘间距加工元器件的引脚及导线。

（3）元器件安装与焊接。

按照“先低后高、先小后大、先里后外、先轻后重、先易后难、先一般后特殊”的原则安装元器件，安装要求如表 4.1.2 所示。焊接时，时间要短，速度要快，防止烫坏元器件与 PCB。

表 4.1.2　元器件的安装要求

元器件名称	元器件编号	工 艺 要 求
色环电阻器	R_1～R_6	立式安装，水平贴板
整流二极管、稳压二极管	VD_1～VD_4、VZ_1	立式安装，水平贴板
LED	VL_1	立式安装，水平贴板
可变电阻器	R_{P1}	距离 PCB 表面 5mm
单排针	X_1、X_2	立式安装，水平贴板
三极管	VT_1～VT_3	距离 PCB 表面 3～5mm
电解电容器	C_1～C_4	立式安装，水平贴板

元器件分类安装如图 4.1.3 所示。

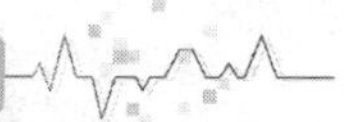

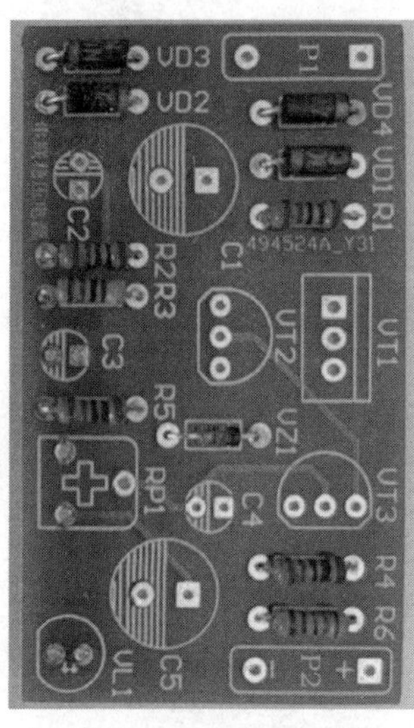

（a）色环电阻器、稳压二极管、整流二极管的安装

（b）LED、小三极管、小电解电容器、单排针的安装

（c）可变电阻器、大电解电容器、大三极管的安装

图 4.1.3　元器件分类安装

（4）按照工艺要求对元器件的引脚进行修剪，注意引脚的长度应适当，如图 4.1.4 所示。

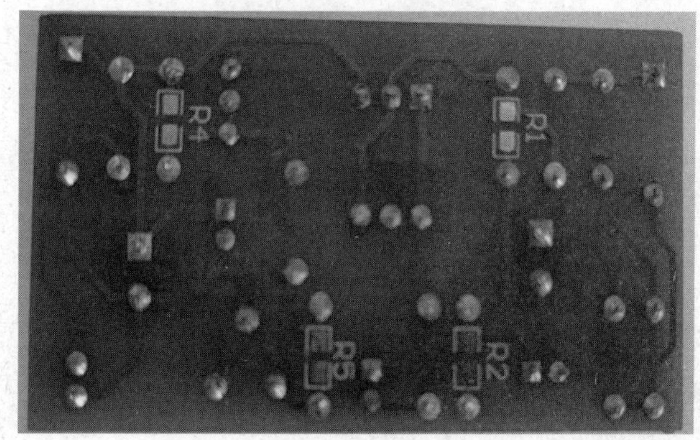

图 4.1.4　元器件引脚修剪

（5）装配完毕，根据表 4.1.3 检查元器件的安装与焊接质量是否符合要求，检查无误后在“备注”一栏中打√。

表 4.1.3　安装工艺检查

	项目	电阻	元器件规格	极性	耐压	电容	安装方向	安装高度	备注
元器件安装工艺检查	电阻器	○					○	○	
	二极管		○	○			○	○	
	三极管		○	○			○	○	
	电解电容器			○	○	○	○	○	
焊点、PCB 工艺检查	焊点	无漏焊	无虚焊	无拉尖	无桥接	无焊锡过多			
	PCB	助焊剂适量	PCB 无刮伤	元器件居中安装	单排针居中插入				

注：表中的“○”代表相应的检查项。

（6）安装前后对比如图 4.1.5 所示。

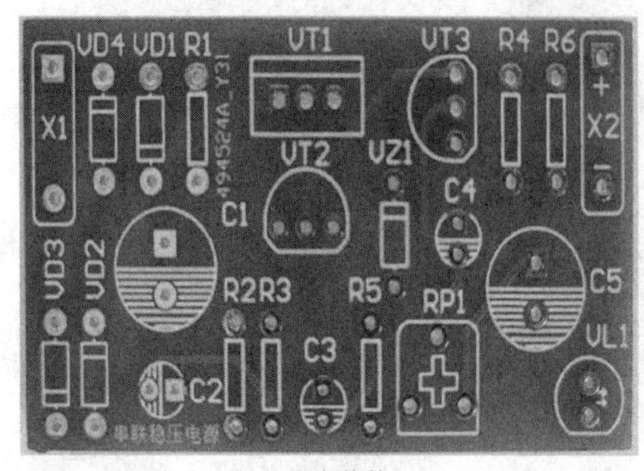

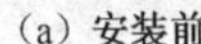
（a）安装前

（b）安装后

图 4.1.5　安装前后对比

操作 4　电路测试

1. 静态工作点的测量

将（12±0.1）V 交流电接入 X_1 端，如果实训室没有交流电源，可直接用直流稳压电源输出（15±0.1）V 直流电接入 X_1 端。使用万用表对直流稳压电源的输出电压进行测试，检查无误后按电路要求将直流稳压电源接入电路。

图 4.1.6　电压调节示意图

（1）接通直流稳压电源，调节__________（填写元器件编号），使 X_2 两端电压为（9±0.1）V，如图 4.1.6 所示。

操作要领：将万用表置于 20V 直流电压挡，将万用表的红、黑表笔接在 X_1 端（见图 4.1.6 中的①）；用螺丝刀调整 R_{P1}（见图 4.1.6 中的②），边调整 R_{P1} 边观察万用表的测量值（见图 4.1.6 中的③），直到将测量值调整为（9±0.1）V 为止。

（2）按要求用万用表测量各点电位，并将测量结果填入表 4.1.4。

表 4.1.4　各点电位

测试点	A 点	B 点	C 点	D 点	E 点
测量值					

（3）VL_1 中流过的电流为______________，R_6 消耗的功率为____________________。

操作要领：由图 4.1.1 可知，VL_1 与 R_6 串联，$I_{VL_1}=I_{R_6}$，所以可采用间接测量法，只需按照图 4.1.7 测量 R_6 两端的电压，为 7.181V，根据公式 $I=U/R$，即可得到 $I_{VL_1}=I_{R_6}=7.181/(1.5\times10^3)\approx4.79\text{mA}$。

（4）若将图 4.1.1 中 R_{P1} 的滑动触点调至最下端，则 PCB 中的 R_{P1} 应___________（顺时针、逆时针）旋到底，此时 X_2 端的输出电压为__________；若将图 4.1.1 中 R_{P1} 的滑动触点调至最上端，则 PCB 中的 R_{P1} 应_______（顺时针、逆时针）旋到底，此时 X_2 端的输出电压为_________。

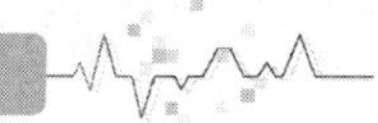

图 4.1.7　测量示意图

操作要领：将万用表置于 20V 直流电压挡，将红、黑表笔分别接至 X_2 两端，将 R_{P1} 顺时针或逆时针旋到底，记录万用表显示的测量值，测量过程中不得接触表笔的金属部分，如图 4.1.8 和图 4.1.9 所示。

图 4.1.8　顺时针调节测量

图 4.1.9　逆时针调节测量

2．动态测试

用示波器观测 E 点电压的波形，并将相关数据填入表 4.1.5。

表 4.1.5　E 点电压的波形及相关数据

E 点电压的波形	相 关 数 据	
	峰峰值	最大值
	有效值	*Y* 轴量程挡位

操作要领：将示波器的黑色鳄鱼夹接至地，将探头挂钩接至电路 E 点；将示波器的耦合方式设置为直流；按下示波器的 AUTO 按键，进行测量；根据示波器的 *Y* 轴量程挡位进行读

数。图 4.1.10 中的 Y 轴量程挡位为 5V/DIV，测得 E 点电压占 1 大格和 1 小格，故图 4.1.10 中的读数为 5+1=6V。

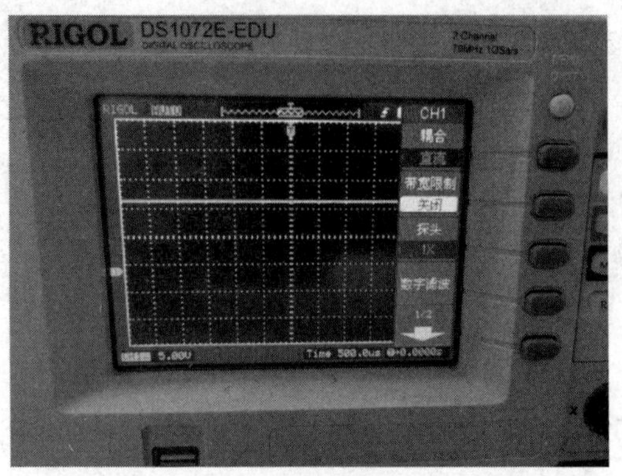

图 4.1.10　测量波形图

【思考与提高】

1. VD_1～VD_4 的作用是什么？
2. VT_1、VT_2 和 VT_3 的作用分别是什么？
3. 试分析输出端（X_2）电压降低时的稳压原理。

【拓展阅读】

常用电子元器件检测经验 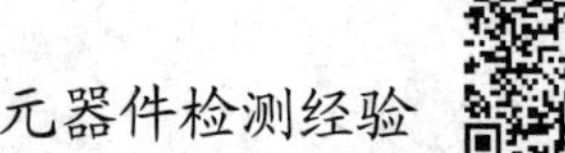

任务 4.2　分压式偏置放大电路的安装与测试

同步操作视频

任务目标

（1）了解分压式偏置放大电路的组成及各个元器件的作用。

（2）能正确使用万用表检测分压式偏置放大电路中的元器件。

（3）能用函数信号发生器输出正弦波信号，用示波器观测分压式偏置放大电路输入端、输出端的波形。

（4）树立严谨认真的意识，培养谨慎小心的工作习惯。

任务分解

知识 1　分压式偏置放大电路的基本原理

如图 4.2.1 所示，分压式偏置放大电路是由三极管 VT_1 构成的分压式放大电路，信号从

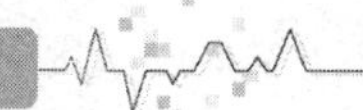

输入端 TP_1 输入，经过 R_2 后，C_1 把信号耦合到 VT_1 的基极，再经 VT_1 放大后，由 C_2 将其耦合到输出端 TP_5，从而实现信号的放大。R_{P1} 的作用是调节分压式偏置放大电路的静态工作点。

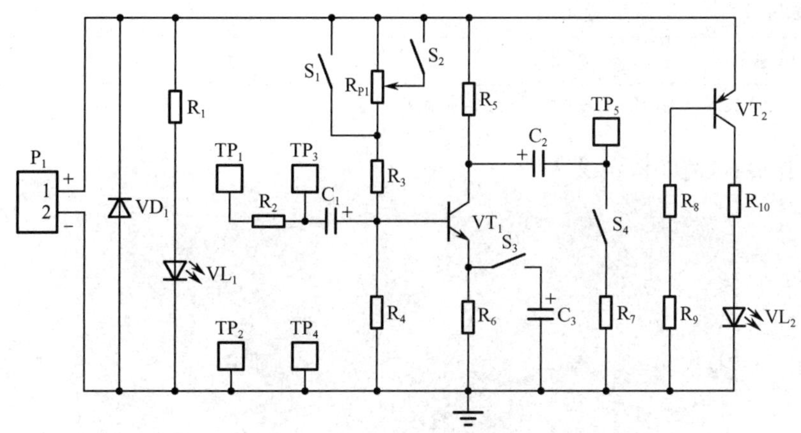

图 4.2.1　分压式偏置放大电路

知识 2　主要元器件的作用

VD_1：实现电路保护，防止因电源极性接反而损坏电路；R_1、VL_1：构成电源输入指示电路；VT_1、R_{P1}、R_2、R_3、R_4、R_5、R_6、R_7、C_1、C_2、C_3：构成分压式放大电路；R_{P1}、R_3、R_4、R_5、R_6：偏置电阻；C_1：输入耦合电容器；C_2：输出耦合电容器；C_3：交流旁路电容器；R_7：负载；S_1～S_4：开关，改变电路的工作状态；VT_2、R_8、R_9、R_{10}、VL_2：构成后级电源指示电路。

操作 1　清点元器件

根据图 4.2.1 对表 4.2.1 中的元器件按照元器件类别进行清点，并分类摆放好，然后在“清点结果”一栏中打√。

表 4.2.1　元器件清单

序　　号	元器件名称	规格/型号	元器件编号	数　　量	清 点 结 果
1	贴片电阻器	10kΩ	R_2、R_9	2	
2	色环电阻器	20kΩ	R_4	1	
3	色环电阻器	2kΩ	R_5、R_7	2	
4	色环电阻器	470Ω	R_6、R_8	2	
5	色环电阻器	1kΩ	R_1、R_3、R_{10}	3	
6	可变电阻器	蓝白 200kΩ	R_{P1}	1	
7	电解电容器	10μF	C_1、C_2、C_3	3	
8	二极管	1N4007	VD_1	1	
9	LED	ϕ3mm	VL_1、VL_2	2	
10	三极管	S8050	VT_1	1	
11	三极管	S8550	VT_2	1	
12	开关	SS12	S_1～S_4	4	

续表

序　号	元器件名称	规格/型号	元器件编号	数　量	清点结果
13	单排针	2.54mm	P_1、TP_1～TP_5	7	
14	PCB	配套		1	

注：为了节约资源，开关 S_1～S_4 在 PCB 中用短路帽和单排针替代。

元器件分类清点结果如图 4.2.2 所示。

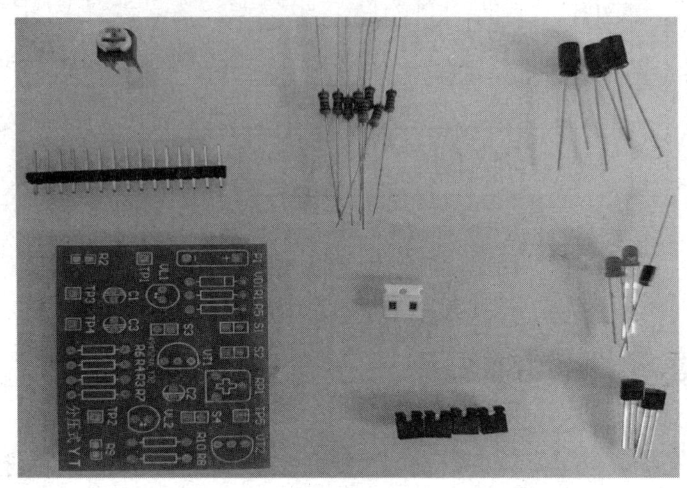

图 4.2.2　元器件分类清点结果

操作 2　检测元器件

为了保证电路的装配质量，应用万用表检测元器件，防止将性能不良的元器件装配在电路中，影响电路的正常工作。

（1）检测色环电阻器。

检测 R_1，电阻：____________Ω，允许误差：____________。

（2）检测电解电容器。

检测 C_1，电容：____________μF，质量判断：____________（好或坏）。

（3）检测三极管。

检测 VT_1，管型：__________，材料：_________（锗或硅），质量判断：________（好或坏）。

操作 3　安装分压式偏置放大电路

（1）准备好装配工具与器材。

（2）按照工艺要求及焊盘间距加工元器件的引脚及导线。

（3）元器件安装与焊接。

按照“先低后高、先小后大、先里后外、先轻后重、先易后难、先一般后特殊”的原则安装元器件，安装要求参照表 4.1.2。焊接时，时间要短，速度要快，防止烫坏元器件与 PCB。

元器件分类安装如图 4.2.3 所示。

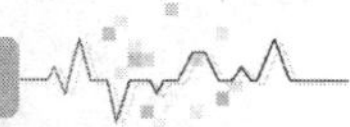

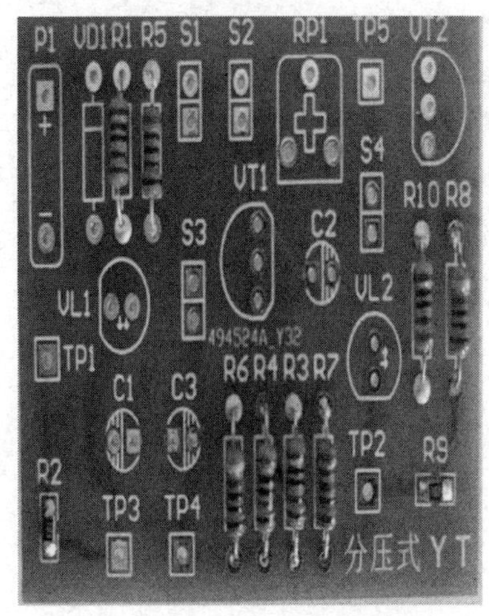

（a）贴片电阻器、色环电阻器的安装

（b）二极管、LED、单排针的安装

（c）可变电阻器、三极管、电解电容器的安装

图 4.2.3　元器件分类安装

（4）按照工艺要求对元器件的引脚进行修剪，注意引脚的长度应适当。

（5）装配完毕，根据表 4.1.3 检查元器件的安装与焊接质量是否符合要求，检查无误后在“备注”一栏中打√。

（6）安装前后对比如图 4.2.4 所示。

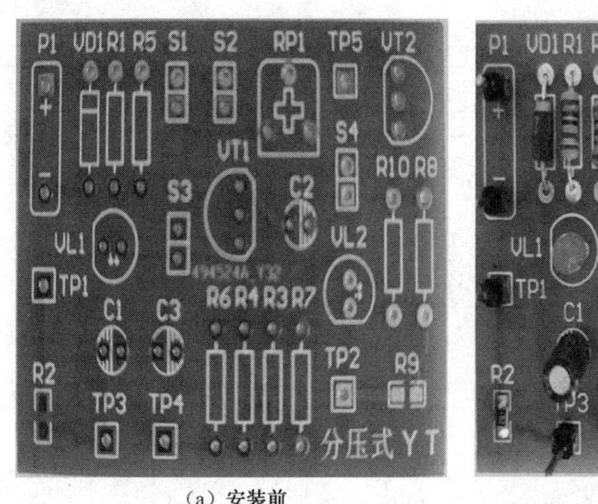

（a）安装前

（b）安装后

图 4.2.4　安装前后对比

操作 4　电路测试

1. 静态工作点的测量

正确调试直流稳压电源，使其输出电压为（5±0.1）V，使用万用表对直流稳压电源的输出电压进行测试，在检查无误后按电路要求将直流稳压电源接入电路。

（1）断开 S_1～S_4。

（2）测量三极管各极的电位。

$V_{VT_{1b}}$ =__________V，$V_{VT_{1c}}$ =__________V，$V_{VT_{1e}}$ =__________V。

操作要领：将万用表置于 20V 直流电压挡，黑表笔接地，红表笔依次接至 VT_1 的三个电极。测量结果如图 4.2.5 所示。

（a）基极电位

（b）集电极电位

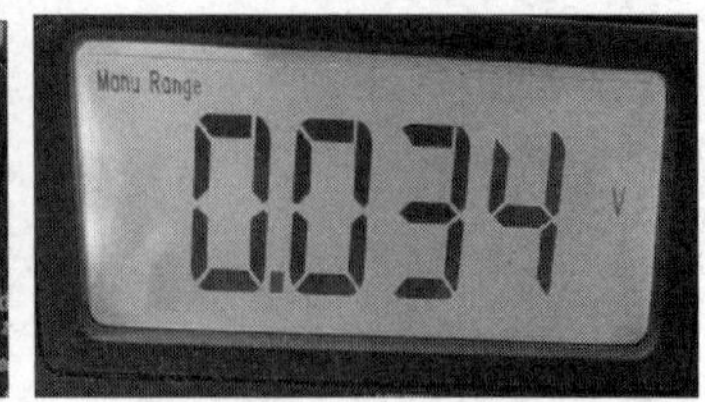

（c）发射极电位

图 4.2.5　测量结果

2．动态测试

闭合 S_1（S_2、S_3、S_4 断开），在输入端（TP_3 与 TP_2）输入幅值为 800mV、频率为 1kHz 的正弦波信号，用示波器观察 TP_5 端输出信号的波形，调节 R_{P1}，将其顺时针旋到底，在无交越失真的前提下，使输出信号的幅值最大。在表 4.2.2 中绘制输出信号的波形并记录相关数据。

操作要领：将 S_1 闭合，S_2、S_3、S_4 断开；用函数信号发生器产生一个幅值为 800mV、频率为 1kHz 的正弦波信号并输出；将函数信号发生器的黑色鳄鱼夹接至 TP_2 端，红色鳄鱼夹接至 TP_1 端；将示波器的黑色鳄鱼夹接至 TP_2 端，探头挂钩接至 TP_5 端，如图 4.2.6 所示；按下示波器的 AUTO 按键，进行测量；调节示波器的 X 轴量程挡位与 Y 轴量程挡位，对波形大小进行调整；按下示波器测量键读取参数测量值，如图 4.2.7 所示。

表 4.2.2　TP_5 端输出信号的波形及相关数据

TP_5 端输出信号的波形	相关数据	
	周期	X 轴量程挡位
	峰峰值	Y 轴量程挡位

图 4.2.6　仪器连接示意图

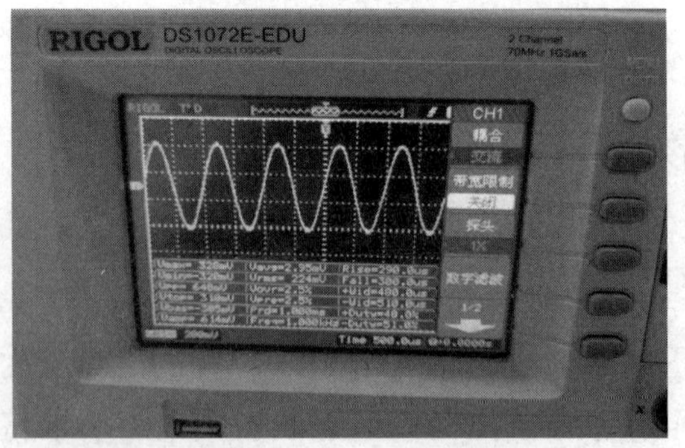

图 4.2.7　读取参数测量值

【思考与提高】

1．R_4、R_{P1}、VD_1 的作用分别是什么？

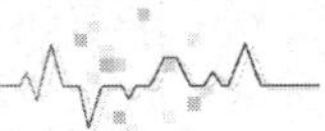

2. VT_1、VT_2 的作用分别是什么？

3. 分压式偏置放大电路的特点是什么？

【拓展阅读】

三极管放大电路的电路原理图

任务 4.3　RC 文氏电桥振荡器的安装与测试

任务目标

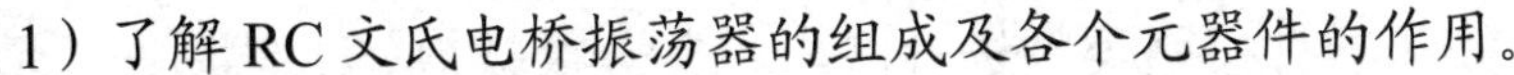

（1）了解 RC 文氏电桥振荡器的组成及各个元器件的作用。

（2）能正确使用万用表检测 RC 文氏电桥振荡器的元器件。

（3）能用示波器观测 RC 文氏电桥振荡器输出端的波形。

（4）树立科学世界观，培养尊重科学、实事求是的精神。

任务分解

知识 1　RC 文氏电桥振荡器的基本原理

构成振荡电路的条件有两个：一个是相位平衡条件，反馈电路的相位与输入电压的相位相同，即为正反馈；另一个是幅值平衡条件，反馈电压的幅值与输入电压的幅值相等。图 4.3.1 所示为 RC 文氏电桥振荡器，刚接通电源时，电路中存在各种电扰动，经过由 R_4、C_1、R_3、C_2 构成的 RC 串并联选频网络反馈产生较大的反馈电压，再通过 IC_1 线性放大和反馈的不断循环形成振荡，VD_3、VD_4、R_5、R_6、R_7 稳定振荡的幅值，从而确保输出信号的幅值稳定。

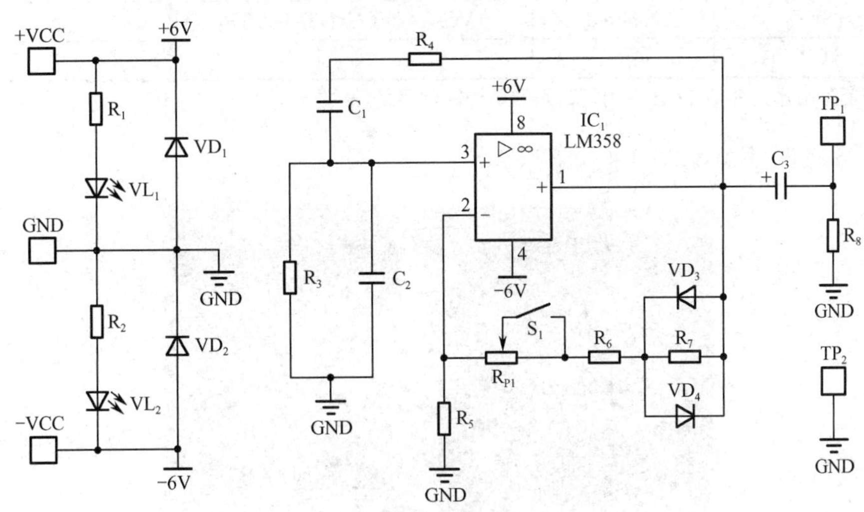

图 4.3.1　RC 文氏电桥振荡器

知识2　主要元器件的作用

R_1、VL_1和R_2、VL_2分别构成正、负电源指示电路，R_1、R_2用于限流，保护VL_1、VL_2；VD_1、VD_2用于保护电路，防止因电源极性接反而烧毁后级电路；IC_1为运算放大器，构成放大电路；R_4、C_1、R_3、C_2构成RC串并联选频网络，若$R_3=R_4$、$C_1=C_2$，则振荡频率$f=\frac{1}{2\pi R_4C_1}$或$f=\frac{1}{2\pi R_3C_2}$；R_4、C_1构成正反馈网络；VD_3、VD_4、R_5、R_6、R_7构成稳幅电路，VD_3、VD_4、R_7起限幅的作用；R_{P1}用于调节输出信号的幅值。

操作1　清点元器件

根据图4.3.1对表4.3.1中的元器件按照类别进行清点，并分类摆放好，然后在“清点结果”一栏中打√。

表4.3.1　元器件清单

序　号	元器件名称	规格/型号	元器件编号	数　量	清点结果
1	色环电阻器	1kΩ	R_1、R_2	2	
2	色环电阻器	22kΩ	R_3、R_4	2	
3	色环电阻器	10kΩ	R_5、R_6、R_8	3	
4	色环电阻器	6.8kΩ	R_7	1	
5	可变电阻器	蓝白20kΩ	R_{P1}	1	
6	瓷片电容器	0.01μF	C_1、C_2	2	
7	电解电容器	10μF	C_3	1	
8	二极管	1N4007	VD_1、VD_2	2	
9	二极管	1N4148	VD_3、VD_4	2	
10	LED	ϕ3mm	VL_1、VL_2	2	
11	集成电路	LM358	IC_1	1	
12	集成电路插座	DIP-8	IC_1	1	
13	开关	SS12	S_1	1	
14	单排针	2.54mm	+VCC、-VCC、GND、TP_1、TP_2	5	
15	PCB	配套		1	

注：为了节约资源，开关S_1在PCB中用短路帽和单排针替代。

元器件分类清点结果如图4.3.2所示。

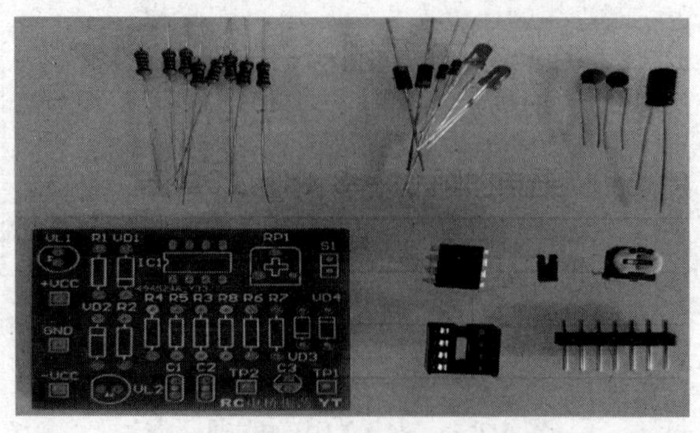

图4.3.2　元器件分类清点结果

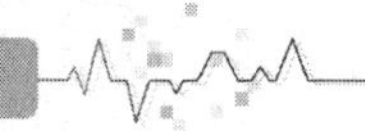

操作 2　检测元器件

为了保证电路的装配质量，应用万用表检测元器件，防止将性能不良的元器件装配在电路中，影响电路的正常工作。

（1）检测色环电阻器。

根据色环识读色环电阻器的标称电阻值及允许误差，用万用表检测其实际电阻。

识读 R_1，标称电阻值：____________Ω，允许误差：____________；测量 R_1，实际电阻：____________Ω。

（2）检测电容器。

电路中有电解电容器和瓷片电容器两种电容器，用万用表的电阻挡检测电容器质量的好坏，用电容挡测量其电容。

检测 C_1，电容：____________μF，检测结果：____________（好或坏）。

（3）检测二极管。

用万用表的蜂鸣器挡检测二极管，判别其材料与质量的好坏。

检测 VD_1，材料：________（锗或硅），质量判断：________（好或坏）。

操作 3　安装 RC 文氏电桥振荡器

（1）准备好装配工具与器材。

（2）按照工艺要求及焊盘间距加工元器件的引脚及导线。

（3）元器件安装与焊接。

按照“先低后高、先小后大、先里后外、先轻后重、先易后难、先一般后特殊”的原则安装元器件，安装要求参照表 4.1.2。焊接时，时间要短，速度要快，防止烫坏元器件与 PCB。元器件分类安装如图 4.3.3 所示。

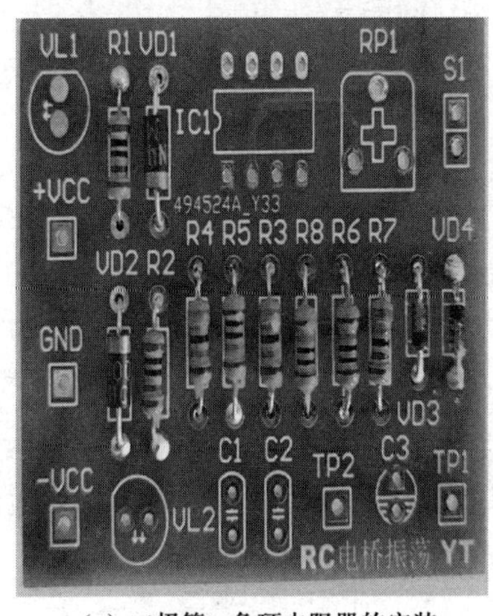

（a）二极管、色环电阻器的安装

（b）瓷片电容器、LED、集成电路等的安装

图 4.3.3　元器件分类安装

（4）按照工艺要求，对元器件的引脚进行修剪，注意引脚的长度应适当。

（5）装配完毕，参照表 4.1.3 检查元器件的安装与焊接质量是否符合要求，检查无误后在

"备注"一栏中打√。

（6）安装前后对比如图 4.3.4 所示。

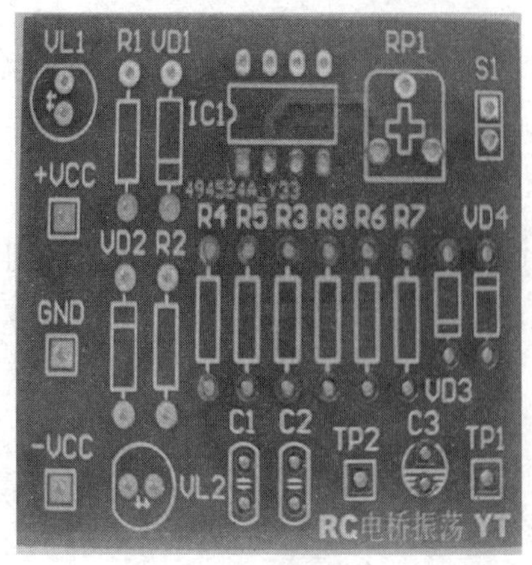

（a）安装前

（b）安装后

图 4.3.4　安装前后对比

操作 4　电路测试

1．静态工作点的测量

正确调试直流稳压电源，使其输出电压为（6±0.1）V，使用万用表对直流稳压电源的输出电压进行测量，在检查无误后按电路要求将直流稳压电源接入电路。

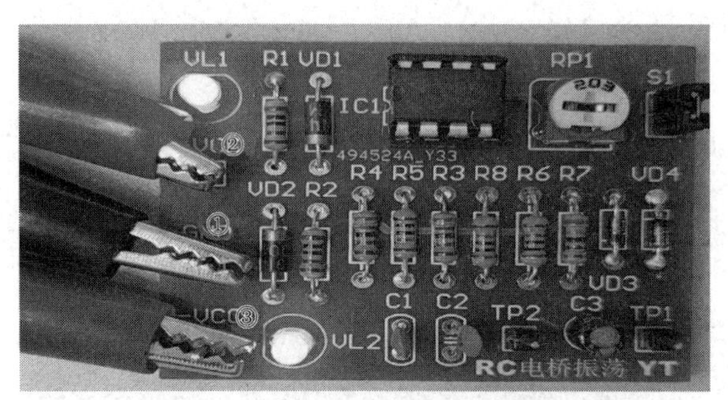

图 4.3.5　直流稳压电源连接图

操作要领：将直流稳压电源的短路片连接好，模式设置为主从模式；将直流稳压电源的输出电压调整到 6V，同时将电流旋钮置于中间位置；将直流稳压电源的 GND（CH1−或 CH2+）端连接至图 4.3.5 中的①处，直流稳压电源的 CH1+端连接至图 4.3.5 中的②处，直流稳压电源的 CH2−端连接至图 4.3.5 中的③处。

（1）测量 IC_1 的 1 脚、3 脚、8 脚的电位，将测量结果填入表 4.3.2。

表 4.3.2　IC_1 的 1 脚、3 脚、8 脚的电位

IC_1 引脚	1 脚	3 脚	8 脚
电位/V			

操作要领：将万用表置于 20V 直流电压挡，黑表笔接至 TP_2 端，红表笔依次接至 IC_1 的 1 脚、3 脚、8 脚，测量过程中不得接触表笔的金属部分。

（2）测量电流。

测量结果：I_{VL_1} = ____________mA。

操作要领：I_{VL_1} 的测量可以采用间接测量法，将万用表置于 20V 直流电压挡，黑表笔接至 VL_1 正极，红表笔接至 R_1 上端（VCC 位置），记下此时的电压，根据串联电路的特点可知，$I_{VL_1}=I_{R_1}=U_{R_1}/R_1$。

2. 动态测试

用示波器观测 TP_1 端输出信号的波形，并将相关数据记录在表 4.3.3 中。

操作要领：将示波器的黑色鳄鱼夹接至电路中的 GND 端，探头挂钩接至电路中的 TP_1 端，如图 4.3.6 所示；按下示波器的 AUTO 按键，进行波形观测；调节示波器的 X 轴量程挡位和 Y 轴量程挡位，使其波形在水平方向上显示 1 个半周期（或 2 个周期），在垂直方向上占 6 格，如图 4.3.7 所示；记录数据，画出波形。

表 4.3.3 TP_1 端输出信号的波形及相关数据

TP_1 端输出信号的波形	相关数据	
	周期	X 轴量程挡位
	峰峰值	Y 轴量程挡位

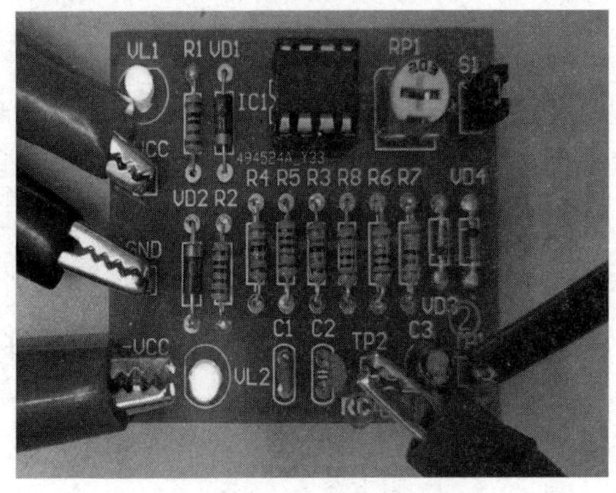

图 4.3.6 测量示意图

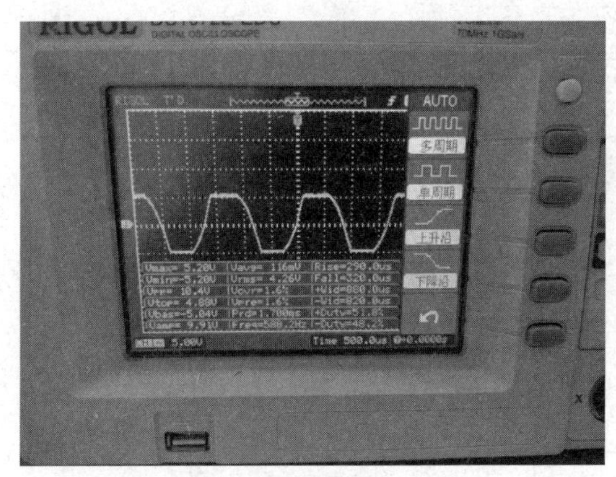

图 4.3.7 测量结果

【思考与提高】

1. IC_1 的作用是什么？
2. R_4、C_1、R_3、C_2 构成什么电路？
3. RC 文氏电桥振荡器有何特点？

【拓展阅读】

正弦波振荡器

任务 4.4　音频功率放大器的安装与测试

任务目标

（1）了解音频功率放大器的组成及各个元器件的作用。

（2）能正确使用万用表检测音频功率放大器的元器件。

（3）能使用函数信号发生器产生正弦波信号，用示波器观测音频功率放大器输入端、输出端的波形。

（4）用知识和技能武装自己，学会做人，学会做事，为自己将来的事业打下良好基础。

任务分解

知识 1　音频功率放大器的基本原理

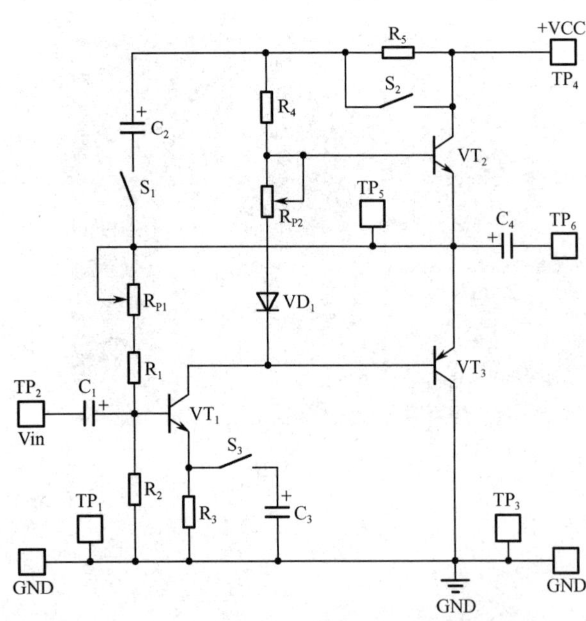

图 4.4.1　音频功率放大器的电路原理图

图 4.4.1 所示为音频功率放大器的电路原理图，从 TP_2 端与 GND 端之间输入一个信号，经过 C_1 耦合后送到 VT_1 的基极，VT_1 对其进行推动放大（又称为激励放大），然后从 VT_1 的集电极送到由 VT_2 与 VT_3 组成的甲乙类互补对称放大器中进行放大。当信号处于正半周时，VT_2 对其进行放大，信号流向：TP_2→C_1→VT_{1b}→VT_1（放大）→VT_{1c}→VD_1→R_{P2}→VT_{2b}→VT_2（放大）→VT_{2e}→C_4→TP_6→负载→GND，在 TP_6 端得到放大的正半周信号，同时给 C_4 充电；当信号处于负半周时，VT_3 对其进行放大，信号流向：TP_2→C_1→VT_{1b}→VT_1（放大）→VT_{1c}→VT_{3b}→VT_3（放大）→C_4+→VT_{3e}→VT_{3c}→GND→负载→C_4−，在 TP_6 端得到放大的负半周信号，此时 C_4 放电。

知识 2　主要元器件的作用

VT_1 构成甲类放大器，其作用为放大；VT_2、VT_3 构成甲乙类互补对称放大器，VT_2、VT_3 的作用为放大；R_5、R_4、R_{P2}、VD_1 为 VT_2、VT_3 的基极提供偏置电压，R_{P2} 用于调节 VT_2、VT_3 的基极偏置电压，从而避免交越失真；R_{P1}、R_1、R_2 为 VT_1 基极提供偏置电压，同时 R_{P1}、R_1 是电压并联负反馈电阻，用于改变电路的放大倍数；R_3 为 VT_1 的发射极偏置电阻，S_3 闭合

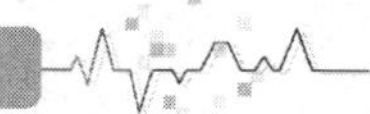

时，R_3 为交流负反馈电阻，降低交流放大倍数，提高交流电路的稳定性，S_3 断开时，R_3 为直流负反馈电阻，提高直流电路的稳定性；R_5、R_4、C_2 构成自举升压电路。

电容器 C_1 和 C_4 分别为输入与输出的隔直耦合电容器，使放大器与前后级电路互不影响，同时起交流耦合作用，让交流信号顺利通过。为避免交流信号在发射极偏置电阻 R_3 上产生电压降，造成放大电路的电压放大倍数下降，常在 R_3 的两端并联一个电解电容器 C_3。只要 C_3 的电容足够大，对交流分量就可视作短路，因此，C_3 称为发射极交流旁路电容器。

操作 1　清点元器件

根据图 4.4.1 对表 4.4.1 中的元器件按照类别进行清点，并分类摆放好，然后在“清点结果”一栏中打√。

表 4.4.1　元器件清单

序　　号	元器件名称	规格/型号	元器件编号	数　　量	清 点 结 果
1	色环电阻器	2.2kΩ	R_1	1	
2	色环电阻器	5.1kΩ	R_2	1	
3	色环电阻器	200Ω	R_3	1	
4	色环电阻器	680Ω	R_4	1	
5	色环电阻器	100Ω	R_5	1	
6	可变电阻器	蓝白 50kΩ	R_{P1}	1	
7	可变电阻器	蓝白 500Ω	R_{P2}	1	
8	三极管	S8050	VT_1、VT_2	2	
9	三极管	S8550	VT_3	1	
10	二极管	1N4001	VD_1	1	
11	电解电容器	47μF	C_1	1	
12	电解电容器	100μF	C_2、C_3	2	
13	电解电容器	470μF	C_4	1	
14	单排针	2.54mm	TP_1～TP_6	6	
15	开关	SS12	S_1～S_3	3	
16	PCB	配套		1	

注：为了节约资源，开关 S_1～S_3 在 PCB 中用短路帽和单排针替代。

元器件分类清点结果如图 4.4.2 所示。

图 4.4.2　元器件分类清点结果

操作 2　检测元器件

为了保证电路的装配质量，应用万用表检测元器件，防止将性能不良的元器件装配在电路中，影响电路的正常工作。

（1）检测可变电阻器。

检测 R_{P1}，质量判断：______________（好或坏）。

（2）检测电容器。

检测 C_1，电容：______________μF，质量判断：______________（好或坏）。

（3）检测三极管。

检测 VT_3，管型：__________，材料：__________（锗或硅），质量判断：__________（好或坏）。

操作 3　安装音频功率放大器

（1）准备好装配工具与器材。

（2）按照工艺要求及焊盘间距加工元器件的引脚及导线。

（3）元器件安装与焊接。

按照“先低后高、先小后大、先里后外、先轻后重、先易后难、先一般后特殊”的原则安装元器件，安装要求参照表 4.1.2。焊接时，时间要短，速度要快，防止烫坏元器件与 PCB。元器件分类安装如图 4.4.3 所示。

（a）色环电阻器、二极管、单排针的安装

（b）可变电阻器、三极管、电解电容器的安装

图 4.4.3　元器件分类安装

（4）按照工艺要求对元器件的引脚进行修剪，注意引脚的长度应适当。

（5）装配完毕，根据表 4.1.3 检查元器件的安装与焊接质量是否符合要求，检查无误后在“备注”一栏中打√。

（6）安装前后对比如图 4.4.4 所示。

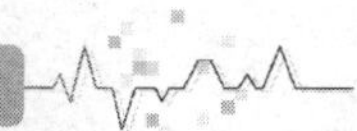

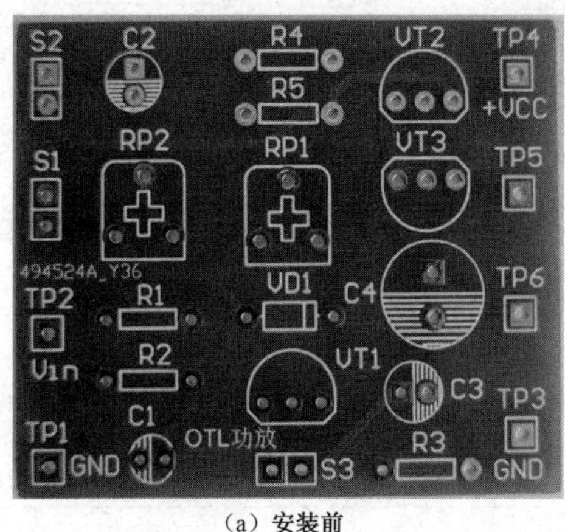

（a）安装前

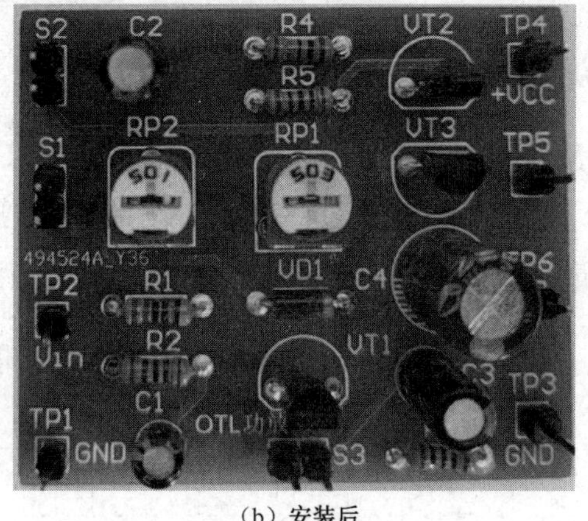

（b）安装后

图 4.4.4　安装前后对比

操作 4　电路测试

1. 静态工作点的测量

正确调试直流稳压电源，使其输出电压为（5±0.1）V，使用万用表对直流稳压电源的输出电压进行测量，检查无误后按电路要求将直流稳压电源接入电路。

（1）断开 S_1、S_2、S_3，在无输入信号的前提下调节 R_{P1}，按照 OTL 功率放大电路的要求，应将 TP_5 的中点电位调整为 $V_{CC}/2$。

操作要领：将万用表置于 20V 直流电压挡，将黑表笔接至 GND（图 4.4.5 中的①处），将红表笔接至 TP_5 端（图 4.4.5 中的②处）；观察测得的电压（图 4.4.5 中的③处），慢调 R_{P1}（图 4.4.5 中的④处），直到测量结果为 2.510V，测量过程中不得接触表笔的金属部分。

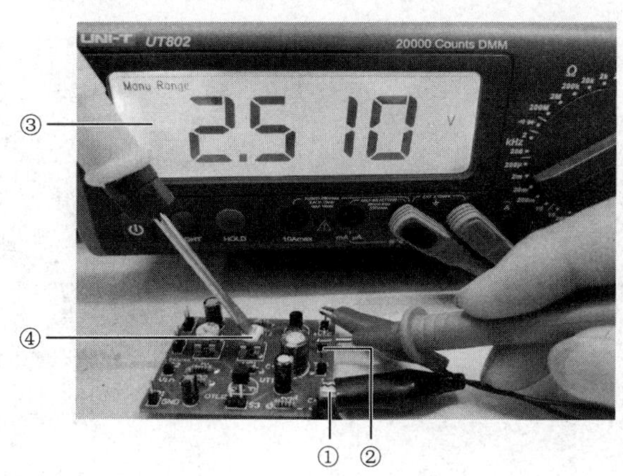

图 4.4.5　调节示意图

（2）测量三极管的电位。

$V_{VT_{1b}}$ =__________V，$V_{VT_{1c}}$ =__________V，$V_{VT_{3e}}$ =__________V。

操作要领：将万用表置于 20V 直流电压挡，将黑表笔接至 GND，红表笔依次接至三极管的各电极，读取万用表显示的测量值。

2．动态测试

接通 S_1（S_2、S_3断开），在输入端 TP_2 与 TP_1 之间输入幅值为100mV、频率为1kHz的正弦波信号，用示波器观测 TP_6 端的输出信号波形，细调 R_{P2}，在无交越失真的前提下使输出信号的幅值最大。在表4.4.2中绘制波形并记录相关数据。

表4.4.2　TP_6 端输出信号的波形及相关数据

TP_6 端输出信号的波形	相 关 数 据	
	周期	*X* 轴量程挡位
	峰峰值	*Y* 轴量程挡位

操作要领：将 S_1 闭合，S_2、S_3 断开；用函数信号发生器产生一个幅值为100mV、频率为1kHz的正弦波信号并输出，将函数信号发生器的黑色鳄鱼夹接至电路中的 TP_1 端（图4.4.6中的①处），将函数信号发生器的红色鳄鱼夹接至电路中的 TP_2 端（图4.4.6中的②处）；将示波器的黑色鳄鱼夹接至电路中的 TP_3 端（图4.4.6中的③处）；将探头挂钩接至电路中的 TP_6 端（图4.4.6中的④处）；按下示波器的AUTO按键，进行测量；观察示波器液晶显示屏上显示的波形及参数；慢调 R_{P2}（图4.4.6中的⑤处），直到波形最大且不失真，如图4.4.7所示。

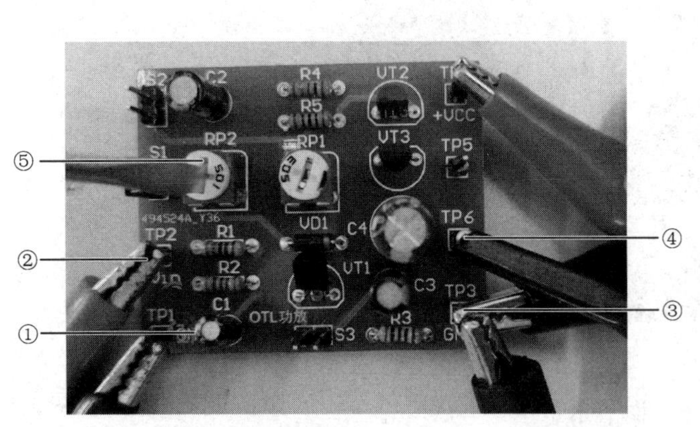

图4.4.6　测量示意图

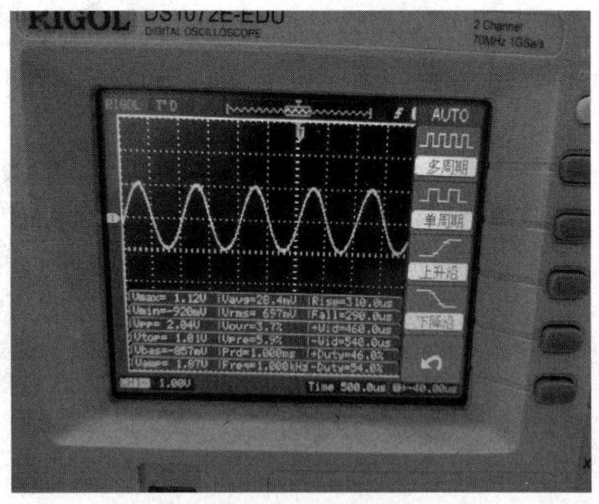

图4.4.7　测量结果

【思考与提高】

1. R_5、R_4、R_{P2}、VD_1 的作用是什么？
2. VT_1、VT_2、VT_3 的作用是什么？
3. OTL功率放大电路的特点是什么？

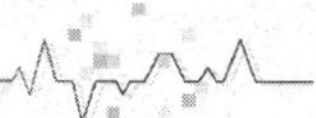

【拓展阅读】

功率放大电路

任务 4.5　单稳态触发器的安装与测试

同步操作视频

任务目标

（1）了解单稳态触发器的组成及各个元器件的作用。

（2）能正确使用万用表检测单稳态触发器的元器件。

（3）能正确使用直流稳压电源给电路供电，正确测量电路中的电流。

（4）培养创新思维，提高创新能力。

任务分解

知识 1　单稳态触发器的基本原理

NE555 因内部有 3 个 5kΩ 分压电阻而得名，是一种多用途的模数混合集成电路，它不但能方便地组成施密特触发器、单稳态触发器与多谐振荡器，而且成本低、性能可靠，在各种领域中获得了广泛的应用。图 4.5.1 所示为 NE555 的内部原理图。

图 4.5.2 所示为单稳态触发器的电路原理图。单稳态触发器有两种状态：稳态和暂稳态。

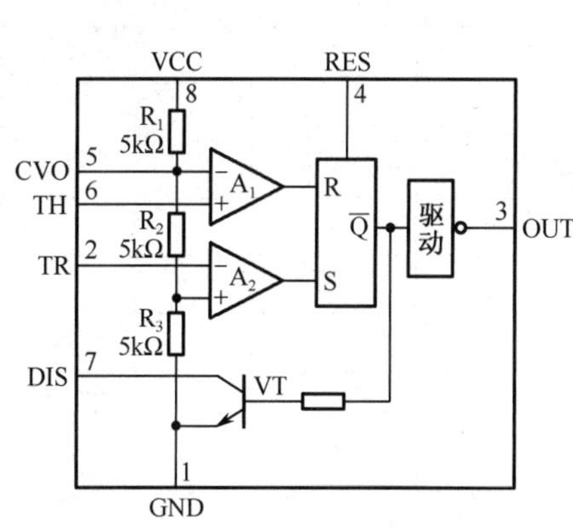

图 4.5.1　NE555 的内部原理图

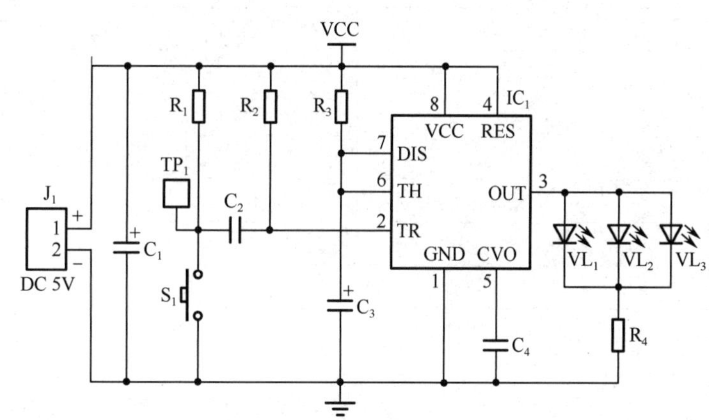

图 4.5.2　单稳态触发器的电路原理图

稳态：无触发脉冲（TP_1 端为高电平）时，单稳态触发器处于稳定状态，IC_1 的 3 脚输出低电平。触发：在 TP_1 负脉冲作用下，低电平触发端（IC_1 的 2 脚）电压低于 $V_{CC}/3$，触发脉冲输出，IC_1 的 3 脚输出高电平，放电管 VT（见图 4.5.1）截止，单稳态触发器进入暂稳态，定时开始。

暂稳态：在暂稳态期间，电源 VCC→R_3→C_3→地，对 C_3 充电，充电时间常数 $T=R_3C_3$，U_{C_3} 按指数规律上升。当 U_{C_3} 上升到 $2V_{CC}/3$ 时，IC_1 的 6 脚为高电平，IC_1 的 3 脚输出低电平，放

电管 VT 导通，C_3充电结束，即暂稳态结束，单稳态触发器恢复到稳态。当第二个触发脉冲到来时，重复上述过程。输入一个负脉冲，就可以得到一个宽度一定的正脉冲输出，其脉冲宽度取决于电容器C_3由 0V 充电到 $2V_{CC}/3$ 所需要的时间。

知识 2　主要元器件的作用

NE555：1 脚为接地端；2 脚为低电平触发端；3 脚为输出端；4 脚为复位端；5 脚为控制电压端；6 脚为高电平触发端；7 脚为放电端；8 脚为电源电压端。

C_1：电源低频滤波电容器；C_2：耦合电容器；C_3：时钟电容器；C_4：决定控制电压端的充放电时间。

R_1、S_1：触发信号输入；R_2：IC_1 2 脚的低触发电阻；R_3、C_3：共同决定单稳态触发器的触发时间。

VL_1、VL_2、VL_3、R_4：构成单稳态触发器输出端显示电路，R_4起限流保护作用。

操作 1　清点元器件

根据图 4.5.2 对表 4.5.1 中的元器件按照类别进行清点，并分类摆放好，然后在“清点结果”一栏中打√。

表 4.5.1　元器件清单列表

序　　号	元器件名称	规格/型号	元器件编号	数　　量	清 点 结 果
1	色环电阻器	100kΩ	R_1、R_2、R_3	3	
2	色环电阻器	10Ω	R_4	1	
3	LED	ϕ3mm	VL_1、VL_2、VL_3	3	
4	瓷片电容器	0.1μF	C_2、C_4	2	
5	电解电容器	47μF	C_3	1	
6	电解电容器	100μF	C_1	1	
7	按钮	6mm×6mm	S_1	1	
8	集成电路	NE555	IC_1	1	
9	集成电路插座	DIP-14	IC_1	1	
10	单排针	2.54mm	J_1	2	
11	PCB	配套		1	

元器件分类清点结果如图 4.5.3 所示。

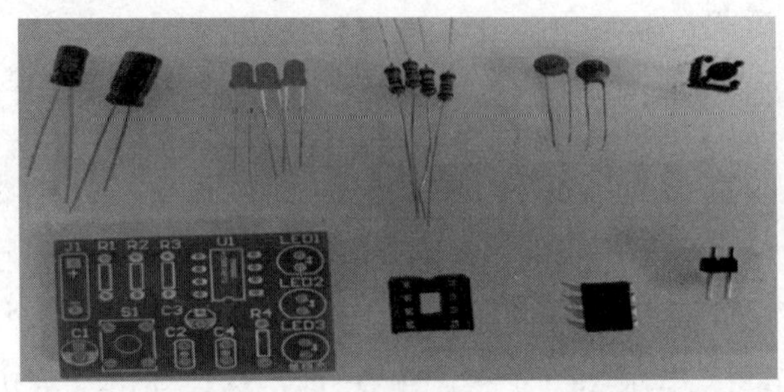

图 4.5.3　元器件分类清点结果

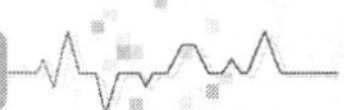

操作 2 检测元器件

为了保证电路的装配质量，应用万用表检测元器件，防止将性能不良的元器件装配在电路中，影响电路的正常工作。

（1）检测 S_1 的好坏。

检测结果：______________。

（2）检测 IC_1 1 脚与 8 脚的正、反向电阻。

R_{18}=__________Ω，R_{81}=__________Ω。

操作 3 安装单稳态触发器

（1）准备好装配工具与器材。

（2）按照工艺要求及焊盘间距加工元器件的引脚及导线。

（3）元器件安装与焊接。

按照“先低后高、先小后大、先里后外、先轻后重、先易后难、先一般后特殊”的原则安装元器件，安装要求参照表 4.1.2。焊接时，时间要短，速度要快，防止烫坏元器件与 PCB。元器件分类安装如图 4.5.4 所示。

（a）色环电阻器、瓷片电容器、LED的安装

（b）按钮、集成电路插座的安装

（c）单排针、电解电容器的安装

图 4.5.4 元器件分类安装

（4）按照工艺要求对元器件的引脚进行修剪，注意引脚的长度应适当。

（5）装配完毕，根据表 4.1.3 检查元器件的安装与焊接质量是否符合要求，检查无误后在“备注”一栏中打√。

（6）安装前后对比如图 4.5.5 所示。

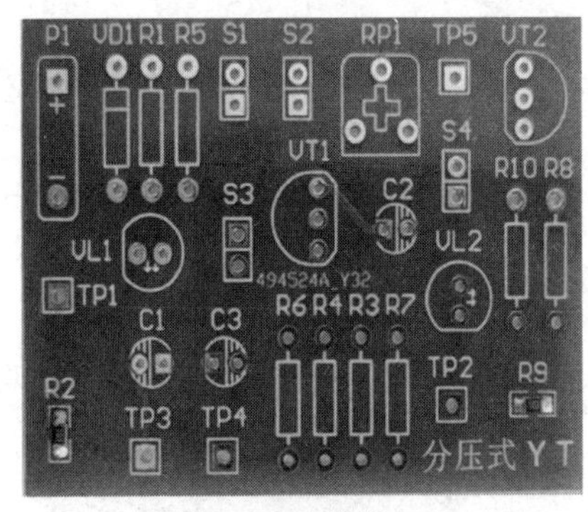

（a）安装前

（b）安装后

图 4.5.5 安装前后对比

操作4　电路测试

正确调试直流稳压电源，使其输出电压为（5±0.1）V，使用万用表对直流稳压电源的输出电压进行测量，检查无误后按照电路要求将直流稳压电源接入电路。

（1）用万用表测量 TP_1 端的电位，并将测量结果填入表4.5.2。

表4.5.2　TP_1 端的电位

S_1 状态	S_1 按下	S_1 弹起
电位/V		

按下 S_1 时的操作要领：将万用表置于20V直流电压挡，将黑表笔接至图4.5.6中的①处，将红表笔接至图4.5.6中的②处；用螺丝刀按下 S_1，观察万用表测量值并记录。

S_1 弹起时的操作要领：将万用表置于20V直流电压挡，将黑表笔接至图4.5.7中①处，将红表笔接至图4.5.7中②处，使 S_1 弹起，观察万用表测量值并记录。

图4.5.6　S_1 按下测量图

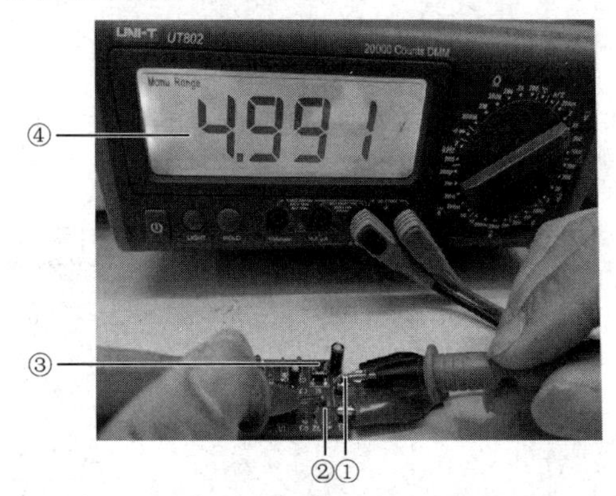

图4.5.7　S_1 弹起测量图

（2）用万用表测量 IC_1 3脚的电位，并将测量结果填入表4.5.3。

操作要领：将万用表置于20V直流电压挡，将黑表笔接至电路中的GND，将红表笔接至 IC_1 的3脚；按下 S_1 或使 S_1 弹起，观察万用表上的测量值，将测量结果填在表4.5.3中。

表4.5.3　IC_1 3脚的电位

LED状态	LED点亮（S_1 按下）	LED熄灭（S_1 弹起）
电位/V		

（3）用万用表测量3只LED的总电流，测量结果：________________。

操作要领：根据图4.5.8可知，$I_{R_4}=I_{VL_1}+I_{VL_2}+I_{VL_3}$，故只需要测量出 R_4 的电流即可，$I_{R_4}=U_{R_4}/R_4$。将万用表置于20V直流电压挡，将红、黑表笔分别接至 R_4 两端，测得 R_4 两端的电压，如图4.5.9所示。根据欧姆定律可求得，$I_{R_4}=U_{R_4}/R_4\approx1.2/10=0.12\text{A}$。

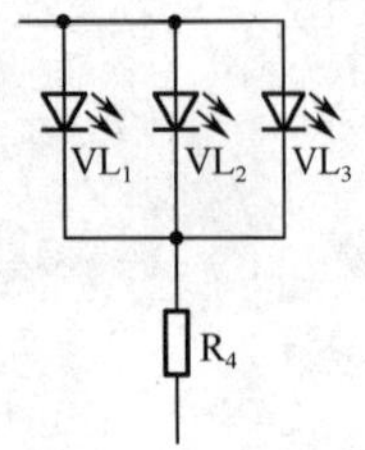

图4.5.8　3只LED所在的电路

图4.5.9　测量示意图

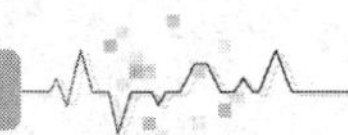

【思考与提高】

1. R_3、C_3 的作用是什么？
2. NE555 各引脚的功能是什么？
3. 由 NE555 构成的单稳态触发器有何特点？

【拓展阅读】

NE555

任务 4.6　简单表决器的安装与测试

同步操作视频

任务目标

（1）了解简单表决器的组成及各个元器件的作用。

（2）能正确使用万用表检测简单表决器的元器件。

（3）能正确使用直流稳压电源为电路供电，用万用表正确测量相关参数。

（4）树立正确的思想政治观念，自觉维护祖国安定、团结统一，用实际行动履行爱国义务。

任务分解

知识 1　简单表决器的基本原理

图 4.6.1 所示为简单表决器的电路原理图。该电路是由与非门集成电路 CD4011 组成的简单表决器。与非门的功能：有“0”出“1”、全“1”出“0”。在该电路中，S_1 代表主裁判，S_2 和 S_3 分别代表副裁判。电路中 S_1、S_2、S_3 的上端为高电平输入、下端为低电平输入，S_1、S_2、S_3 放置的位置不一样，输入的电平就不一样，与非门的输出结果就不一样。

在图 4.6.1 中，S_1、S_2、S_3 都置于下端，为低电平输入，IC_1A 的 3 脚输出高电平，IC_1B 的 4 脚输出高电平，IC_1C 的 10 脚输出低电平，当 S_4 闭合时，VT_1 基极为低电平，VL_1 不亮、VT_1 截止、HA_1 不发声。

将 S_1、S_2 置于上端，将 S_3 置于下端，IC_1A 的 1 脚和 2 脚、IC_1B 的 5 脚得到高电平，IC_1B 的 6 脚得到低电平，IC_1A 的 3 脚输出低电平，IC_1B 的 4 脚输出高电平，IC_1C 的 10 脚输出高电平，当 S_4 闭合时，VT_1 基极为高电平，VL_1 亮、VT_1 导通、HA_1 发声。

将 S_1、S_3 置于上端，将 S_2 置于下端，IC_1A 的 1 脚、IC_1B 的 5 脚和 6 脚得到高电平，IC_1A 的 2 脚得到低电平，IC_1A 的 3 脚输出高电平，IC_1B 的 4 脚输出低电平，IC_1C 的 10 脚输出高电平，当 S_4 闭合时，VT_1 基极为高电平，VL_1 亮、VT_1 导通、HA_1 发声。

将 S_1 置于上端，将 S_2、S_3 置于下端，或者将 S_1 置于下端，将 S_2、S_3 置于上端，当 S_4 闭合时，IC_1C 的 10 脚输出低电平，VT_1 基极为低电平，VL_1 不亮、VT_1 截止、HA_1 不发声。

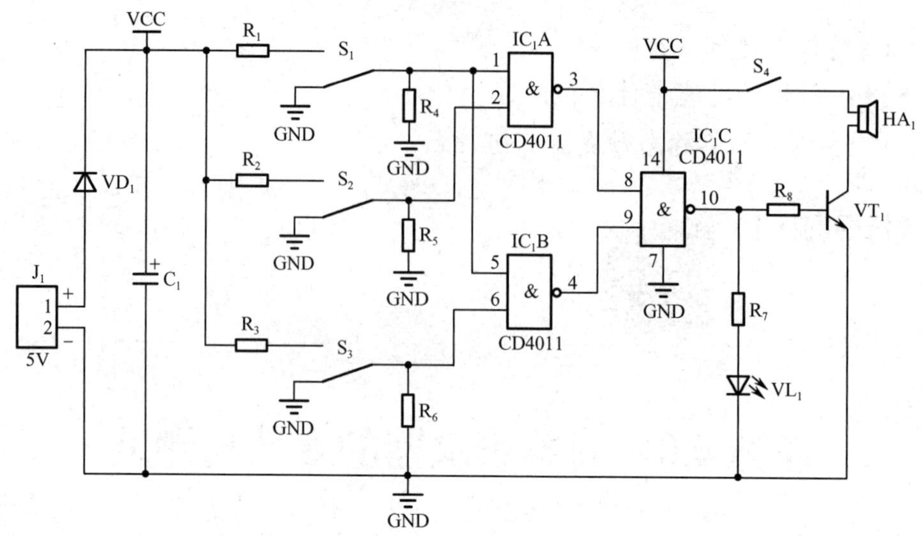

图 4.6.1　简单表决器的电路原理图

知识 2　主要元器件的作用

CD4011：与非门集成电路；S_1～S_3：电平切换开关，置于上端得到高电平，置于下端得到低电平；VD_1：起电路保护作用，防止因电源极性接反而烧毁后级电路；C_1：低频滤波电容器；R_1～R_3：上拉电阻；R_4～R_6：下拉电阻；R_7、VL_1：构成输出指示电路，IC_1C 的 10 脚输出高电平时，VL_1 亮，IC_1C 的 10 脚输出低电平时，VL_1 不亮；VT_1：起开关作用；S_4：控制 HA_1 的通断；HA_1：蜂鸣器。

操作 1　清点元器件

根据图 4.6.1 对表 4.6.1 中的元器件按照类别进行清点，并分类摆放好，然后在“清点结果”一栏中打√。

表 4.6.1　元器件清单

序　号	元器件名称	规格/型号	元器件编号	数　量	清点结果
1	色环电阻器	1kΩ	R_1、R_2、R_3、R_8	4	
2	色环电阻器	10kΩ	R_4、R_5、R_6	3	
3	色环电阻器	100Ω	R_7	1	
4	电解电容器	47μF	C_1	1	
5	二极管	1N4007	VD_1	1	
6	LED	ϕ3mm 红色	VL_1	1	
7	三极管	S8050	VT_1	1	
8	按钮	6mm×6mm	S_1、S_2、S_3	3	
9	开关	SS12	S_4	1	
10	蜂鸣器	5V	HA_1	1	

续表

序　号	元器件名称	规格/型号	元器件编号	数　量	清点结果
11	集成电路	CD4011	IC_1	1	
12	集成电路插座	DIP-14	IC_1	1	
13	单排针	2.54mm	J_1	2	
14	印制电路板	配套		1	

注：为了节约资源，开关 S_4 在 PCB 中用单排针和短路帽替代。

元器件分类清点结果如图 4.6.2 所示。

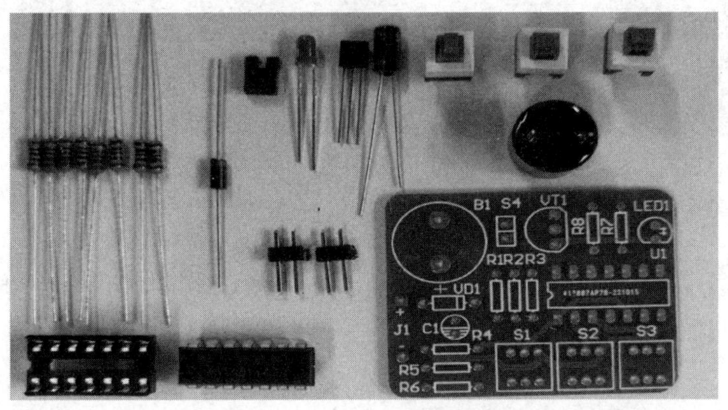

图 4.6.2　元器件分类清点结果

操作 2　检测元器件

为了保证电路的装配质量，应用万用表检测元器件，防止将性能不良的元器件装配在电路中，影响电路的正常工作。

（1）检测蜂鸣器 HA_1。

万用表挡位：____________，质量判断：____________（好或坏）。

（2）检测电容器。

检测 C_1，电容：____________μF，质量判断：____________（好或坏）。

（3）检测三极管。

用万用表检测三极管，判别其管型、材料和质量。

检测 VT_1，管型：__________，材料：_________（锗或硅），质量判断：________（好或坏）。

操作 3　安装简单表决器

（1）准备好装配工具与器材。

（2）按照工艺要求及焊盘间距加工元器件的引脚及导线。

（3）元器件安装与焊接。

按照“先低后高、先小后大、先里后外、先轻后重、先易后难、先一般后特殊”的原则安装元器件，安装要求参照表 4.1.2。焊接时，时间要短，速度要快，防止烫坏元器件与 PCB。元器件分类安装如图 4.6.3 所示。

（a）色环电阻器、二极管的安装

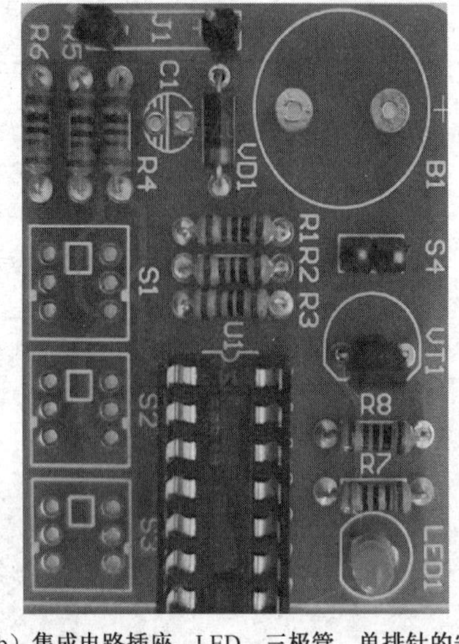
（b）集成电路插座、LED、三极管、单排针的安装

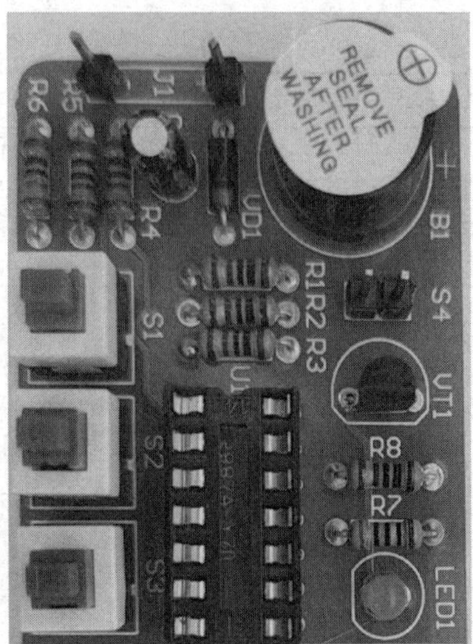
（c）按钮、蜂鸣器的安装

图 4.6.3　元器件分类安装

（4）按照工艺要求对元器件的引脚进行修剪，注意引脚的长度应适当。

（5）装配完毕，根据表 4.1.3 检查元器件的安装与焊接质量是否符合要求，检查无误后在“备注”一栏中打√。

（6）安装前后对比如图 4.6.4 所示。

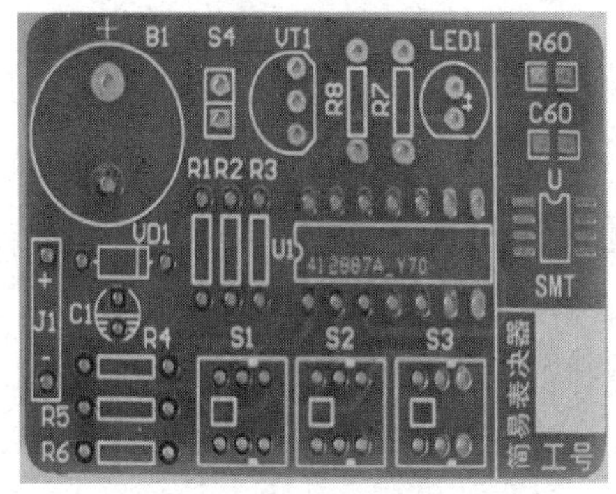
（a）安装前

（b）安装后

图 4.6.4　安装前后对比

操作 4　电路测试

正确调试直流稳压电源，使其输出电压为（5±0.1）V，使用万用表对直流稳压电源的输出电压进行测量，检查无误后按照电路要求将直流稳压电源接入电路。

（1）断开 S_4，根据 S_1、S_2、S_3 的状态，测量 IC_1 8～10 脚的电压，并把测得的数据填入表 4.6.2。

表 4.6.2　IC_1 8～10 脚的电压

IC_1 引脚	8 脚	9 脚	10 脚
S_1、S_3 按下			
S_1、S_2 按下			

操作要领：当 S_1、S_3 按下，S_2 弹起时，将万用表置于 20V 直流电压挡，将黑表笔接至电

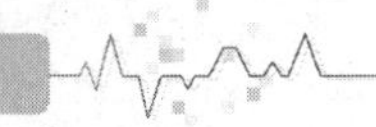

路中的GND，将红表笔依次接至IC_1的8～10脚，读取测量值，如图4.6.5所示。

当S_1、S_2按下，S_3弹起时，将万用表置于20V直流电压挡，将黑表笔接至电路中的GND，将红表笔依次接至IC_1的8～10脚，读取测量值，如图4.6.6所示。

图4.6.5 S1、S3按下

图4.6.6 S1、S2按下

（2）测量VL_1亮时的电流。

操作要领：由图4.6.7可知，R_7与VL_1串联。用万用表测量R_7两端的电压，如图4.6.8所示。根据串联电路的电流特点，电流处处相等，故$I_{VL_1}=I_{R_7}=U_{R_7}/R_7=0.306/100=3.06mA$。

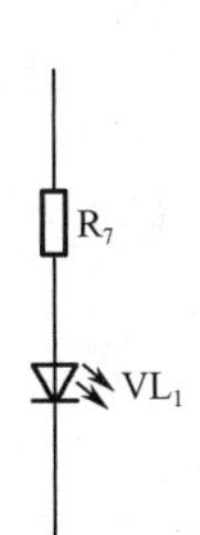

图4.6.7 VL_1所在的电路

图4.6.8 测量示意图

【思考与提高】

1. 根据图4.6.1列出真值表，写出逻辑表达式并化简。
2. VD_1、VT_1的作用分别是什么？
3. 试分析当将S_1置于上端、S_2、S_3置于下端时，单稳态触发器的工作情况。

【拓展阅读】

1. 21IC电子网
2. 职业学校走出来的党的二十大代表

项目 5　小型电子产品的制作与检测

任务 5.1　LM386 音频功率放大电路的制作与检测

同步操作视频

任务目标

（1）能合理选择元器件并正确安装 LM386 音频功率放大电路，将电路功能调至最佳状态。

（2）能利用仪器、仪表测量 LM386 音频功率放大电路的相关参数。

（3）会分析 LM386 音频功率放大电路的工作原理。

（4）能检修 LM386 音频功率放大电路的典型故障。

（5）学会一分为二地看问题，正确处理自己成长过程中的问题。

任务分解

本任务要求完成 LM386 音频功率放大电路的安装，选择合适的仪器、仪表对 LM386 音频功率放大电路进行调试与测试，并排除电路中的典型故障。

知识 1　LM386 音频功率放大电路

1．电路功能及原理

LM386 音频功率放大电路由电源电路、分压式偏置放大电路、两级π型衰减器、音频集成功率放大电路等组成，如图 5.1.1 所示。

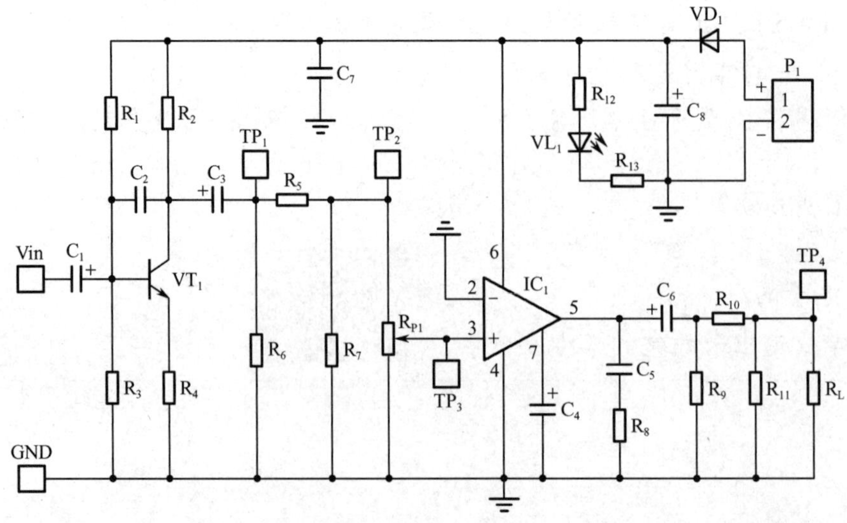

图 5.1.1　LM386 音频功率放大电路

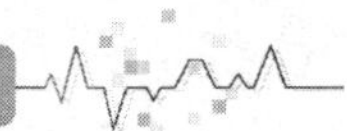

电源电路由 VD_1、C_7、C_8、R_{12}、R_{13}、VL_1 构成。VD_1 的作用是防止因电源极性接反而损坏元器件，若电源极性接反，则 VD_1 截止，保护电路中元器件不被损坏；C_7、C_8 是滤波电容器，C_7 为无极性电容器，用于滤除电路中的各种高频干扰信号，C_8 为电解电容器，用于滤除电路中的交流成分；R_{12}、R_{13}、VL_1 的作用是指示电源的工作状态。

分压式偏置放大电路由 VT_1 及外围元器件构成。C_1、C_3 是耦合电容器，起耦合信号的作用；C_2 为消振电容器，作用是消除放大电路高频自激所引起的啸叫；R_1、R_3 分别是上偏置电阻和下偏置电阻，作用是为 VT_1 基极提供稳定的偏置电压。

R_5、R_6、R_7 和 R_9、R_{10}、R_{11} 分别构成π型衰减器，其作用是改善放大电路的稳定性，常接在低噪声放大电路的末级输出端，也可接在低噪声放大电路的级间。通常情况下，R_6、R_7 选用具有相同电阻的电阻器。

音频集成功率放大电路由 IC_1 及外围元器件构成。可变电阻器 R_{P1} 的作用是调节音量，在图 5.1.1 中，将 R_{P1} 的滑动触点调至最上端时输出信号最强，将 R_{P1} 的滑动触点调至最下端时输出信号最弱；C_4 为去耦电容器；C_6 为输出耦合电容器；C_5 和 R_8 构成阻抗校正网络，抵消负载（负载为扬声器）中的感抗分量，防止因电路产生自激或过电压而损坏集成电路；R_L 是负载，可换接扬声器。

2. 组装实例

套件实物和组装成品分别如图 5.1.2 和图 5.1.3 所示。

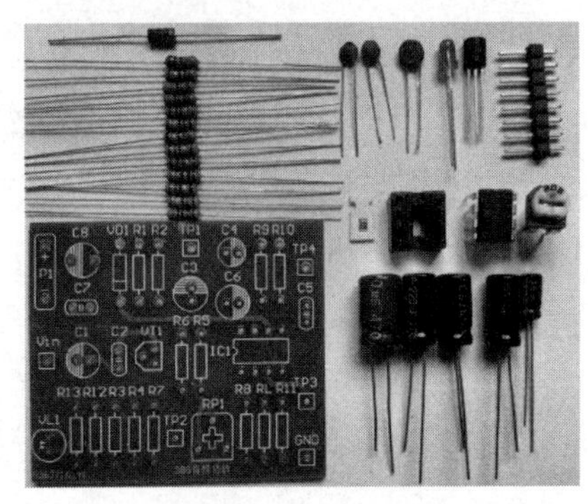

图 5.1.2　套件实物

图 5.1.3　组装成品

知识 2　工艺要求

1. 元器件安装工艺要求

（1）不漏装、不错装、不损坏元器件，安装高度符合工艺要求。

（2）色环电阻器误差环的安装方向要统一。

（3）二极管、电解电容器的极性安装正确。

（4）集成电路采用插座形式安装。安装时注意，集成电路引脚的排列方向与 PCB 上的标识符应一致，均匀用力将集成电路安装到位，不能出现歪斜、扭曲、漏插等现象。

（5）元器件不能出现歪斜现象。

2．焊接工艺要求

（1）焊点要求圆滑、光亮，大小均匀，呈圆锥形，不能出现虚焊、假焊、漏焊、错焊、连焊、包焊、堆焊、拉尖现象。助焊剂不能使用过多，焊接表面应清洁，不能有残渣。

（2）元器件引脚必须按照焊盘间距进行弯曲整形，弯曲形状基本对称，保证安装完成后，元器件的标识明显可见。在元器件引脚整形、修剪过程中，禁止扭转和沿轴向拉伸引脚，避免损坏元器件内部引线或封装根部；修剪元器件引脚时，要保证伸出部分的长度 L 能使元器件的引脚末端可辨识，L 的最大取值为 2mm，如图 5.1.4 所示。

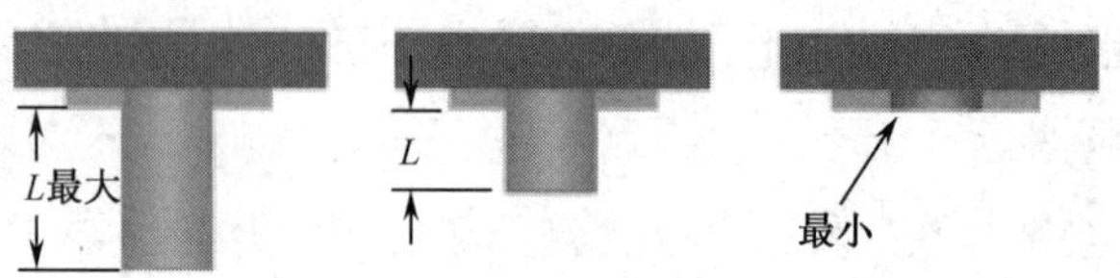

图 5.1.4　元器件引脚伸出部分的长度

（3）PCB 的铜箔完好，焊盘无脱落。

（4）接插件安装牢固、可靠，整机清洁，无污物、烫伤、划伤等。

知识 3　特殊元器件介绍

1．瓷片电容器

瓷片电容器是无极性电容器，安装时无须区分正、负极性。在图 5.1.5 中，瓷片电容器上标注的“15”表示“15pF”；标注的“473”表示“47nF”，也可理解为“0.047μF”；标注的“104”表示“100nF”，也可理解为“0.1μF”。

2．音频集成功率放大器 LM386

LM386 是一种音频集成功率放大器，具有功耗低、电源电压范围广、外接元器件少等优点，广泛应用于录音机和收音机。LM386 引脚功能如图 5.1.6 所示，4 脚和 6 脚分别为接地端和电源供电端，2 脚、3 脚为信号输入端，5 脚为信号输出端。

图 5.1.5　瓷片电容器

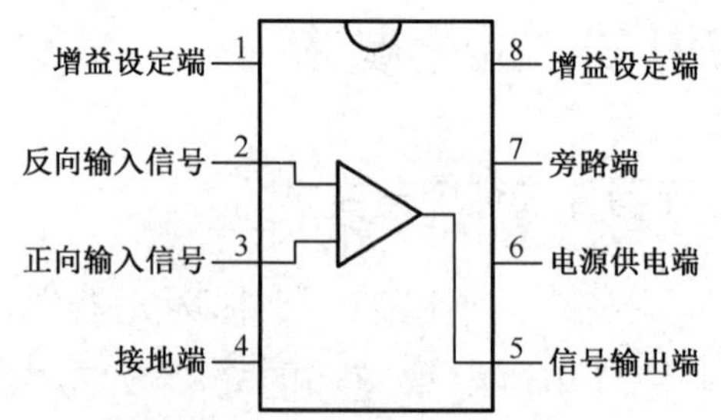

图 5.1.6　LM386 引脚功能

技能 1　清点与检测元器件

根据表 5.1.1 对元器件进行分类清点，逐一清点元器件的数量并检测元器件的质量，检测无误后在“清点结果”一栏中打 √，将部分元器件的识别与检测结果填入表 5.1.2。

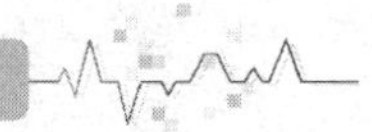

表 5.1.1 元器件清单

序 号	元器件名称	规格/型号	元器件编号	数 量	清点结果
1	贴片电阻器	1kΩ	R_4	1	
2	色环电阻器	33kΩ	R_1	1	
3	色环电阻器	3.9kΩ	R_2、R_6、R_7	3	
4	色环电阻器	3.3kΩ	R_{12}、R_{13}	2	
5	色环电阻器	8.2kΩ	R_3、R_5	2	
6	色环电阻器	12Ω	R_8	1	
7	色环电阻器	15Ω	R_{10}	1	
8	色环电阻器	8.2Ω	R_9、R_{11}、R_L	3	
9	可变电阻器	蓝白 20kΩ	R_{P1}	1	
10	瓷片电容器	15pF	C_2	1	
11	瓷片电容器	0.047μF	C_5	1	
12	瓷片电容器	0.1μF	C_7	1	
13	电解电容器	220μF	C_1、C_3、C_6	3	
14	电解电容器	10μF	C_4	1	
15	电解电容器	470μF	C_8	1	
16	二极管	1N4007	VD_1	1	
17	LED	ϕ3mm	VL_1	1	
18	三极管	S9013	VT_1	1	
19	集成电路	LM386	IC_1	1	
20	集成电路插座	DIP-8	IC_1	1	
21	单排针	2.54mm	P_1、GND、Vin、TP_1～TP_4	8	
22	PCB	配套		1	

表 5.1.2 部分元器件的识别与检测结果

元 器 件	识别与检测结果			
R_1	标称电阻值		测得的实际电阻	
R_{10}	标称电阻值		测得的实际电阻	
R_{P1}	“203”含义		测得的最大电阻	
VD_1	正向电阻		反向电阻	
VL_1	正向电阻		反向电阻	

技能 2 电路安装

根据表 5.1.1，按照“先贴片式后直插式、先低后高、先小后大、先里后外、先轻后重、先熟悉后陌生”的原则，分类对元器件进行引脚整形、安装与焊接，具体步骤如下。

（1）安装贴片电阻器、色环电阻器和二极管。

安装要领：贴片电阻器居中贴板安装；色环电阻器对位安装，误差环的安装方向统一；二极管的极性安装正确，焊点光滑、圆润，如图 5.1.7 所示。

（2）安装集成电路插座、瓷片电容器、可变电阻器、单排针。

安装要领：集成电路插座的安装方向正确，贴板安装，不允许出现两端高低不平的现象；安装瓷片电容器时不区分极性；单排针的短金属部分插入 PCB 焊接，如图 5.1.8 所示。

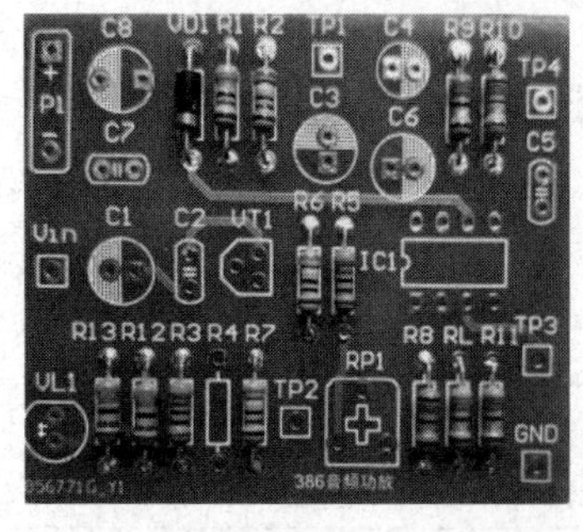

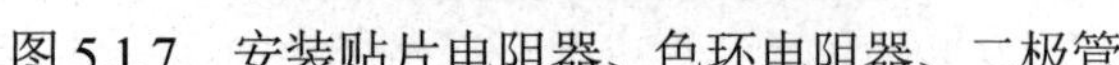
图 5.1.7　安装贴片电阻器、色环电阻器、二极管

图 5.1.8　安装集成电路插座、瓷片电容器等

（3）安装 LED、三极管。

安装要领：LED 的极性安装正确，长引脚为正极，安装高度视具体情况而定，一般安装高度为 LED 引脚的限位标记高度；安装三极管前需对引脚进行整形，安装方向与 PCB 上的标注一致。

（4）安装电解电容器、集成电路。

安装要领：电解电容器的极性安装正确，贴板安装；将集成电路插入集成电路插座时，插装方向正确，均匀用力将集成电路插装到位，不能出现歪斜、扭曲、漏插等现象。

安装完成的电路如图 5.1.9 所示。

（a）正面

（b）反面

图 5.1.9　安装完成的电路

技能 3　装配质量检查

电路安装结束后，自行检查装配质量。一是检查安装工艺，如电阻器是否对位安装，二极管、电解电容器的极性是否安装正确，集成电路的安装方向是否正确，二极管、三极管的安装高度是否合理，PCB 是否有划伤、松香污渍等；二是检查焊接工艺，是否有漏焊、虚焊、连焊等不良现象，焊锡量是否适中等。装配质量检查为后续的电路调试及正常运行提供可靠保障，避免因装配质量问题导致故障范围扩大。请自查安装工艺及焊接工艺，检查无误后在表 5.1.3 的对应栏中打 √。

表 5.1.3　装配质量自查表

<table>
<tr><td>检查项目</td><td colspan="5">检查内容</td></tr>
<tr><td rowspan="2">安装工艺</td><td>规格/型号正确</td><td>安装极性正确</td><td>安装方向正确</td><td>安装高度合适</td><td>引脚整形规范，元器件居中摆正</td></tr>
<tr><td></td><td></td><td></td><td></td><td></td></tr>
<tr><td rowspan="2">焊接工艺</td><td>无漏焊</td><td>无虚焊、拉尖</td><td>无连焊</td><td>焊锡量适中</td><td>PCB 清洁</td></tr>
<tr><td></td><td></td><td></td><td></td><td></td></tr>
</table>

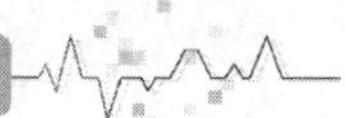

技能 4　电路调试

1．通电前检查

通电前，重点检查元器件是否安装正确，元器件焊点严禁出现连焊现象，电源端严禁出现短路现象。工位保持清洁，被剪掉的元器件引脚严禁残留在工位上，特别要防止因 PCB 上有残留的元器件引脚而引起短路。全部检查无误后，将直流稳压电源的输出电压调至（7.5±0.1）V，接入 PCB 进行故障排除及电路功能调试。

2．故障排除及电路功能调试

LM386 音频功率放大电路的功能是实现音频信号功率放大，通过调节 R_{P1} 可改变输出信号的幅度。PCB 接入 7.5V 电源电压后，肉眼只能观察到电源指示灯是否点亮，不能直观地通过声、光等现象得知电路功能是否正常，需借助仪器、仪表进行调试。用函数信号发生器从 Vin 端输入一正弦波信号，用示波器分别测量 TP_1、TP_2、TP_4 端是否有波形输出，逐级调试功能至最佳状态。

从 Vin 端输入一正弦波信号，若 TP_4 端无信号输出，可进行如下操作，以实现分段调试及故障排除。

具有一定排障经验的操作人员可直接选取电路中间点（TP_2 端或者 TP_3 端）作为测量点，根据该测量点的测量结果迅速判断故障所在的大致范围，若该测量点无信号输出，则故障位于该测量点之前的电路，若该测量点有信号输出，则故障位于该测量点之后的电路。初学者可按照以下步骤逐级调试。

① 通电后，观察 VL_1 是否点亮。若不亮，说明电源电路有故障，应重点排查 VL_1、VD_1 的极性是否安装正确。

② 用示波器测量 TP_1 端是否有信号输出，若无信号输出，则故障位于由 VT_1 构成的分压式偏置放大电路中。

③ 若用示波器测得 TP_1 端有信号输出，TP_2 端无信号输出，则故障位于由 R_5、R_6、R_7 构成的π型衰减器中。

④ 若用示波器测得 TP_2 端有信号输出，TP_3 端无信号，则可变电阻器 R_{P1} 损坏。

⑤ 若用示波器测得 TP_3 端有信号输出，IC_1 的 5 脚无信号输出，则集成电路 IC_1 损坏。

⑥ 若用示波器测得 IC_1 的 5 脚有信号输出，TP_4 端无信号输出，则故障位于输出耦合电容器 C_6 及由 R_9、R_{10}、R_{11} 构成的π型衰减器中。

技能 5　电路参数测量

检查电路安装无误，PCB 电源电压接入正确，排除所有故障后，方可进行如下参数测量，否则可能导致测得的参数错误。

（1）静态工作点测量。

静态工作点测量是指在无输入信号，只有直流电源作用下工作时进行的测量。

① 在 Vin 端无输入信号时，用万用表测量三极管 VT_1 各引脚的电位，并判断其工作状态，将测量结果记录在表 5.1.4 中。

表 5.1.4　三极管 VT_1 各引脚电位记录表

测量点	VT_1 发射极	VT_1 基极	VT_1 集电极	VT_1 工作状态
测量值				

② 在 Vin 端无输入信号时，用万用表测量集成电路 IC_1 部分引脚的电位，将测量结果记录在表 5.1.5 中。

表 5.1.5　IC_1 部分引脚电位记录表

测量点	3 脚	4 脚	5 脚	6 脚	7 脚
测量值					

（2）函数信号发生器从 Vin 端输入幅值为 100mV、频率为 1kHz 的正弦波信号，用示波器观测 TP_1 端的信号波形。

第一步：验证函数信号发生器及示波器正常可用。

在本次测量中，选用的是 DG1022U 任意函数信号发生器和 DS1072E 数字示波器。用 DG1022U 任意函数信号发生器产生幅值为 100mV、频率为 1kHz 的正弦波信号，用 DS1072E 数字示波器测量该信号波形及参数是否准确，确保仪器及探头正常可用，如图 5.1.10 所示。

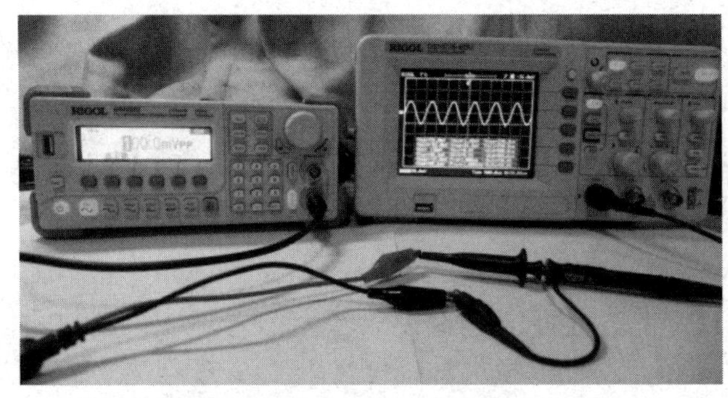

图 5.1.10　验证仪器正常可用

第二步：连接探头。

将 DG1022U 任意函数信号发生器输出端探头的黑色鳄鱼夹接至 GND（本任务中接至电源引线的负极），将探头拉钩（或红色鳄鱼夹）接至 Vin 端。将 DS1072E 数字示波器探头的黑色鳄鱼夹接至 GND，将探头拉钩（或红色鳄鱼夹）接至 TP_1 端。

第三步：观测波形。

按下 DS1072E 数字示波器的 AUTO 按键，当液晶显示屏上显示出波形后，调节 Y 轴量程挡位为 50mV/DIV，调节 X 轴量程挡位为 500μs/DIV，再按下 Measure 按键调出参数，如图 5.1.11 所示。

第四步：读取数据并绘制信号波形。

在 DS1072E 数字示波器液晶显示屏上读取相关数据，参考波形及数据如图 5.1.12 所示，将信号波形及相关数据填入表 5.1.6。

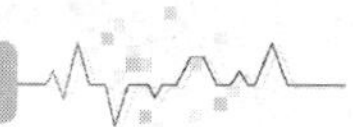

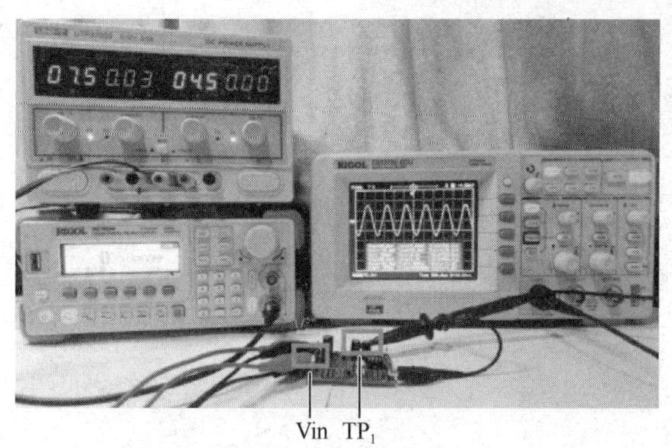

图 5.1.11　观测 TP_1 端的信号波形

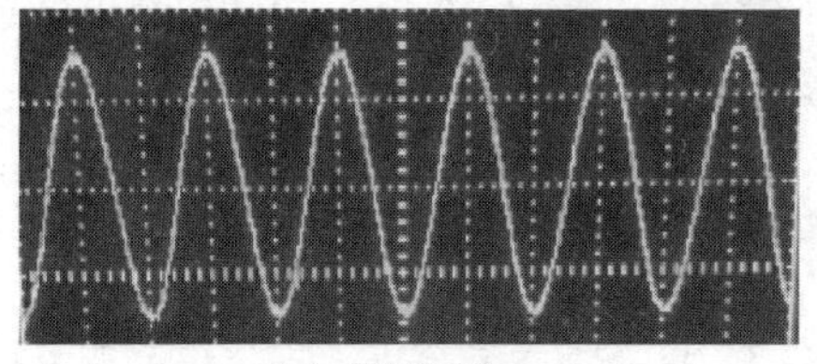

（a）信号波形

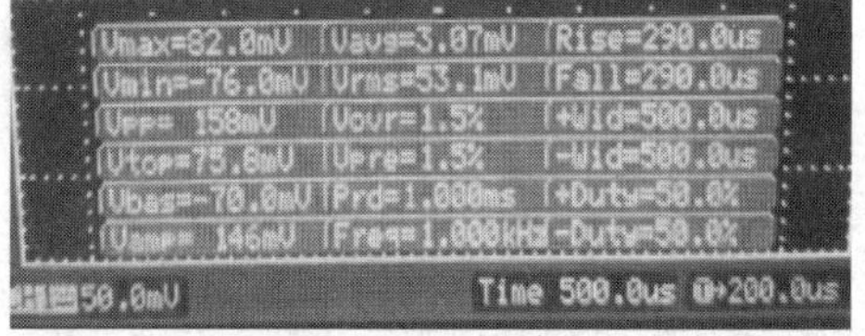

（b）数据

图 5.1.12　TP_1 端的信号波形及数据示例

表 5.1.6　TP_1 端的信号波形及相关数据

信号波形（TP_1 端）	相关数据	
	X 轴量程挡位	频　率
	Y 轴量程挡位	峰峰值

（3）将 R_{P1} 的滑动触点调至最上端（见图 5.1.1），保持（2）中 Vin 端的输入状态，用 DS1072E 数字示波器分别观测 TP_3 端、IC_1 的 5 引脚、TP_4 端的信号波形。

观测方法及步骤参照（2），只需将 DS1072E 数字示波器探头拉钩（或红色鳄鱼夹）接至对应测量点即可。

① TP_3 端的信号波形及数据示例如图 5.1.13 所示。

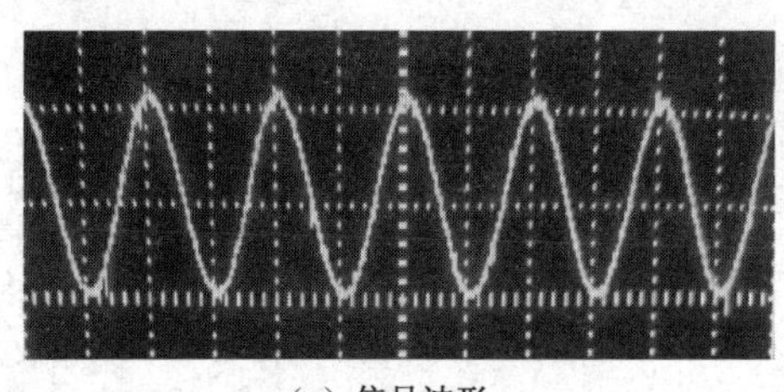

（a）信号波形

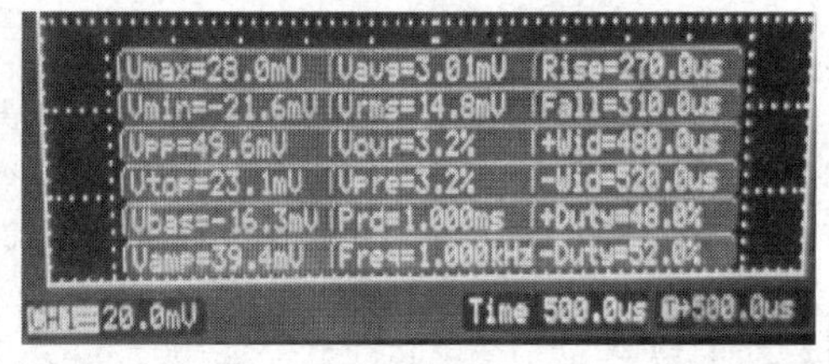

（b）数据

图 5.1.13　TP_3 端的信号波形及数据示例

② IC_1 5 引脚的信号波形及数据示例如图 5.1.14 所示。

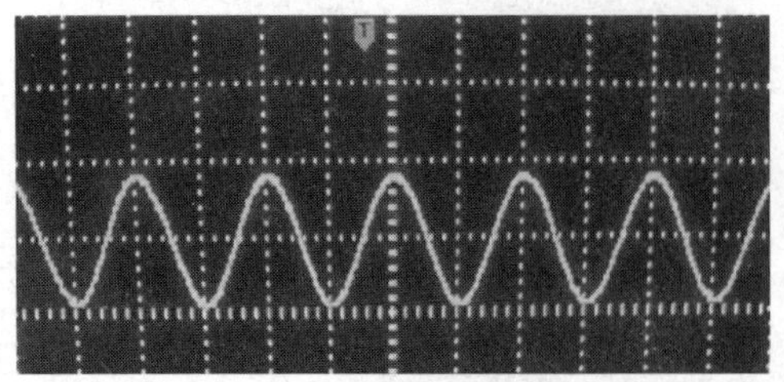

（a）信号波形

（b）数据

图 5.1.14　IC_1 5 引脚的信号波形及数据示例

③ TP_4 端的信号波形及数据示例如图 5.1.15 所示。

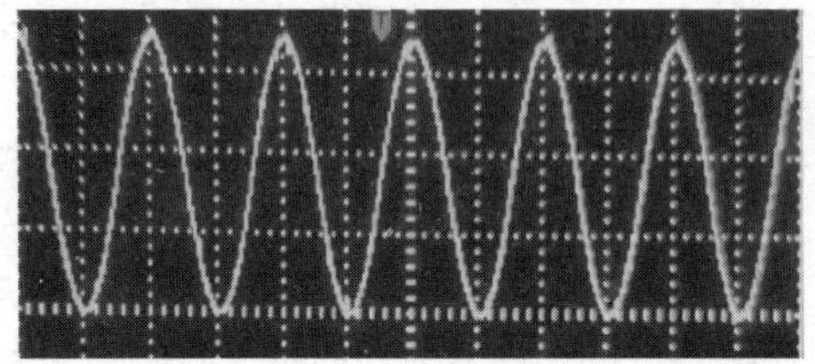

（a）信号波形

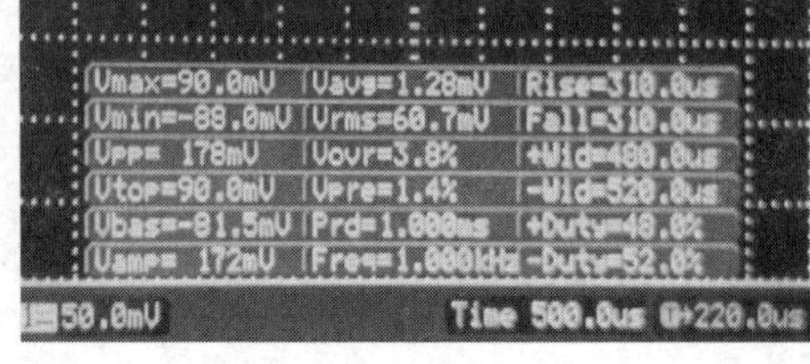

（b）数据

图 5.1.15　TP_4 端的信号波形及数据示例

【思考与提高】

根据图 5.1.1，回答以下问题。

1. VD_1 的作用是____，若 VD_1 开路，出现的现象是____。

2. R_{P1} 的作用是____________________________，将 R_{P1} 的滑动触点调至最上端（见图 5.1.1）时，TP_4 端的信号波形的幅度____________（变大、变小或不变），将 R_{P1} 的滑动触点调至最下端（见图 5.1.1）时，TP_4 端的信号波形的幅度__________（变大、变小或不变）。

3. 电容器 C_1、C_3、C_6 均具有____________（滤波、耦合、定时、延时、振荡）作用。

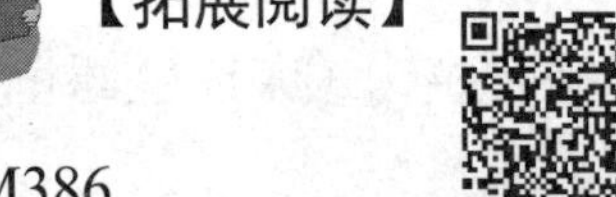

【拓展阅读】

LM386

任务 5.2　双速流水灯电路的制作与检测

同步操作视频

任务目标

（1）能合理选择元器件并正确安装双速流水灯电路，将电路功能调至最佳状态。

（2）能利用仪器、仪表测量双速流水灯电路的相关参数。

（3）会分析双速流水灯电路的工作原理。

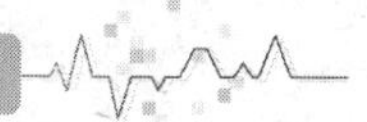

（4）能检修双速流水灯电路的典型故障。

（5）培养求真务实、开拓进取的精神。

任务分解

本任务要求完成双速流水灯电路的安装，选择合适的仪器、仪表对双速流水灯电路进行调试与测量，并排除电路中的典型故障。

知识 1　双速流水灯电路

1. 电路功能及原理

双速流水灯电路由电源电路、多谐振荡电路、十进制计数器电路等组成，如图 5.2.1 所示。

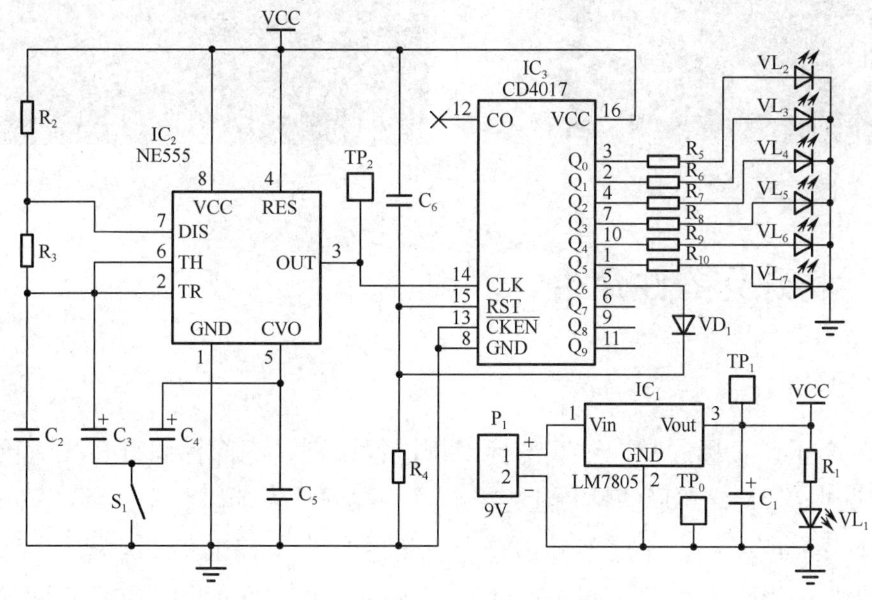

图 5.2.1　双速流水灯电路

电源电路由 IC_1、C_1、R_1、VL_1 构成。该电路的核心元器件是 IC_1，即固定式三端集成稳压器 LM7805，其作用是将输入的 9V 直流电压转换成稳定的 5V 直流电压输出；C_1 是滤波电容器；R_1 和 VL_1 构成电源指示电路，R_1 的作用是限流保护 VL_1。

多谐振荡电路由 NE555（IC_2）及外围电路构成。NE555 的 2 脚与 6 脚短接后，接在 RC（R_3 和 C_2）的中间点上构成多谐振荡电路，其作用是产生振荡信号作为十进制计数器 CD4017 的时钟脉冲。当 S_1 断开时，电源经过 R_2 和 R_3 向 C_2 充电，使 C_2 两端的电压逐渐升高，当升高到 $2V_{CC}/3$ 时，NE555 的 3 脚跳变到低电平，NE555 的 7 脚（放电端）导通。此时，C_2 经过 R_3 和 NE555 的 7 脚放电，使 C_2 两端的电压下降，降到 $V_{CC}/3$ 时，NE555 的 3 脚跳变到高电平，NE555 的 7 脚截止，电源再次通过 R_2 和 R_3 向 C_2 充电。如此循环，振荡不停，C_2 在 $V_{CC}/3$ 和 $2V_{CC}/3$ 之间循环充电和放电，输出连续的矩形脉冲信号。当 S_1 闭合时，C_2、C_3 并联后的总电容增大，充放电时间变长，输出信号频率变低。

十进制计数器电路以CD4017为核心，电源通过C_6和R_4接至CD4017的15脚上电复位。当NE555产生的第一个时钟脉冲送至CD4017的14脚时，Q_0端输出高电平，经R_5点亮VL_2，当第二个时钟脉冲送至14脚时，Q_1端输出高电平，经R_6点亮VL_3，VL_3至VL_7依次点亮后，当时钟脉冲再次到来时，Q_6端输出高电平，经VD_1导通送至CD4017的15脚，使14脚复位。复位后，当下一个时钟脉冲到来时，Q_1端输出高电平，经R_6点亮VL_3，依次循环。通过改变输入CD4017的14脚的时钟脉冲的频率可改变双速流水灯的变化速度。

2. 组装实例

套件实物和组装成品分别如图5.2.2和图5.2.3所示。

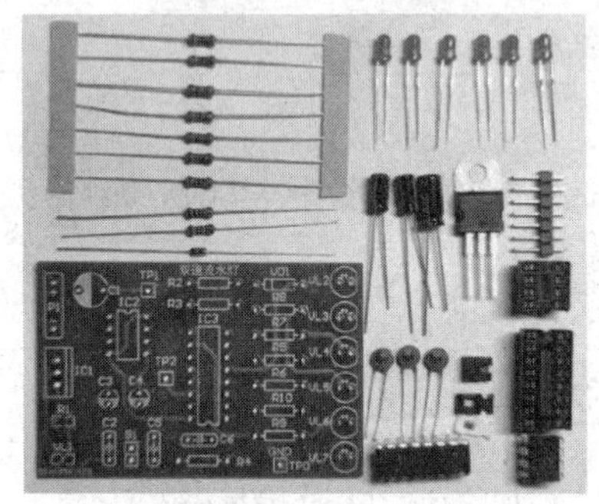

图5.2.2　套件实物

图5.2.3　组装成品

知识2　特殊元器件介绍

1. 贴片LED

贴片LED的正、负极通常通过底部标识符进行识别，底部标识符有T字形和三角形之分，对于底部标识符为T字形的贴片LED来说，靠近一横的引脚是正极，另一引脚则是负极，如图5.2.4（a）所示；对于底部标识符为三角形的贴片LED来说，靠近“边”的引脚是正极，靠近“尖”的引脚是负极，如图5.2.4（b）所示。也可通过贴片LED正面的标识判别正、负极，靠近绿色点的引脚是负极，另一引脚为正极，如图5.2.4（c）所示。

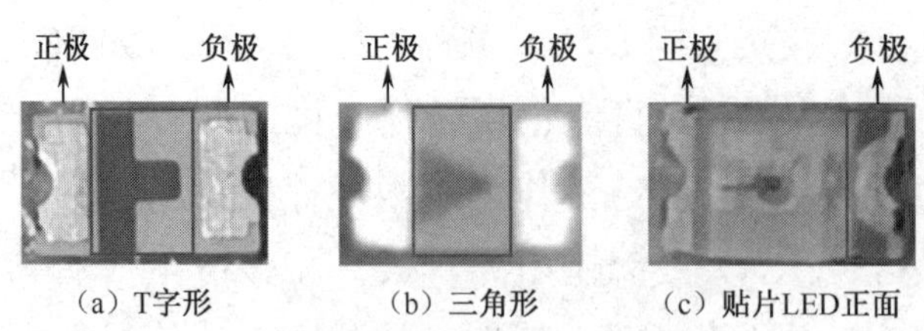

（a）T字形　（b）三角形　（c）贴片LED正面

图5.2.4　贴片LED

2. LM7805

常见的固定式三端集成稳压器有78××系列（输出正电压）和79××系列（输出负电压），型号末尾两位数字表示输出电压，如7805表示输出电压为+5V；7905表示输出电压为−5V。输出电流以78/79后面的字母区分，L表示0.1A，M表示0.5A，无字母表示1.5A，如78L12表示输出电流为0.1A。固定式三端集成稳压器有三只引脚，分别是输入端、公共端（接地端）、输出端。

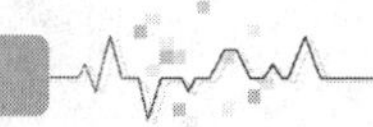

3. NE555

NE555 由于其内部有 3 个 5kΩ 电阻器而得名，引脚名称如图 5.2.5 所示，各引脚的功能如表 5.2.1 所示。NE555 只需要外接几个电阻器、电容器，就可以构成多谐振荡器、单稳态触发器及施密特触发器等脉冲产生与变换电路。

图 5.2.5　NE555 引脚名称

表 5.2.1　NE555 各引脚的功能

引脚序号	名　称	引脚序号	名　称
1	接地端（GND）	5	控制电压端（CVO）
2	低电平触发端（TR）	6	高电平触发端（TH）
3	输出端（OUT）	7	放电端（DIS）
4	复位端（RES）	8	电源电压端（VCC）

4. CD4017

（1）CD4017 是一种十进制计数器/脉冲分频器，引脚名称如图 5.2.6 所示。Q_0～Q_9：计数脉冲输出端；CO：进位脉冲输出端，可作为下一级（级联）的时钟脉冲；CLK：时钟脉冲输入端，上升沿有效；$\overline{\text{CKEN}}$：时钟脉冲输入端，下降沿有效，每一个时钟脉冲只能从 CLK 端或$\overline{\text{CKEN}}$端输入，不能同时输入；RST：计数复位端。

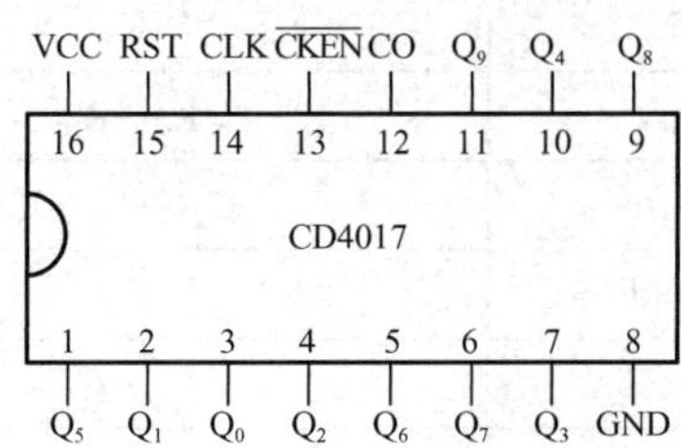

图 5.2.6　CD4017 引脚名称

（2）CD4017 的时序图如图 5.2.7 所示，其逻辑功能如表 5.2.2 所示。

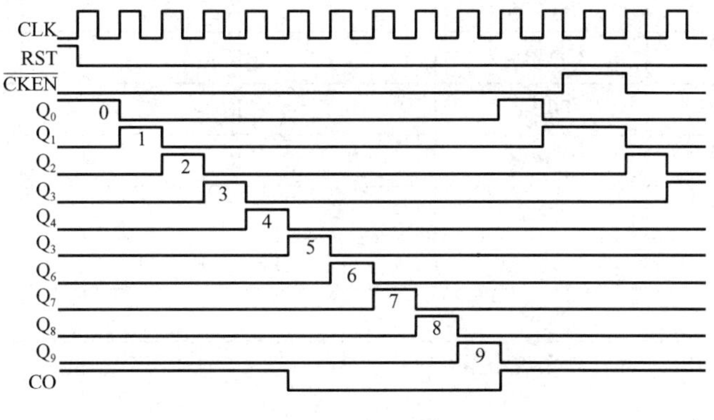

图 5.2.7　CD4017 的时序图

表 5.2.2　CD4017 的逻辑功能

<table>
<tr><th colspan="3">输　入</th><th colspan="2">输　出</th></tr>
<tr><th>CLK</th><th>$\overline{CKEN}$</th><th>RST</th><th>Q_0～Q_9</th><th>CO</th></tr>
<tr><td>×</td><td>×</td><td>H</td><td>Q_0</td><td rowspan="7">计数脉冲 Q_0～Q_4 时，CO=H；
计数脉冲 Q_5～Q_9 时，CO=L</td></tr>
<tr><td>↑</td><td>L</td><td>L</td><td rowspan="2">计数</td></tr>
<tr><td>H</td><td>↓</td><td>L</td></tr>
<tr><td>L</td><td>×</td><td>L</td><td rowspan="4">保持</td></tr>
<tr><td>×</td><td>H</td><td>L</td></tr>
<tr><td>↓</td><td>×</td><td>L</td></tr>
<tr><td>×</td><td>↑</td><td>L</td></tr>
</table>

注：H 表示高电平；L 表示低电平；↑表示上升沿；↓表示下降沿；×表示任意值，即状态不确定。

说明：本项目各任务的电路安装调试的工艺要求均参照项目 5 任务 1 中的工艺要求，不再重复叙述。

技能 1　清点与检测元器件

根据表 5.2.3 对元器件进行分类清点，逐一清点元器件的数量并检测元器件的质量，检测无误后在“清点结果”一栏中打√，将部分元器件的识别与检测结果填入表 5.2.4。

表 5.2.3　元器件清单

序　号	元器件名称	规格/型号	元器件编号	数　量	清 点 结 果
1	贴片电阻器	1kΩ	R_1	1	
2	贴片 LED	红色	VL_1	1	
3	色环电阻器	2.2kΩ	R_2	1	
4	色环电阻器	10kΩ	R_3	1	
5	色环电阻器	1kΩ	R_4～R_{10}	7	
6	瓷片电容器	0.1μF	C_2、C_5、C_6	3	
7	电解电容器	100μF	C_1	1	
8	电解电容器	10μF	C_3、C_4	2	
9	二极管	1N4148	VD_1	1	
10	LED	ϕ3mm	VL_2～VL_7	6	
11	集成电路	LM7805	IC_1	1	
12	集成电路	NE555	IC_2	1	
13	集成电路	CD4017	IC_3	1	
14	集成电路插座	DIP-8	IC_2	1	
15	集成电路插座	DIP-16	IC_3	1	
16	开关	SS12	S_1	1	
17	单排针	2.54mm	P_1、TP_0、TP_1、TP_2	5	
18	PCB	配套		1	

注：为了节约资源，开关 S_1 在 PCB 中用短路帽和单排针替代。

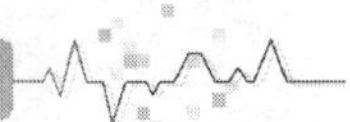

表 5.2.4　部分元器件的识别与检测结果

元　器　件	识别与检测结果			
R_1	"102"含义		测得的实际电阻	
VL_1	标出极性	①　②		
IC_1	画出外形示意图，标出引脚名称			

技能 2　电路安装

根据表 5.2.3，按照"先贴片式后直插式、先低后高、先小后大、先里后外、先轻后重、先熟悉后陌生"的原则，分类对元器件进行引脚整形、安装与焊接，具体步骤如下。

（1）安装贴片电阻器、贴片 LED。

安装要领：安装贴片 LED 时，注意区分正、负极，贴片电阻器、贴片 LED 居中贴板安装。

（2）安装二极管、色环电阻器。

安装要领：二极管引脚整形对称，极性安装正确，贴板安装；色环电阻器对位安装，误差环的安装方向一致，如图 5.2.8 所示。

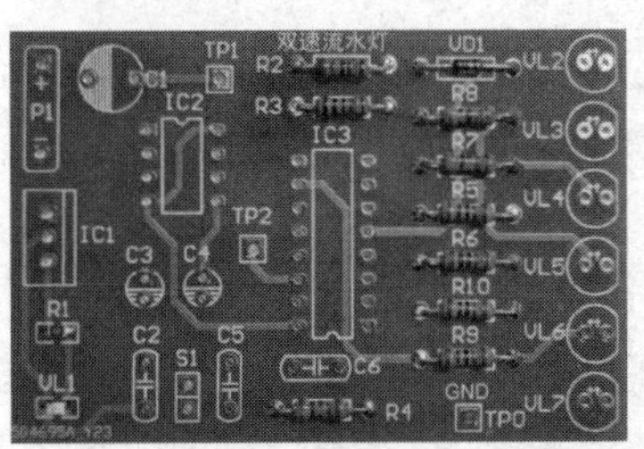

图 5.2.8　安装二极管、色环电阻器

（3）安装集成电路插座、瓷片电容器、单排针。

安装要领：集成电路插座的安装方向正确，贴板平整安装；若 PCB 上标注的瓷片电容器引脚的间距与实际元器件引脚的间距不一致，需先对瓷片电容器的引脚进行整形后再安装，如图 5.2.9 所示。

图 5.2.9　安装集成电路插座、瓷片电容器等

（4）安装 LED、电解电容器。

安装要领：LED 的极性安装正确，长引脚为正极；若 PCB 上标注的电解电容器引脚的间距与实际元器件引脚的间距不一致，需先对该电解电容器的引脚进行整形后再安装。

（5）安装固定式三端集成稳压器、集成电路。

安装要领：固定式三端集成稳压器的引脚对位安装，集成电路插座的安装方向正确，贴板安装，不允许出现两端高低不平的现象。

安装完成的电路如图 5.2.10 所示。

（a）正面　　（b）反面

图 5.2.10　安装完成的电路

技能 3　装配质量检查

请参照任务 5.1 中的表 5.1.3 自行对照检查安装工艺及焊接工艺。

技能 4　电路调试

1. 通电前检查

通电前，重点检查元器件是否安装正确，元器件焊点严禁出现连焊现象，电源端严禁出现短路现象。工位保持清洁，被剪掉的元器件引脚严禁残留在工位上，特别要防止因 PCB 上有残留的元器件引脚而引起短路。全部检查无误后，将直流稳压电源的输出电压调至（9±0.1）V 接入 PCB 进行故障排除及电路功能调试。

2. 故障排除及电路功能调试

本任务提前在电路中设置了一处故障，需排除故障后再进行电路功能调试。故障排除应遵循“先易后难、先思后行”的原则，先确定故障所在的大致范围，再逐步缩小故障区域，直至找到具体故障点。故障排除的流程如图 5.2.11 所示。

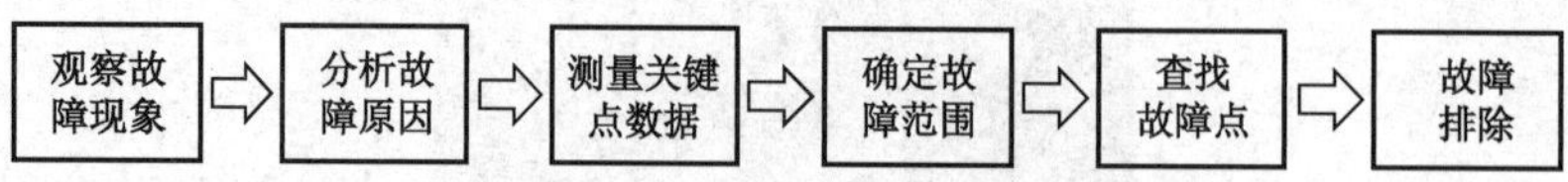

图 5.2.11　故障排除的流程

（1）故障排除。

① 故障现象：通电后，VL_2～VL_7 均不亮。

② 故障分析：结合双速流水灯电路的工作原理，先检查电源电路是否正常，用万用表测得 TP_1 端的电位为 5V，说明电源电路正常。故障在多谐振荡电路、十进制计数器电路、LED 指示灯电路中，按照先易后难的原则，用万用表测量 NE555 和 CD4017 的电源电压是否正常，测得电压为 0V。

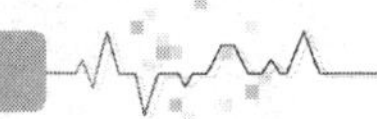

③ 故障原因：NE555 的 8 脚与 TP_1 端之间开路。

④ 故障排除：用剪掉的元器件引脚将 NE555 的 8 脚与 TP_1 端连接，如图 5.2.12 所示。

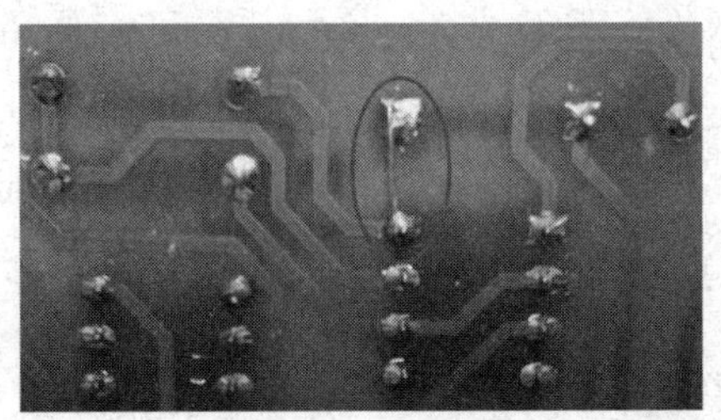

图 5.2.12　故障排除

（2）电路功能调试。

分别在 S_1 断开与闭合的状态下，观察 VL_2～VL_7：S_1 断开（拔掉短路帽）时，观察到的现象是____；S_1 闭合（插上短路帽）时，观察到的现象是____。

该电路的功能是 VL_2～VL_7 依次循环点亮，形成流水灯效果，流水速度可以通过 S_1 控制，S_1 断开时，VL_2～VL_7 依次循环点亮的时间间隔短，从而流水速度快；S_1 闭合时，VL_2～VL_7 依次循环点亮的时间间隔变长，从而流水速度变慢。

若不能实现双速流水灯电路的功能，可进行如下操作，以实现分段调试及故障排除。

① 通电后，用万用表测量 TP_1 端的电位是否为 5V，若无 5V 电压，说明电源电路有故障需排除。

② 用示波器测量 TP_2 端是否有矩形波输出，若无矩形波输出，则多谐振荡电路有故障需排除；若有矩形波输出，则故障点位于 TP_2 端之后的电路，应重点排查十进制计数器电路、LED 指示灯电路。

③ 若断开与闭合 S_1 时，流水速度相同，应重点排查 C_2、C_3、S_1 等。

技能 5　电路参数测量

电路安装无误，PCB 电源电压接入正确，排除所有故障后，方可进行如下参数测量，否则可能导致测得的参数错误。

（1）测量电压。

① 用万用表测量 IC_1 各引脚的电位，并将测量结果填入表 5.2.5。

表 5.2.5　IC_1 各引脚电位记录表

测量点	1 脚	2 脚	3 脚
测量值			

② 断开 S_1，用万用表测量 NE555 部分引脚的电位（测量时某些引脚数据有跳变现象是正常的，取跳变中间数值），将测量结果填入表 5.2.6。

表 5.2.6　NE555 部分引脚电位记录表

测量点	1 脚	3 脚	5 脚	8 脚
测量值				

（2）测量电流。

① 测量 PCB 正常工作时的总电流。

测量步骤如下（本任务采用 UT802 型台式万用表完成测量）。

第一步：选挡，选择 20mA 直流电流挡（在电流大小未知的情况下，从最大量程逐级减小量程进行测量，直至选到合适量程），将万用表的红表笔插入“mA/μA”插孔，将万用表的黑表笔插入“COM”插孔。

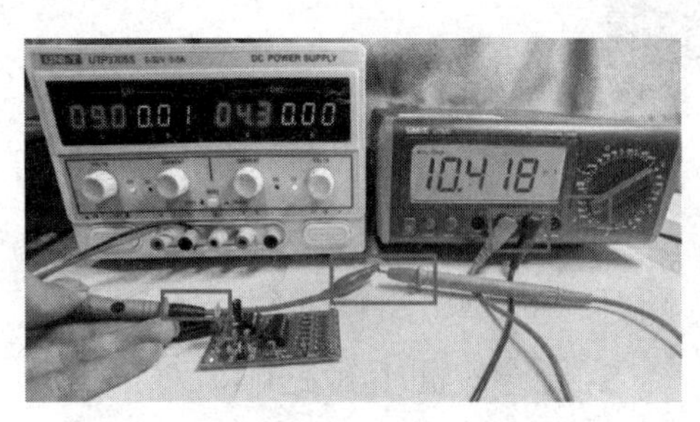
图 5.2.13　测量总电流

第二步：连接表笔并测量。将直流稳压电源负极与 PCB 负极用黑色导线连接，将万用表的红表笔接至直流稳压电源正极，将万用表的黑表笔接至 PCB 正极，如图 5.2.13 所示。用万用表测量电流时，表笔的连接要点有二：一是将万用表串联到电路中测量电流；二是测量电流时需保证电流从红表笔流进，黑表笔流出。

第三步：读取数据，PCB 正常工作时的总电流约为 ___10.4mA___。

② 测量流过 VL_1 的电流。

测量流过 VL_1 的电流有两种方法：一种是直接测量法，先断开 VL_1 支路，再将万用表串入 VL_1 支路中测量，具体测量步骤可参照测量总电流的步骤；另一种是间接测量法，先测得 R_1 两端电压为 3.1V，再用公式 $I_{VL_1}=I_{R_1}=U_{R_1}/R_1$ 计算，即可得到流过 VL_1 的电流为 ___3.1mA___。

（3）断开 S_1，用示波器观测 TP_2 端的信号波形。

第一步：校准示波器。

本次测量选用的是 DS1072E 数字示波器。采用 CH_1 通道进行测量，探头衰减系数为×1，使用示波器自身校准信号对其进行校准，确保仪器和探头正常。

第二步：连接探头。

断开 S_1（拔掉短路帽），将示波器探头连接至 PCB，先将探头的黑色鳄鱼夹接至 PCB 地（GND），再将探头拉钩（信号端）接至 PCB 上的 TP_2 端。

第三步：观测波形。

按下示波器的 AUTO 按键，当液晶显示屏上显示出波形后，调节 Y 轴量程挡位为 2V/DIV，调节 X 轴量程挡位为 20ms/DIV，再按下 Measure 按键调出参数，如图 5.2.14 所示。

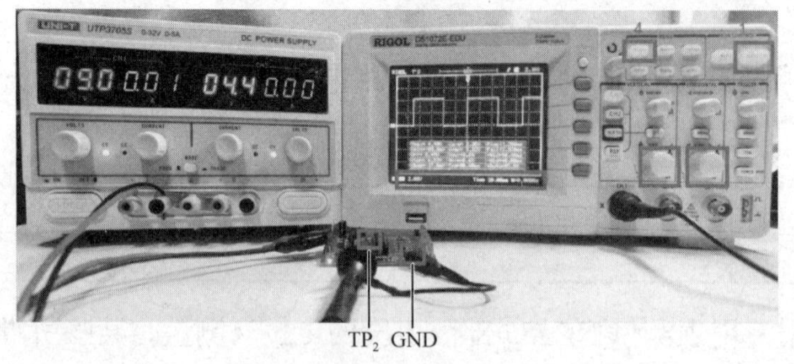

图 5.2.14　观测 TP_2 端的信号波形

第四步：读取数据并绘制信号波形。

从示波器液晶显示屏上读取相关数据，TP_2 端的信号波形及数据示例如图 5.2.15 所示，

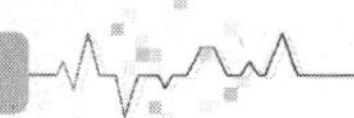

将信号波形及相关数据填入表 5.2.7。

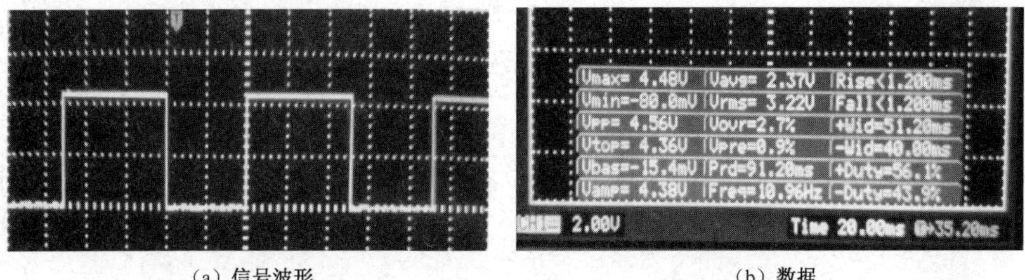

（a）信号波形　　（b）数据

图 5.2.15　断开 S_1 时，TP_2 端的信号波形及数据示例

表 5.2.7　断开 S_1 时，TP_2 端的信号波形及相关数据

信号波形（TP_2 端）	相 关 数 据	
	X 轴量程挡位	频率
	Y 轴量程挡位	峰峰值

（4）闭合 S_1，用示波器观测 TP_2 端的信号波形。

闭合 S_1（插上短路帽），观测方法及步骤参照（3），TP_2 端的信号波形及数据示例如图 5.2.16 所示。

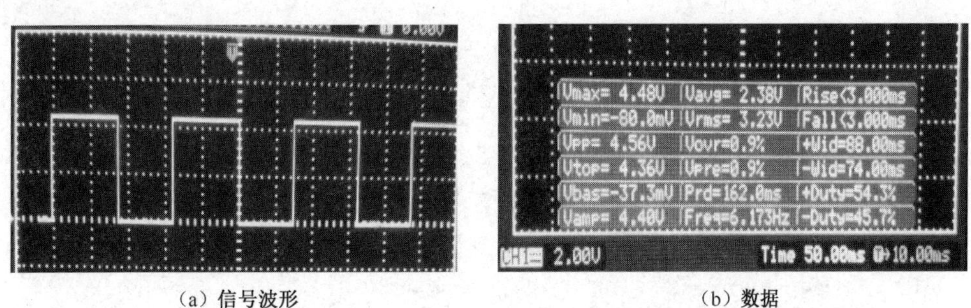

（a）信号波形　　（b）数据

图 5.2.16　闭合 S_1 时，TP_2 端的信号波形及数据示例

通过（3）和（4）的观测结果可知，断开 S_1 时，NE555 构成的多谐振荡电路的振荡频率高，VL_2～VL_7 形成的流水灯的流水速度快；闭合 S_1 时，NE555 构成的多谐振荡电路的振荡频率低，VL_2～VL_7 形成的流水灯的流水速度慢。

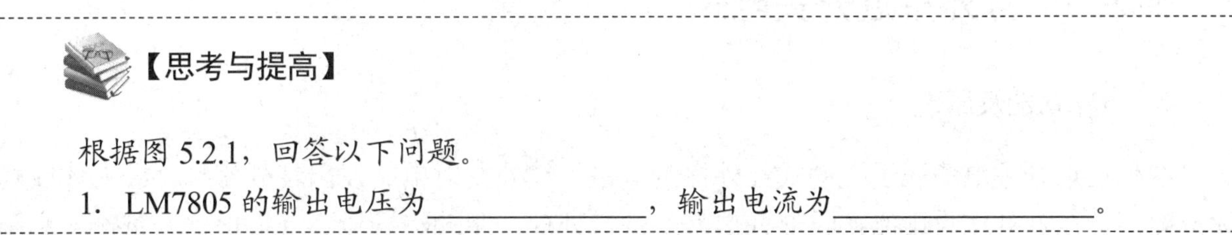

【思考与提高】

根据图 5.2.1，回答以下问题。

1. LM7805 的输出电压为______________，输出电流为________________。

2. C_1 的作用是____________，R_1 和 VL_1 构成______________电路，R_5 的作用是______________________________。

3. 断开 S_1 时，VL_2～VL_7 形成的流水灯的流水速度____________（快、慢），此时 NE555 的 3 脚的输出频率__________（高、低）；闭合 S_1 时，VL_2～VL_7 形成的流水灯的流水速度_________（快、慢），此时 NE555 的 3 脚的输出频率________（高、低）。简述原因。

4. 图 5.2.1 所示的双速流水灯为 6 路流水灯，若需扩展成 10 路流水灯，应如何改进？请简要画出改进部分的电路原理图。

【拓展阅读】

CD4017

任务 5.3 红外接近开关电路的制作与检测

任务目标

（1）能合理选择元器件并正确安装红外接近开关电路，将电路功能调至最佳状态。

（2）能利用仪器、仪表测量红外接近开关电路的相关参数。

（3）会分析红外接近开关电路的工作原理。

（4）能检修红外接近开关电路的典型故障。

（5）坚定理想信念，培养文化自信。

任务分解

本任务要求完成红外接近开关电路的安装，选择合适的仪器、仪表对红外接近开关电路进行调试与测量，并排除电路中的典型故障。

知识 1 红外接近开关电路

1. 电路功能及原理

红外接近开关电路属于主动式红外探测电路，红外发射电路发出红外信号，经人体或物体反射后，由红外接收电路接收红外信号并进行处理，驱动终端设备（继电器）工作。利用红外接近开关电路将电磁阀的线圈串联到继电器的动合触点上，可制成红外感应洗手器；将热风机的电源电路串联到继电器动合触点上，可制成红外干手器。

红外接近开关电路由振荡电路、红外发射电路、红外接收电路、信号放大及整形电路、延时电路、驱动电路等组成，如图 5.3.1 所示。其中，IC_1E、IC_1F、R_1、R_2、C_1 构成振荡电路，产生的矩形波信号经 R_3 驱动三极管 VT_1，使红外发射电路中的红外发射二极管 HT_1 不断发射红外信号；TR_1 和 R_6 构成红外接收电路，将接收到的红外信号转变为电信号，通过耦合电容器 C_5 送到 VT_2、VT_3、IC_1A、IC_1B 进行信号放大及整形，把微弱的、不规则的电信号转变为矩形脉冲，便于延时电路稳定工作；通过调节 R_{P1} 可改变红外感应距离。

当接收到具有足够强度的红外信号时，整形电路便会输出矩形脉冲，矩形脉冲的高电平将使二极管 VD_1 导通，使 C_8 两端的电压迅速上升为高电平，即便接收到的红外信号消失，VD_1 的反向截止仍可使 C_8 维持一段时间的高电平，经 IC_1C、IC_1D 反相输出低电平，工作指示灯 VL_2 点亮，三极管 VT_4 处于饱和状态，驱动继电器 K_1 动合触点吸合，VL_3 点亮。R_{13}、R_{P2}、C_8 构成延时电路，通过调节 R_{P2} 可改变 C_8 经 R_{13}、R_{P2} 的放电时间，从而改变 K_1 动合触点的吸合时间。

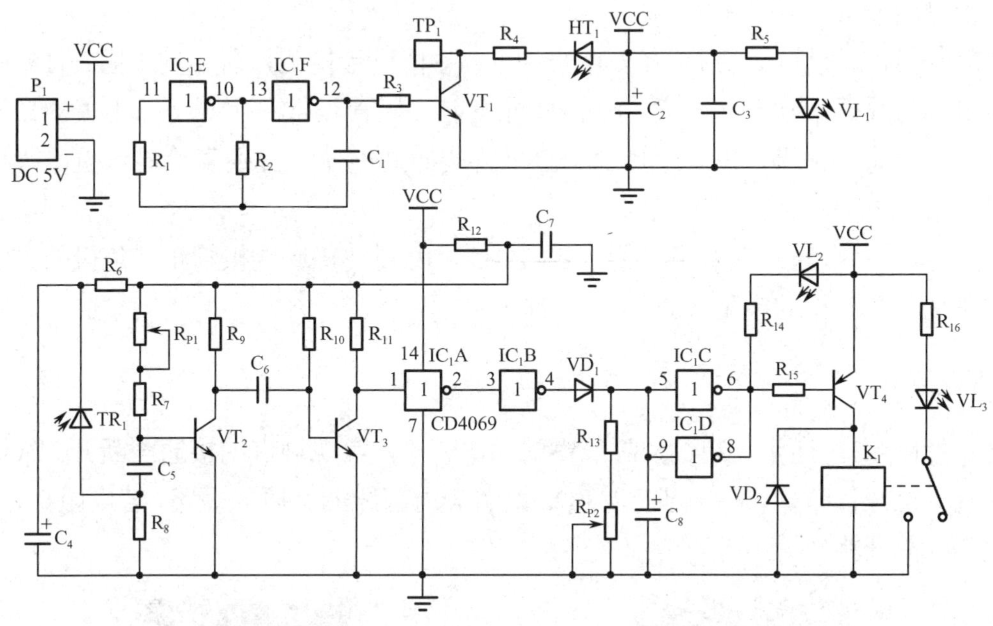

图 5.3.1　红外接近开关电路

2. 组装实例

套件实物和组装成品分别如图 5.3.2 和图 5.3.3 所示。

图 5.3.2　套件实物

图 5.3.3　组装成品

知识2　特殊元器件介绍

1．红外线对管

红外线对管包括红外发射二极管和红外接收二极管，如图5.3.4所示。

（1）管型分辨。

从外观上看，透明的是红外发射二极管，黑色的是红外接收二极管；红外发射二极管有一个小球形或圆柱形的透镜，而红外接收二极管没有。

引脚极性：标准红外线对管的长引脚为正极，短引脚为负极，但有些红外线对管的引脚极性也可能相反。此时，可通过查看数据手册进行分辨。

（2）作用。

红外发射二极管用于将电信号转换为红外信号；红外接收二极管用于将红外信号转换为电信号，工作时加反向偏置电压。

（3）检测。

① 红外发射二极管：用指针式万用表的R×1k挡进行检测，若正向电阻在15～40kΩ之间，反向电阻为数百千欧至无穷大，则该红外发射二极管正常。用数字万用表的二极管挡进行检测，若红表笔接正极，黑表笔接负极显示正向导通电压，交换表笔显示溢出“1”，则该红外发射二极管正常。

② 红外接收二极管：将万用表置于R×1k挡，用判别普通二极管正、负极的方法进行检测。正常情况下，测得的电阻应为一大一小。

2．继电器

继电器如图5.3.5所示，通过控制线圈的通、断电，实现触点的接通与断开。线圈的正常电阻约为几十至几百欧姆，若电阻接近0Ω，说明其内部线圈有匝间短路，若电阻接近无穷大，说明其内部线圈开路。

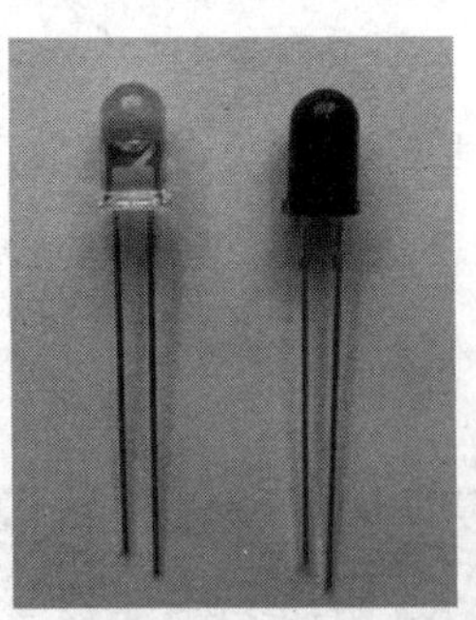
图5.3.4　红外线对管

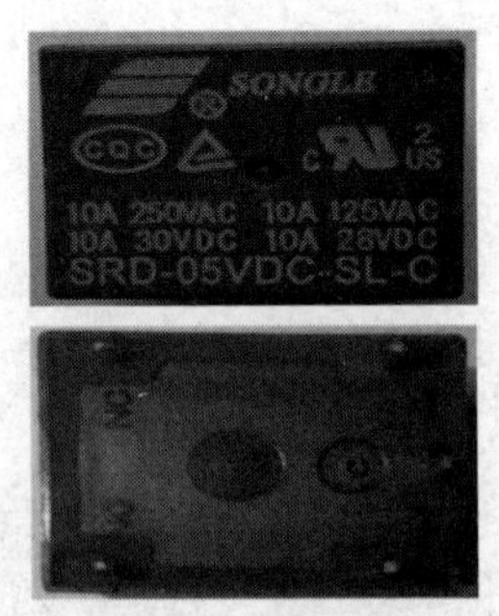

图5.3.5　继电器

3．六反相器CD4069

CD4069是六反相器，主要应用于数字电路中，起反相作用，其内部结构如图5.3.6所示。CD4069的供电电压为3～18V，但大部分情况下都使用5～15V电压供电。应用CD4069时，将未使用的输入端接地，将未使用的输出端全部悬空。

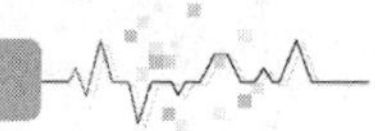

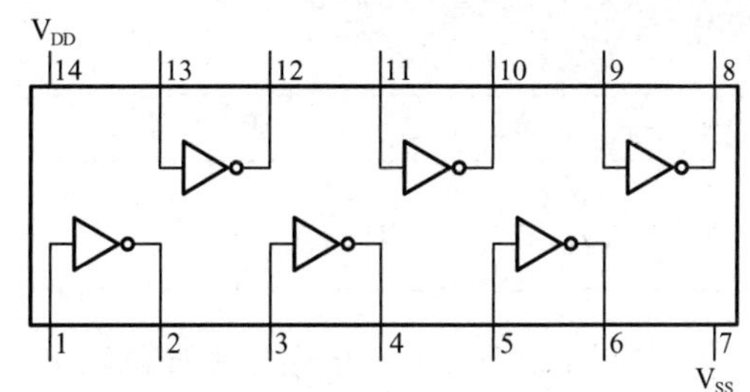

图 5.3.6 CD4069 内部结构

技能 1 清点与检测元器件

根据表 5.3.1 对元器件进行分类清点，逐一清点元器件的数量并检测元器件的质量，检测无误后在“清点结果”一栏中打 √，将部分元器件的识别与检测结果填入表 5.3.2。

表 5.3.1 元器件清单

序 号	元器件名称	规格/型号	元器件编号	数 量	清点结果
1	贴片电阻器	1kΩ	R_5、R_6、R_{14}、R_{15}、R_{16}	5	
2	贴片电容器	1nF	C_1、C_5、C_6、C_7	4	
3	色环电阻器	10kΩ	R_1	1	
4	色环电阻器	47kΩ	R_2、R_8	2	
5	色环电阻器	5.1kΩ	R_3	1	
6	色环电阻器	200Ω	R_4	1	
7	色环电阻器	470kΩ	R_7、R_{13}	2	
8	色环电阻器	4.7kΩ	R_9、R_{11}	2	
9	色环电阻器	1MΩ	R_{10}	1	
10	色环电阻器	100Ω	R_{12}	1	
11	可变电阻器	蓝白 1MΩ	R_{P1}	1	
12	可变电阻器	蓝白 2MΩ	R_{P2}	1	
13	瓷片电容器	0.1μF	C_3	1	
14	电解电容器	100μF	C_2	1	
15	电解电容器	10μF	C_4、C_8	2	
16	二极管	1N4148	VD_1	1	
17	二极管	1N4001	VD_2	1	
18	LED	ϕ3mm 红	VL_1、VL_2	2	
19	LED	ϕ3mm 绿	VL_3	1	
20	红外发射二极管	ϕ5mm	HT_1	1	
21	红外接收二极管	ϕ5mm	TR_1	1	
22	三极管	S8050	VT_1	1	
23	三极管	S9014	VT_2、VT_3	2	
24	三极管	S8550	VT_4	1	
25	集成电路	CD4069	IC_1	1	
26	集成电路插座	DIP-14	IC_1	1	
27	继电器	5V	K_1	1	

续表

序　号	元器件名称	规格/型号	元器件编号	数　量	清 点 结 果
28	单排针	2.54mm	P_1、TP_1	3	
29	PCB	配套		1	

表 5.3.2　部分元器件的识别与检测结果

<table>
<tr><td>元　器　件</td><td colspan="4">识别与检测结果</td></tr>
<tr><td>VL_1</td><td>正向导通电压</td><td colspan="3"></td></tr>
<tr><td>VL_3</td><td>正向导通电压</td><td colspan="3"></td></tr>
<tr><td rowspan="2">VT_4</td><td colspan="2">管型</td><td colspan="2">画出外形示意图，标出引脚名称</td></tr>
<tr><td colspan="2"></td><td colspan="2"></td></tr>
<tr><td rowspan="2">K_1</td><td>画出外形示意图，标出引脚名称</td><td colspan="2">电路符号</td><td>线圈的电阻</td></tr>
<tr><td></td><td colspan="2"></td><td></td></tr>
</table>

技能 2　电路安装

根据表 5.3.1，按照“先贴片式后直插式、先低后高、先小后大、先里后外、先轻后重、先熟悉后陌生”的原则，分类对元器件进行引脚整形、安装与焊接，具体步骤如下。

（1）安装贴片电阻器、贴片电容器。

安装要领：元器件标识符方向正确，元器件居中放置，贴板安装；焊点光滑、圆润，如图 5.3.7 所示。

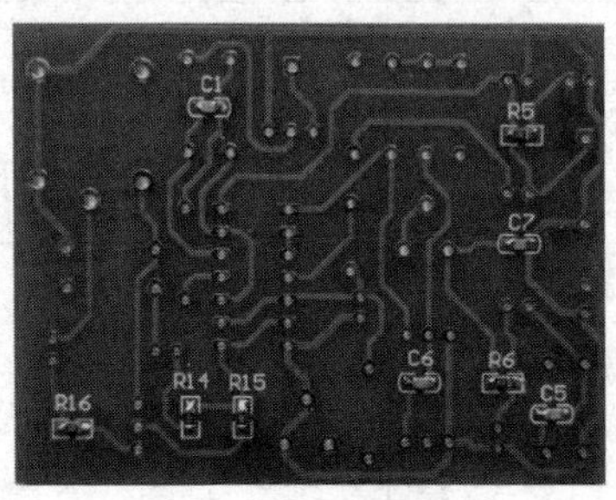

图 5.3.7　安装贴片电阻器、贴片电容器

（2）安装色环电阻器、二极管。

安装要领：引脚整形符合工艺要求，所有色环电阻器的误差环方向保持一致，均贴板居中安装。

注意： PCB 上的二极管 VD_1 标识符中未标注极性，需自行确定极性。根据图 5.3.1 可知，VD_1 正极与 IC_1 的 4 脚相连，用万用表电阻挡测量 PCB 中 VD_1 哪一焊盘与 IC_1 的 4 脚之间的电阻约为 0 ，即可明确 VD_1 正极的安装方向，将二极管正极插入该焊盘进行焊接即可，如图 5.3.8 所示。

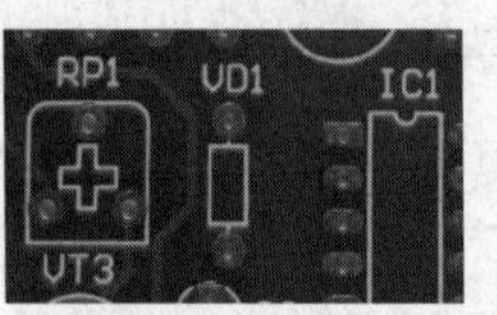

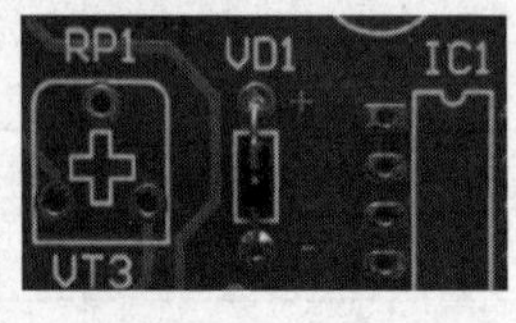

图 5.3.8　确定二极管 VD_1 正极的安装方向

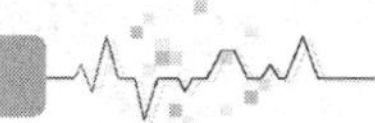

（3）安装集成电路插座、瓷片电容器、可变电阻器、单排针。

安装要领：集成电路插座的缺口需与 PCB 上集成电路标识符的缺口保持一致；瓷片电容器无须区分正、负极，如图 5.3.9 所示。

图 5.3.9　安装集成电路插座等

（4）安装 LED、三极管、红外线对管、电解电容器。

安装要领：各元器件引脚极性的安装方向正确。红外发射二极管外观呈透明状，红外接收二极管外观呈黑色，不能混淆。

（5）安装继电器、集成电路。

安装要领：继电器常用在用弱信号控制高电压、大电流的电路中，对焊点质量的要求高，不得出现缺焊现象；集成电路的缺口应与集成电路插座的缺口保持一致。

安装完成后的电路如图 5.3.10 所示。

（a）正面

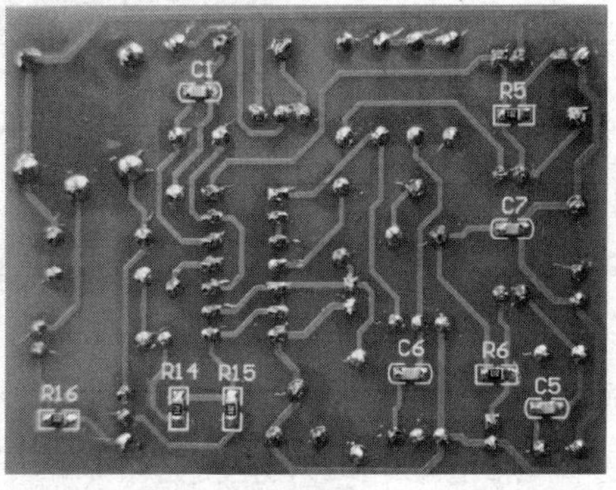

（b）反面

图 5.3.10　安装完成后的电路

技能 3　装配质量检查

请参照任务 5.1 中的表 5.1.3 自行对照检查安装工艺及焊接工艺。

技能 4　电路调试

1. 通电前检查

通电前，重点检查元器件是否安装正确，元器件焊点严禁出现连焊现象，电源端严禁出现短路现象。工位保持清洁，被剪掉的元器件引脚严禁残留在工位上，特别要防止因 PCB 上有残留的元器件引脚而引起短路。全部检查无误后方可接入 DC 5V 电源进行故障排除及电路功能调试。

2．故障排除及电路功能调试

本任务在 PCB 中设置了两处故障，需排除故障后再进行电路功能调试。故障排除应遵循“先易后难、先思后行”的原则，先确定故障所在的大致范围，再逐步缩小故障区域，直至找到具体故障点。

（1）故障 1。

① 故障现象：无论红外线对管是否被遮挡，继电器均无动作，VL_3 熄灭。

② 故障分析：根据红外接近开关电路的工作原理可知，该电路大致分为振荡电路、红外发射电路和红外接收及信号处理部分。用示波器测量 IC_1 的 12 脚有无振荡信号，若有信号，则说明振荡电路正常，故障位于红外发射电路、红外接收及信号处理部分。用万用表测得红外发射二极管的管压降约为 5.4V，说明红外发射电路有故障，仔细排查发现红外发射二极管支路有开路现象。

③ 故障原因：VT_1 集电极与 R_4 之间开路。

④ 故障排除：用剪掉的元器件引脚将 VT_1 集电极与 R_4 连接起来，如图 5.3.11 所示。

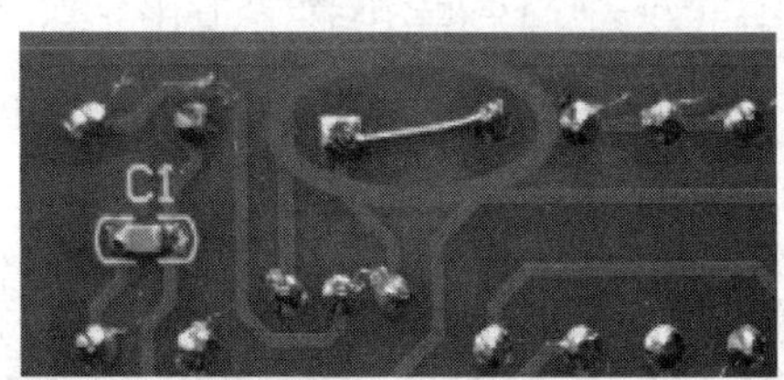

图 5.3.11　故障 1 排除

（2）故障 2。

① 故障现象：当红外线对管被遮挡时，继电器能吸合，移除红外线对管遮挡物时，继电器一直保持吸合状态，无法断开。

② 故障分析：根据故障现象及红外接近开关电路的工作原理可知，继电器能吸合说明振荡电路、红外发射电路、红外接收电路、信号放大及整形电路、驱动电路均正常，应着手检查由 R_{13}、R_{P2}、C_8 构成的延时电路。

③ 故障原因：R_{P2} 与 R_{13} 之间开路。

R_{P2} 与 R_{13} 之间开路， C_8 无法通过 R_{13}、R_{P2} 形成放电回路，导致 VT_4 一直处于饱和状态，而继电器无法断开。

④ 故障排除：用剪掉的元器件引脚将 R_{P2} 与 R_{13} 连接起来，如图 5.3.12 所示。

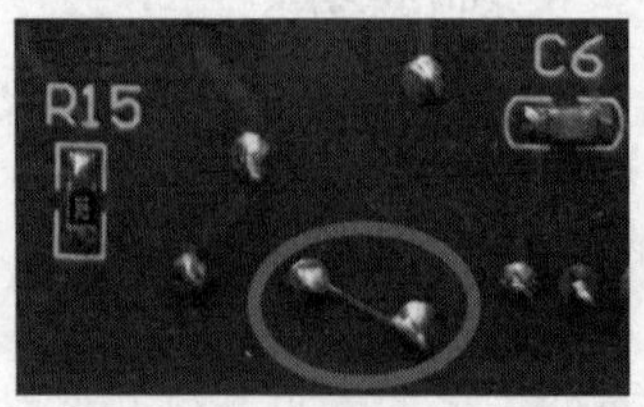

图 5.3.12　故障 2 排除

（3）电路功能调试。

当用手或其他遮挡物遮挡在红外线对管上方时，继电器吸合（能听见吸合声），VL_3 点亮，

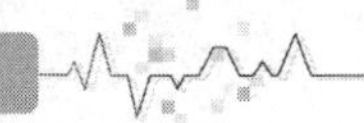

移除遮挡物一段时间后继电器断开，VL_3 熄灭。通过调节 R_{P1} 可改变信号放大电路的灵敏度，从而调节红外感应距离。通过调节 R_{P2} 可改变 C_8 放电时间，从而调节继电器吸合时间。

若不能实现检测障碍物的功能，可进行如下操作，以实现分段调试及故障排除。

① 判断振荡电路是否正常。用示波器测量 IC_1 的 12 脚是否有矩形波输出，若有矩形波输出，则说明振荡电路工作正常，如图 5.3.13 所示；若无矩形波输出，则说明振荡电路有故障需排除。

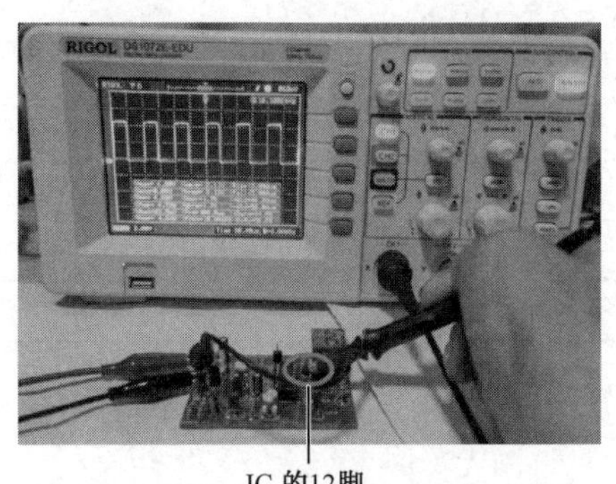

图 5.3.13　IC_1 的 12 脚的参考波形

② 判断红外发射电路是否正常。方法一：打开手机照相功能，将手机摄像头对准红外发射二极管，可以从照相机中看到红外发射二极管所发出的光，如图 5.3.14 所示。方法二：用万用表测量红外发射二极管两端的电压，应约为 0.9V。

图 5.3.14　从手机照相机中看到的红外发射二极管

③ 判断红外接收电路、信号放大及整形电路是否正常。用遮挡物遮挡于红外线对管上方，用示波器观测 IC_1 的 4 脚是否有信号输出，正常状态下输出信号的波形如图 5.3.15 所示，若无信号输出，说明红外接收电路或信号放大及整形电路中有故障需排除。

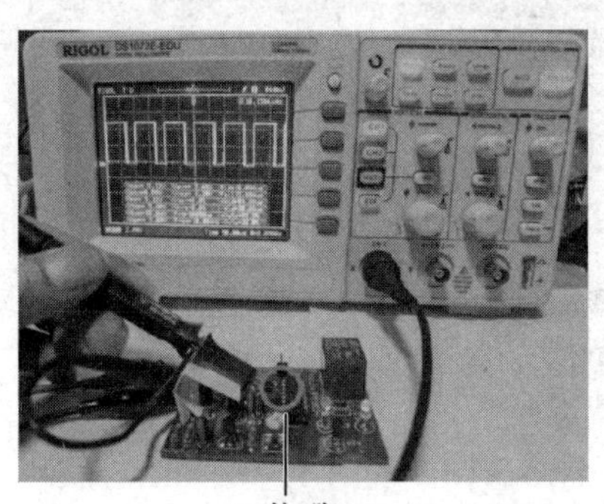

图 5.3.15　IC_1 4 脚的参考波形

技能5 电路参数测量

排除所有故障，将电路功能调至最佳状态后，方可进行如下参数测量，否则可能导致测得的参数错误。

（1）静态工作点测量。

① 当 VL_3 分别处于亮、灭两种状态时，用万用表测量 VT_4 各引脚的电位，并判断其工作状态，将测量结果记录在表5.3.3中。

表5.3.3 VT_4 各引脚电位记录表

测量点	VT_4 发射极	VT_4 基极	VT_4 集电极	VT_4 工作状态
VL_3 亮				
VL_3 灭				

② 当 VL_3 处于灭状态时，用万用表测量 IC_1 部分引脚的电位，将测量结果记录在表5.3.4中。

表5.3.4 IC_1 部分引脚电位记录表

测量点	7脚	10脚	11脚	12脚	13脚	14脚
测量值						

（2）用示波器观测 TP_1 端的信号波形。

第一步：校准示波器。

本次测量选用的是DS1072E数字示波器。采用 CH_1 通道进行测量，探头衰减系数为×1，使用示波器自身校准信号对其进行校准，确保仪器和探头正常。

第二步：连接探头。

将示波器探头连接至PCB，先将探头的黑色鳄鱼夹接至PCB中的GND（本任务接在电源引线的负极上），再将探头拉钩（或红色鳄鱼头）接至PCB中的 TP_1 端。

第三步：测量波形。

按下示波器的AUTO按键（见图5.3.16中的①处），当液晶显示屏上显示出波形后，调节 Y 轴量程挡位（见图5.3.16中的②处）为2V/DIV，调节 X 轴量程挡位（见图5.3.16中的③处）为20μs/DIV，再按下Measure按键（见图5.3.16中的④处）调出参数。

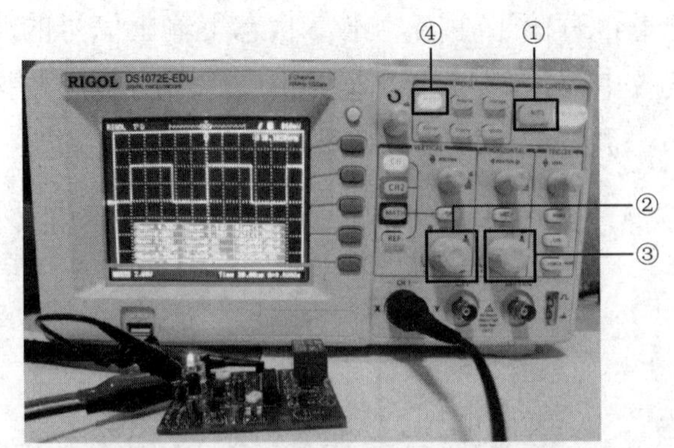

图5.3.16 观测 TP_1 端的信号波形

第四步：读取数据并绘制信号波形。

从示波器液晶显示屏上读取相关数据，TP_1 端的信号波形及数据示例如图5.3.17所示，

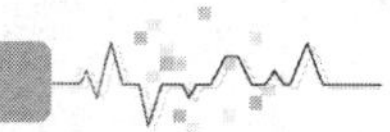

将信号波形及相关数据填入表 5.3.5。

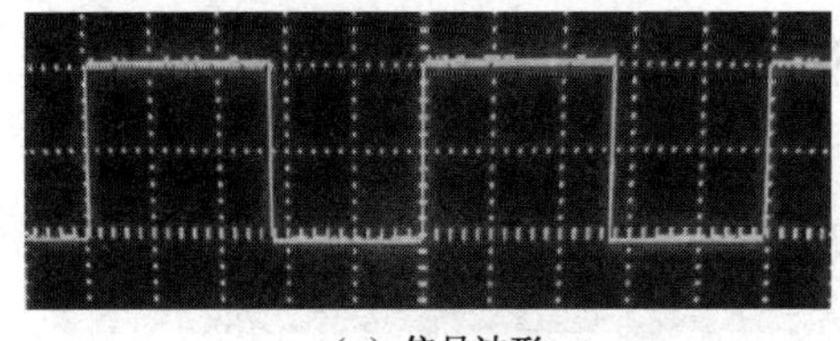

(a) 信号波形

(b) 数据

图 5.3.17　TP_1 端的信号波形及数据示例

表 5.3.5　TP_1 端的信号波形及相关数据

信号波形（TP_1 端）	相 关 数 据	
	X 轴量程挡位	频率
	Y 轴量程挡位	峰峰值

（3）当红外线对管上方有遮挡物时，用示波器观测 IC_1 2 脚的信号波形。

第一步：校准示波器，同（2）中的第一步。

第二步：连接探头。

用遮挡物遮挡于红外线对管上方。先将探头的黑色鳄鱼夹接至 PCB 中的 GND（本任务接在电源引线的负极上），再将探头拉钩（或红色鳄鱼夹）接至 PCB 中 IC_1 的 2 脚。

第三步：观测信号波形。

按下示波器的 AUTO 按键（见图 5.3.18 中的①处），当液晶显示屏上显示出波形后，调节 *Y* 轴量程挡位（见图 5.3.18 中的②处）为 2V/DIV，调节 *X* 轴量程挡位（见图 5.3.18 中的③处）为 20μs/DIV，再按下 Measure 按键（见图 5.3.18 中的④处）调出参数。

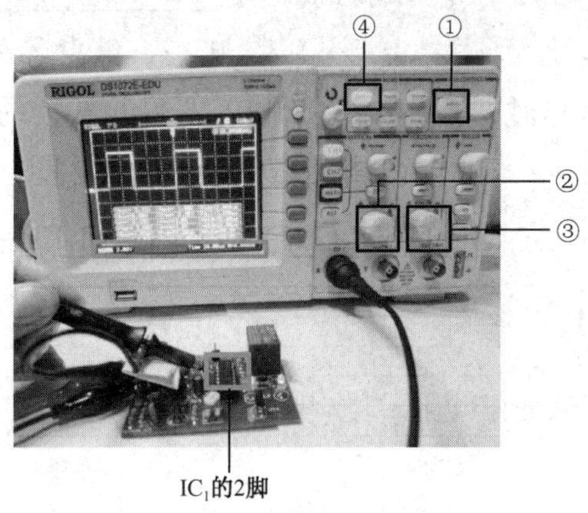

图 5.3.18　IC_1 2 脚的信号波形示例

第四步：读取数据并绘制信号波形。

从示波器液晶显示屏上读取相关数据，将 IC_1 2 脚的信号波形及相关数据填入表 5.3.6，

IC_1 2 脚的信号波形及数据示例如图 5.3.19 所示。

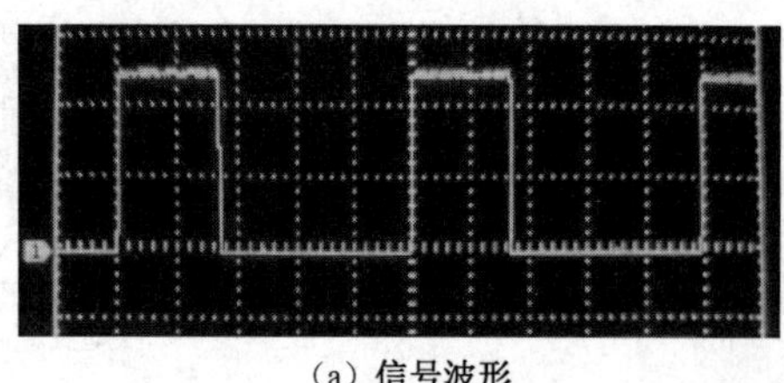

（a）信号波形

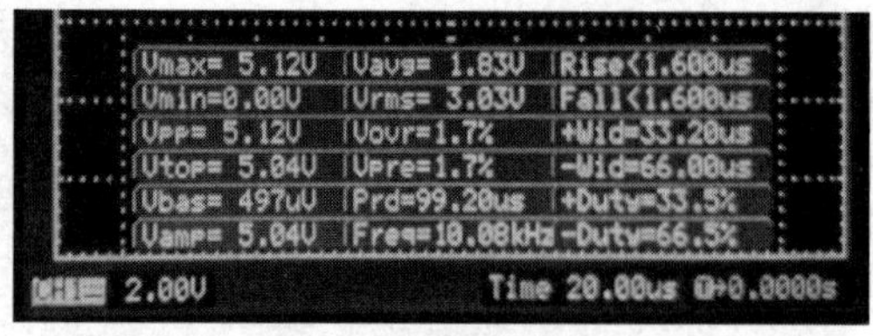

（b）数据

图 5.3.19　IC_1 2 脚的信号波形及数据示例

表 5.3.6　IC_1 2 脚的信号波形及相关数据

<table>
<tr><th>信号波形（IC_1 2 脚）</th><th colspan="2">相 关 数 据</th></tr>
<tr><td rowspan="4"></td><td>X 轴量程挡位</td><td>频率</td></tr>
<tr><td></td><td></td></tr>
<tr><td>Y 轴量程挡位</td><td>峰峰值</td></tr>
<tr><td></td><td></td></tr>
</table>

【思考与提高】

根据图 5.3.1，回答以下问题。

1. VT_4 的作用是____________________，VD_1 的作用是____，VD_2 的作用是____，HT_1 的作用是____，C_6 的作用是____________________________。

2. 当将 R_{P2} 的电阻调至最小时，继电器吸合时间____________（变长、变短、不变）。

3. IC_1E、IC_1F 及外围元器件所构成的电路是____________________________________。

4. VL_2 点亮时，VT_4 工作于______________状态，继电器处于____________状态。

5. 当继电器处于吸合状态时，用万用表检测 IC_1 5 脚和 6 脚的电位，有何变化？为什么？

6. 试分析 VD_1 负极电位与继电器工作状态的关系。

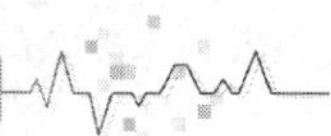

7. 继电器的吸合时间由哪些元器件决定？

【拓展阅读】

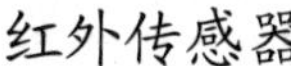
红外传感器

任务 5.4　抢答器电路的制作与检测

同步操作视频

任务目标

（1）能合理选择元器件并正确安装抢答器电路，将电路功能调至最佳状态。

（2）能利用仪器、仪表测量抢答器电路的相关参数。

（3）会分析抢答器电路的工作原理。

（4）能检修抢答器电路的典型故障。

（5）在实训室遵守 6S 标准，培养职业素养。

任务分解

本任务要求完成抢答器电路的安装，选择合适的仪器、仪表对抢答器电路进行调试与测量，并排除电路中的典型故障。

知识 1　抢答器电路

1. 电路功能及原理

抢答器是一种应用广泛的电路，在竞赛、抢答中，它能迅速、客观地分辨出最先获得发言权的选手，并能通过数码管显示出选手号码。以 CD4511 为核心的抢答器电路由编码器电路、按钮提示音发生电路、译码锁存电路、数码管组成，如图 5.4.1 所示。

编码器电路由按钮 S_1～S_8、二极管 VD_1～VD_{12}、下拉电阻 R_1～R_3、R_6 构成。这是一个以按钮和二极管为核心的分立元件编码器，属于普通编码器。

按钮提示音发生电路由二极管 VD_{15}～VD_{18}、以集成电路 NE555 为核心的多谐振荡器构成。当有按钮被按下时，VD_{15}～VD_{18} 中总有一只二极管会导通，经 R_{16}、R_{17} 对 C_1 充电，在 NE555 的作用下，产生矩形波信号，并驱动蜂鸣器发出声音。

译码锁存电路以集成电路CD4511为核心，CD4511能将输入的BCD编码转换成数码管能识别的段码，通过R_9～R_{15}点亮数码管对应的笔段，同时利用锁存端（CD4511的5脚）对输出进行锁存，当5脚为高电平时，输出的数据为锁存前的数据。

数码管将译码锁存电路的结果显示出来，抢答器电路使用的数码管是七段共阴极数码管。

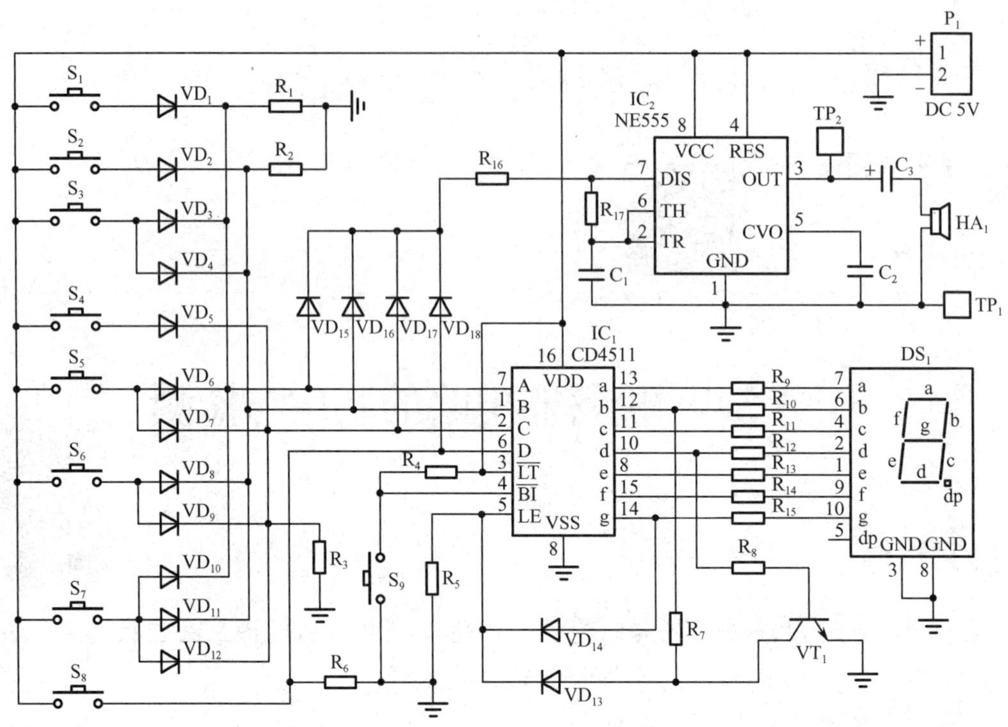

图 5.4.1　抢答器电路

2. 组装实例

套件实物和组装成品分别如图5.4.2和图5.4.3所示。

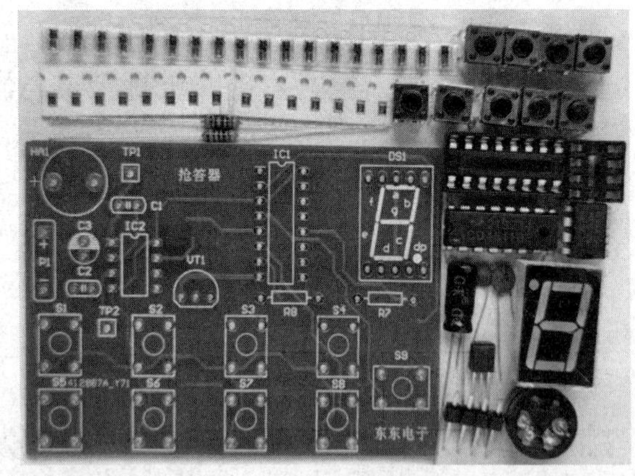

图 5.4.2　套件实物

图 5.4.3　组装成品

知识2　特殊元器件介绍

1. 蜂鸣器

（1）识别：蜂鸣器是一种将电信号转换为声信号，用于提示或报警的发声器件。蜂鸣器

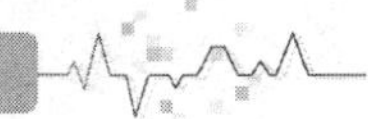

按发声方式不同，可分为压电式和电磁式；按驱动方式不同，可分为有源式和无源式。抢答器电路选用的是无源电磁式蜂鸣器，这里的“源”不是指电源，而是指振荡源。也就是说，有源蜂鸣器内部带有振荡源，只要一通电就会发声；而无源蜂鸣器内部不带振荡源，直流信号无法令其发声。无源电磁式蜂鸣器的工作原理与普通扬声器相同。

（2）检测：区分有源蜂鸣器和无源蜂鸣器时可用万用表的R×1 挡对其进行测试，将黑表笔接至蜂鸣器的“-”引脚，用红表笔在另一引脚上来回碰触，如果发出“咯咯”声且电阻为几十欧（常为8Ω、16Ω 和42Ω），那么该蜂鸣器是无源蜂鸣器；如果能持续发出声音且电阻在几百欧以上，那么该蜂鸣器是有源蜂鸣器；如果不发声，那么该蜂鸣器损坏。

2. 数码管

（1）识别：数码管是一种将7 只LED（有小数点的是8 只LED）封装在一起组成“8”字形的器件，也称为7 段数码显示器，这些笔段分别用字母a、b、c、d、e、f、g 来表示。按LED 连接方式不同，数码管可分为共阳极数码管和共阴极数码管。

（2）检测：选用数字万用表的二极管挡，当检测共阴极数码管时，将黑表笔接至公共端，红表笔接至数码管各笔段引脚，若对应的LED 发光（或者显示正向导通电压），说明该数码管正常可用；当检测共阳极数码管时，只需交换表笔测量，测量方法相同。

3. BCD 码-7 段译码器CD4511

CD4511 是一个用于驱动共阴极数码管的BCD 码-7 段译码器，即将BCD 二进制代码转换成对应的十进制数（7 段码）用数码管显示，具有BCD 转换、消隐、锁存控制、7 段译码等功能。其引脚排列如图5.4.4 所示。

图5.4.4　CD4511 引脚排列

A～D：二进制数据输入端，D（6 脚）为BCD 码的高位，高电平有效；$\overline{BI}$：输出消隐控制端，低电平有效；LE：数据锁存控制端，高电平有效；$\overline{LT}$：测试端，当其为低电平时，数码管内所有LED 全亮，用于测试数码管的好坏；a～g：数据输出端，高电平有效；VDD：电源正极；VSS：接地。CD4511 的真值表如表5.4.1 所示。

表5.4.1　CD4511 的真值表

输　入							输　出							
LE	$\overline{BI}$	$\overline{LT}$	D～A				a～g							显示
×	×	0	×	×	×	×	1	1	1	1	1	1	1	8
×	0	1	×	×	×	×	0	0	0	0	0	0	0	消隐
0	1	1	0	0	0	0	1	1	1	1	1	1	0	0

续表

输入							输出							
LE	$\overline{BI}$	$\overline{LT}$	D～A				a～g							显示
0	1	1	0	0	0	1	0	1	1	0	0	0	0	1
0	1	1	0	0	1	0	1	1	0	1	1	0	1	2
0	1	1	0	0	1	1	1	1	1	1	0	0	1	3
0	1	1	0	1	0	0	0	1	1	0	0	1	1	4
0	1	1	0	1	0	1	1	0	1	1	0	1	1	5
0	1	1	0	1	1	0	0	0	1	1	1	1	1	6
0	1	1	0	1	1	1	1	1	1	0	0	0	0	7
0	1	1	1	0	0	0	1	1	1	1	1	1	1	8
0	1	1	1	0	0	1	1	1	1	0	0	1	1	9
0	1	1	1	0	1	0	0	0	0	0	0	0	0	消隐
0	1	1	1	0	1	1	0	0	0	0	0	0	0	消隐
0	1	1	1	1	0	0	0	0	0	0	0	0	0	消隐
0	1	1	1	1	0	1	0	0	0	0	0	0	0	消隐
0	1	1	1	1	1	0	0	0	0	0	0	0	0	消隐
0	1	1	1	1	1	1	0	0	0	0	0		0	消隐
1	1	1	×	×	×	×	锁存							锁存

注：表中的“×”表示任意值，即状态不确定。

技能 1 清点与检测元器件

根据表5.4.2对元器件进行分类清点，逐一清点元器件的数量并检测元器件的质量，检测无误后在“清点结果”一栏中打√，将部分元器件的识别与检测结果填入表5.4.3。

表 5.4.2 元器件清单

序号	元器件名称	规格/型号	元器件编号	数量	清点结果
1	贴片电阻器	470Ω	R_9～R_{15}	7	
2	贴片电阻器	10kΩ	R_1～R_6、R_{16}、R_{17}	8	
3	贴片二极管	1N4148	VD_1～VD_{18}	18	
4	色环电阻器	100Ω	R_7	1	
5	色环电阻器	300Ω	R_8	1	
6	瓷片电容器	0.01μF	C_1	1	
7	瓷片电容器	0.1μF	C_2	1	
8	电解电容器	100μF	C_3	1	
9	三极管	S9014	VT_1	1	
10	按钮	6mm×6mm	S_1～S_9	9	
11	数码管	1位	DS_1	1	
12	蜂鸣器	5V	HA_1	1	
13	集成电路	CD4511	IC_1	1	

续表

序　　号	元器件名称	规格/型号	元器件编号	数　　量	清点结果
14	集成电路	NE555	IC_2	1	
15	集成电路插座	DIP-16	IC_1	1	
16	集成电路插座	DIP-8	IC_2	1	
17	单排针	2.54mm	P_1、TP_1、TP_2	4	
18	PCB	配套		1	

表 5.4.3　部分元器件的识别与检测结果

元　器　件	识别与检测结果			
VD_1	正向电阻		反向电阻	
R_7	标称电阻值（含允许误差）		测得的实际电阻	
HA_1	测得的实际电阻		测量挡位	
DS_1	画出数码管的俯视外形示意图并标出引脚			

技能2　电路安装

根据表5.4.2，按照“先贴片式后直插式、先低后高、先小后大、先里后外、先轻后重、先熟悉后陌生”的原则，分类对元器件进行引脚整形、安装与焊接，具体步骤如下。

（1）安装贴片电阻器、贴片二极管。

安装要领：贴片电阻器的标识符方向正确；贴片二极管的极性安装正确，靠近黑色环的引脚是负极，居中贴板安装，如图5.4.5所示。

（2）安装色环电阻器、集成电路插座、瓷片电容器。

安装要领：所有色环电阻器的误差环方向保持一致；集成电路插座的缺口与PCB上集成电路插座标识符的缺口保持一致，贴板安装，如图5.4.6所示。

（3）安装按钮、单排针。

安装要领：按钮安装平整，不得出现歪斜现象。

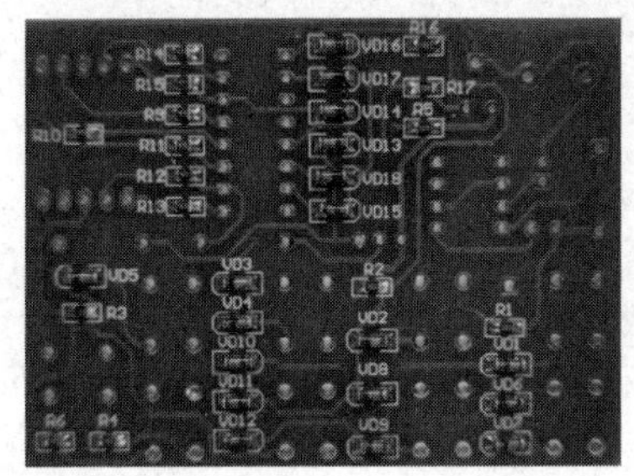

图5.4.5　安装贴片电阻器、贴片二极管

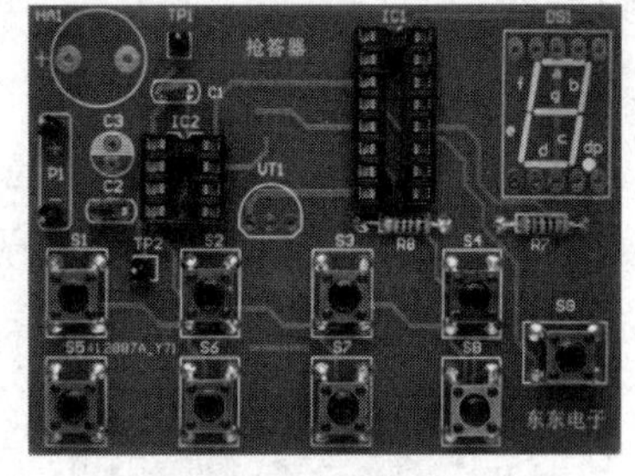

图5.4.6　安装色环电阻器、集成电路插座等

（4）安装蜂鸣器、数码管、三极管。

安装要领：三极管的极性安装正确；蜂鸣器、数码管贴板平整安装；数码管小数点与PCB上的标识符“点”对齐，不得倒装。

（5）安装电解电容器、集成电路。

安装要领：电解电容器的极性安装正确；集成电路插入集成电路插座正确，不得倒装，否则会损坏集成电路。安装完成的电路如图 5.4.7 所示。

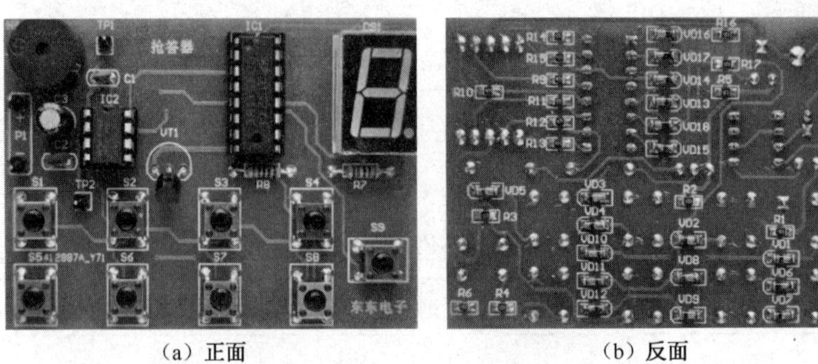

（a）正面　　（b）反面

图 5.4.7　安装完成的电路

技能 3　装配质量检查

请参照任务 5.1 中的表 5.1.3 自行对照检查安装工艺及焊接工艺。

技能 4　电路调试

1. 通电前检查

通电前，重点检查元器件是否安装正确，元器件焊点严禁出现连焊现象，电源端严禁出现短路现象。工位保持清洁，被剪掉的元器件引脚严禁残留在工位上，特别要防止因 PCB 上有残留的元器件引脚而引起短路。全部检查无误后方可接入 DC 5V 电源进行故障排除及电路功能调试。

2. 故障排除及电路功能调试

本任务在 PCB 中设置了两处故障，需排除故障后再进行电路功能调试。故障排除应遵循“先易后难、先思后行”的原则，先确定故障所在的大致范围，再逐步缩小故障区域，直至找到具体故障点。

（1）故障 1。

① 故障现象：上电后，按任意按钮能实现抢答功能，但按钮 S_9 功能失效。

② 故障分析：S_9 是复位按钮，无法复位说明故障位于与 IC_1 的 4 脚相连接的复位电路中。

③ 故障原因：S_9 与 GND 之间开路。

④ 故障排除：用剪掉的元器件引脚将 S_9 与 GND 连接起来，如图 5.4.8 所示。

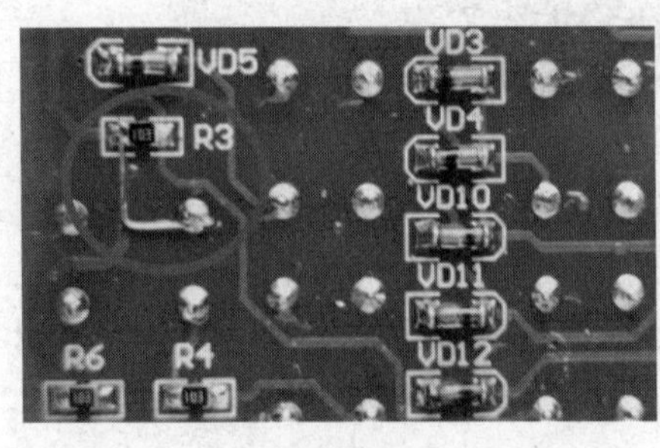

图 5.4.8　故障 1 排除

（2）故障 2。

① 故障现象：抢答显示部分正常，但有按钮被按下时，蜂鸣器不发声。

② 故障分析：抢答显示部分正常，说明编码器电路、

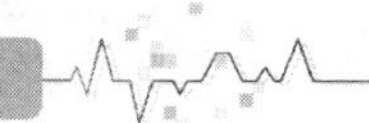

译码锁存电路及数码管正常，故障位于按键提示音发生电路。按下任一按钮，用示波器观测 TP_2 端是否有振荡信号输出，观测结果是无振荡信号输出，说明振荡电路异常，因 IC_2 的 7 脚经 R_{16} 与 VD_{15}～VD_{18} 相连，用万用表测量 IC_2 7 脚的电位（按住任一按钮），结果约为 0V，说明故障位于 VD_{15}～VD_{18} 和 R_{16} 中。

③ 故障原因：R_{16} 与 IC_2 7 脚（R_{17}）之间开路。

④ 故障排除：用剪掉的元器件引脚将 R_{16} 与 IC_2 7 脚（R_{17}）连接起来，如图 5.4.9 所示。

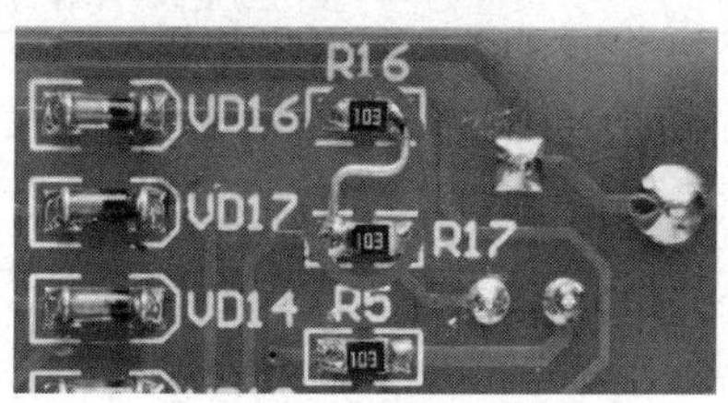

图 5.4.9　故障 2 排除

（3）电路功能调试。

电路通电后，数码管显示“0”。按下任意按钮（除复位按钮 S_9 外）时，蜂鸣器均发出声音，其中按下 S_8 时，蜂鸣器发出的声音与众不同。在按下 S_1～S_8 中任意一个按钮时，数码管显示相应数字，释放按钮后，数码管保持相应显示内容。此时若再次按下 S_1～S_8 中的任意一个按钮，数码管的显示内容不变，但按钮提示音正常。若需进行下一轮抢答，则按下 S_9，数码管显示“0”，进入下一轮抢答。

抢答器电路易产生的典型故障如下。

① 个别按钮被按下后，不能正常显示相应内容，而其他按钮被按下后，显示内容均正常。这说明故障发生在对应的编码器电路，常见的故障原因为对应的二极管极性接反或铜箔开路。

② 个别按钮被按下后无任何反应。这种情况通常是因为对应按钮损坏或下拉电阻有故障，可用镊子短路相应按钮两端，若短路后显示内容正常，则可确认这只按钮损坏。

③ 抢答后不能锁存。具体表现为按钮被按下后，有提示音，显示内容也正常，但按钮被释放后，显示内容归零。常见的故障原因为 VD_{13}、VD_{14} 极性装反或相应铜箔开路。

技能 5　电路参数测量

排除所有故障，将电路功能调至最佳状态后，方可进行如下参数测量，否则可能导致测得的参数错误。

（1）数码管显示“1”或“8”时，用万用表测量 VT_1 各引脚的电位，并判断其工作状态，将测量结果记录在表 5.4.4 中。

表 5.4.4　VT_1 各引脚电位记录表

测量点	VT_1 发射极	VT_1 基极	VT_1 集电极	VT_1 工作状态
显示“1”				
显示“8”				

（2）当 S_9 被按下时，数码管显示的数字是__________；当 S_7 被按下时，数码管显示的数字是__________，VD_1～VD_{18} 中处于导通状态的二极管有________________。

解析：S_9是复位按钮，按下S_9时，数码管显示“0”；按下S_7时，数码管显示“7”，此时处于导通状态的二极管有VD_{10}、VD_{11}、VD_{12}、VD_{15}、VD_{16}、VD_{17}和VD_{13}，可先用导线短接S_7，再用万用表测量二极管正向导通电压验证二极管的工作状态。

（3）使S_7保持闭合状态（可用导线短接S_7），用万用表测量IC_1部分引脚的电位，并记录高低电平代码（高电平用“1”表示，低电平用“0”表示），将测量结果填入表5.4.5。

表5.4.5　IC_1部分引脚电位记录表

测量点	6引脚	2引脚	1引脚	7引脚
测量值				
高低电平代码				

（4）按住S_1不放，用示波器观测IC_2 2脚的信号波形。

第一步：校准示波器。

本次测量选用的是DS1072E数字示波器。采用CH_1通道进行测量，探头衰减系数为×1，使用示波器自身校准信号对其进行校准，确保仪器和探头正常。

第二步：连接探头。

将示波器探头连接至PCB，先将探头的黑色鳄鱼夹接至PCB中的GND（电源负极或TP_1端），再将探头挂钩（或红色鳄鱼夹）接至PCB中的IC_2 2脚。

第三步：观测信号波形。

按住S_1不放（或短接S_1），将示波器的输入耦合方式设置为直接耦合，按下示波器的AUTO按键，当液晶显示屏上显示出波形后，调节X轴量程挡位、Y轴量程挡位至合适位置，再按下Measure按键调出参数，如图5.4.10所示。

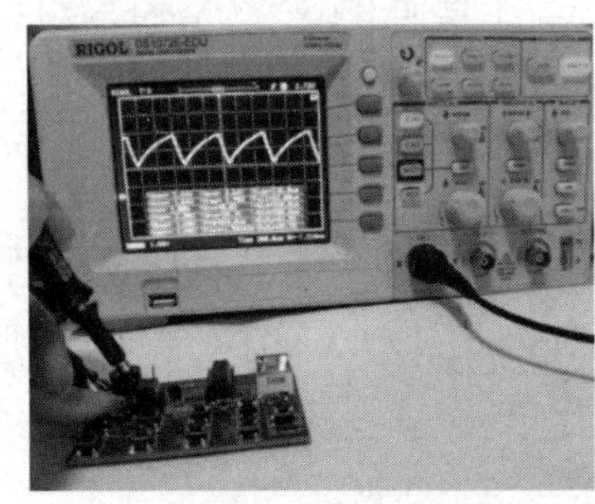

图5.4.10　观测IC_2 2脚的信号波形

第四步：读取数据并绘制信号波形。

从示波器液晶显示屏上读取相关数据，IC_2 2脚的信号波形及数据示例如图5.4.11所示，将信号波形及相关数据填入表5.4.6。

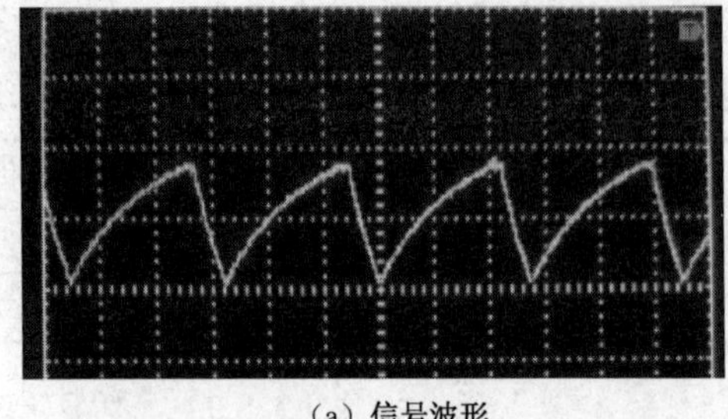

（a）信号波形

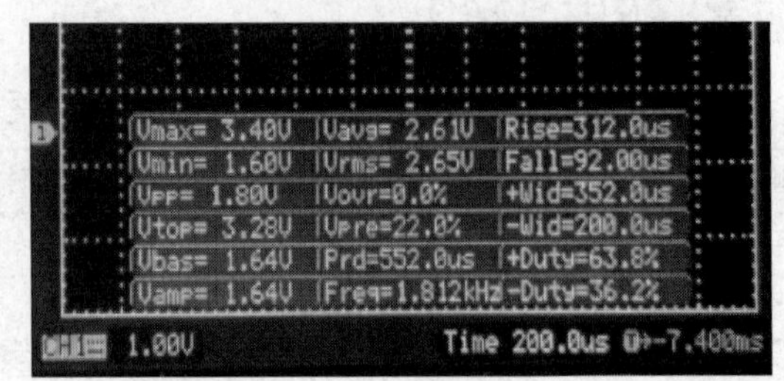

（b）数据

图5.4.11　IC_2 2脚的信号波形及数据示例

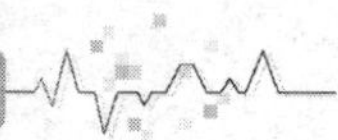

表 5.4.6　IC_2 2 脚的信号波形及相关数据

信号波形（IC_2 2 脚）	相关数据	
	X 轴量程挡位	频率
	Y 轴量程挡位	峰峰值

（5）按住 S_7 不放，用示波器观测 TP_2 端的信号波形。

观测方法及步骤参照（4），只需按住 S_7（或短接 S_7），将探头拉钩（或红色鳄鱼夹）接至 TP_2 端即可。TP_2 端的信号波形及数据示例如图 5.4.12 所示（该信号波形由于受蜂鸣器影响，产生了失真，若断开蜂鸣器观测 TP_2 端的信号波形，则不会产生失真）。

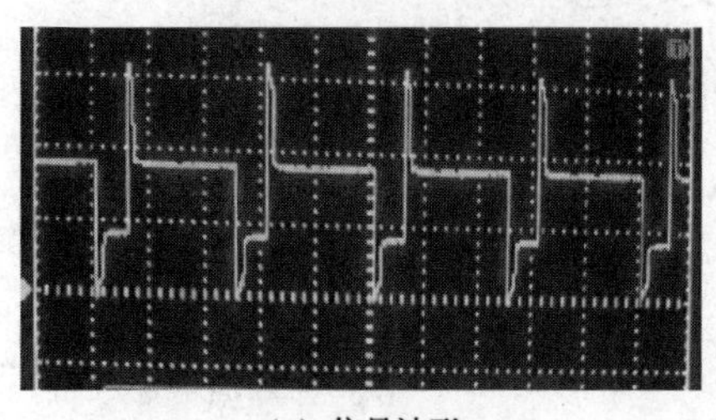

（a）信号波形

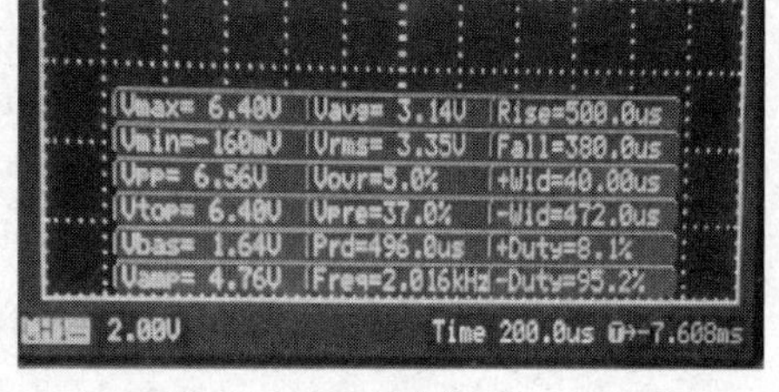

（b）数据

图 5.4.12　TP_2 端的信号波形及数据示例

【思考与提高】

根据图 5.4.1，回答以下问题。

1. 若 IC_1 4 脚的电位为 0V，则数码管会一直显示______________；若 R_6 短路，则会出现____________________________现象。

2. 当 S_5 被按下时，IC_1 的 6 脚、2 脚、1 脚、7 脚输入的高低电平代码分别是（低电平用“0”表示，高电平用“1”表示），此时数码管显示__________，数码管被点亮的笔段有__________________。

3. 按下 S_1～S_7 时，蜂鸣器发出的声音相同，但按下 S_8 时，蜂鸣器发出的声音与按下 S_1～S_7 时蜂鸣器发出的声音有差异，根据图 5.4.1 分析声音产生差异的原因。

4. 若使电路中的 VD_{13}、VD_{14} 开路，会出现什么现象？为什么？

5. 使电路中的 VD_{13}、VD_{14} 开路，同时按下任意两个按钮，观察数码管的显示内容，分析电路中使用的编码器是普通编码器还是优先编码器。

6. R_8 开路会出现什么现象？为什么？

7. 把 S_1～S_8 看作输入，把 IC_1 7脚看作输出，试画出由 VD_1、VD_3、VD_6、VD_{10} 构成的电路，并判断该部分电路构成的门电路类型及其逻辑功能。

【拓展阅读】

谈电子装配与调试参赛

任务 5.5　波形产生与选择电路的制作与检测

同步操作视频

任务目标

（1）能合理选择元器件并正确安装波形产生与选择电路，将电路功能调至最佳状态。

（2）能利用仪器、仪表测量波形产生与选择电路的相关参数。

（3）会分析波形产生与选择电路的工作原理。

（4）能检修波形产生与选择电路的典型故障。

（5）培养一丝不苟、拼搏奋斗的钻研精神，扎扎实实学习好本领，塑造无悔的青春。

任务分解

本任务要求完成波形产生与选择电路的安装，选择合适的仪器、仪表对波形产生与选择电路进行调试与测量，并排除电路中的典型故障。

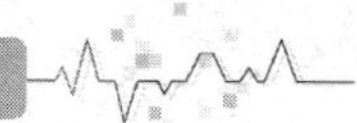

知识 1 波形产生与选择电路

1. 电路功能及原理

波形产生与选择电路由电源电路、RC 文氏电桥振荡器、波形变换电路、波形选择控制电路等组成，如图 5.5.1 所示。

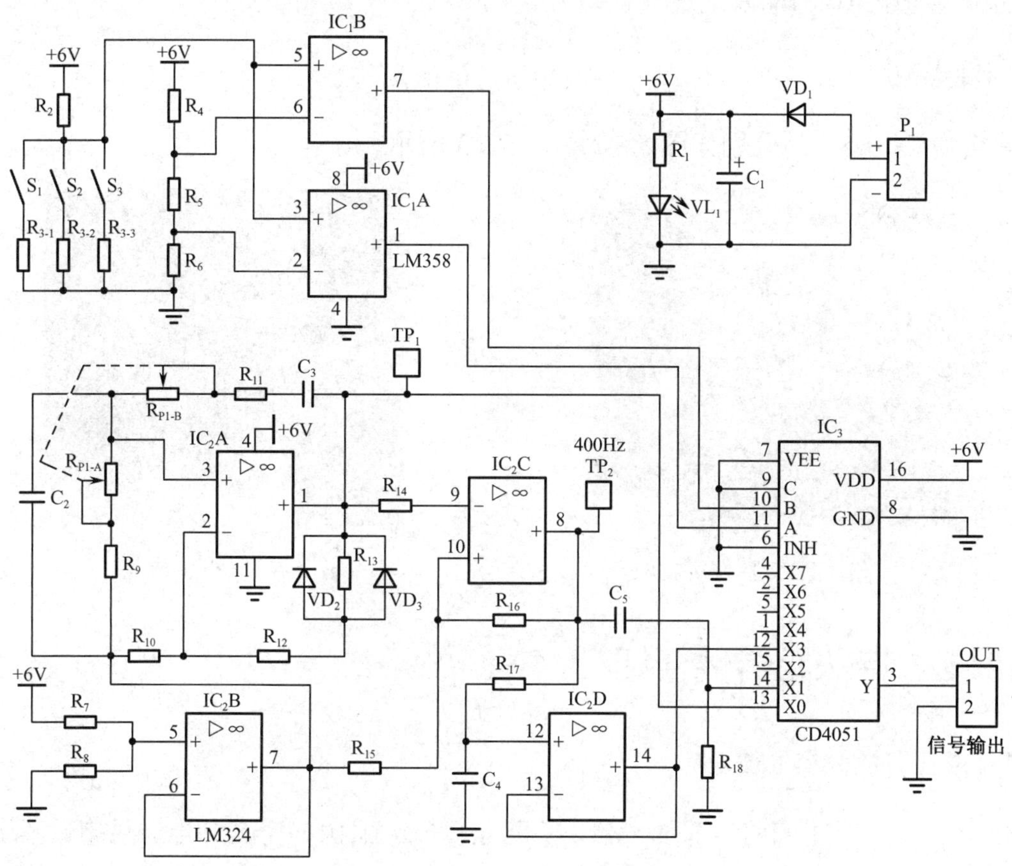

图 5.5.1 波形产生与选择电路

电源电路由 VD_1、C_1、R_1 和 VL_1 构成。VD_1 的作用是防止因电源极性接反而损坏元器件；C_1 是滤波电容器，用于滤除电路中的各种高频干扰信号；R_1、VL_1 的作用是指示电源的工作状态，R_1 起限流保护作用，保护 VL_1。

RC 文氏电桥振荡器由 IC_2A 及外围元器件构成。C_2、R_9、$R_{P1\text{-}A}$、C_3、R_{11}、$R_{P1\text{-}B}$ 构成 RC 串并联选频网络，决定输出信号的振荡频率，通常情况下选择 $R_9+R_{P1\text{-}A}=R_{11}+R_{P1\text{-}B}=R$，$C_2=C_3=C$，则振荡频率 $f_0=\dfrac{1}{2\pi RC}$，通过调节 R_{P1} 可改变输出信号的振荡频率；R_{13} 两端并联的二极管 VD_2 和 VD_3 起稳幅作用，即当电路起振后，输出信号的幅值增大时，两只二极管中总有一只会导通，防止输出信号出现幅度失真现象。

波形变换电路由 IC_2B、IC_2C、IC_2D 及外围元器件构成。IC_2B 和 IC_2D 均为电压跟随器；R_7 和 R_8 构成分压电路，得到固定分压送到电压跟随器，在 IC_2B 的 7 脚和 5 脚可以得到相同的电位；IC_2C 对振荡电路产生的正弦波信号与 IC_2C 10 脚得到的固定电位进行运算，变换成矩形波信号输出；R_{17} 和 C_4 构成积分电路，将矩形波信号转换成锯齿波信号，通过电压跟随器

送至 IC_3 的 12 脚；C_5 和 R_{18} 构成微分电路，将矩形波信号转换成正负尖脉冲送至 IC_3 的 14 脚。

波形选择控制电路由 IC_3、IC_1 及外围元器件构成。IC_1A 和 IC_1B 均为电压比较器，若同相端电位大于反相端电位，则输出电压约等于正电源电压（理论值，实际上达不到）；若同相端电位小于反相端电位，则输出电压约等于负电源电压（图 5.5.1 为单电源供电，输出电压约等于 0V）。R_4、R_5 和 R_6 构成分压电路，在 IC_1 的 2 脚和 6 脚得到固定电位；S_1、S_2、S_3 串联电阻不同的电阻器，短接不同的开关可在 IC_1 的 3 脚和 5 脚得到不同的电位；IC_1A 和 IC_1B 将不同的电位送至 IC_3 的输入地址选择端。

2. 组装实例

套件实物和组装成品分别如图 5.5.2 和图 5.5.3 所示。

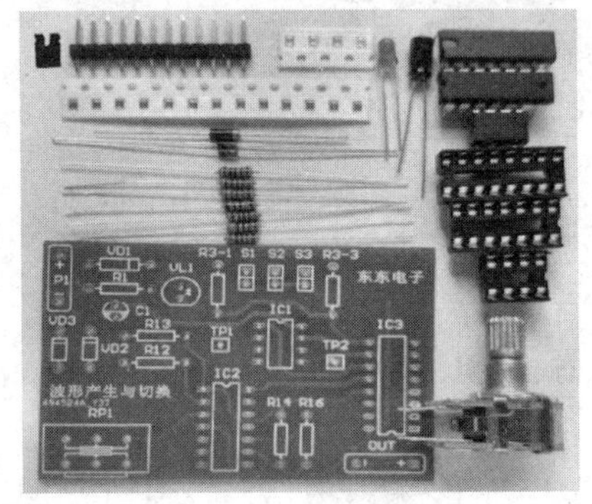

图 5.5.2 套件实物

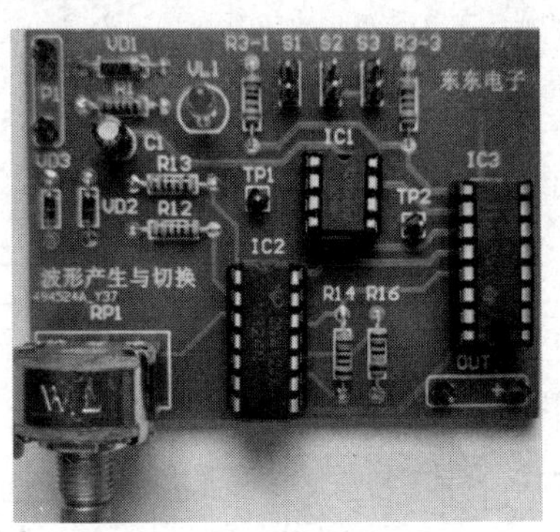

图 5.5.3 组装成品

知识 2 特殊元器件介绍

1. 集成运算放大器 LM324

LM324 内部集成了四路运算放大器，四路运算放大器由一个公共电源供电。其引脚名称及内部结构如图 5.5.4 所示。

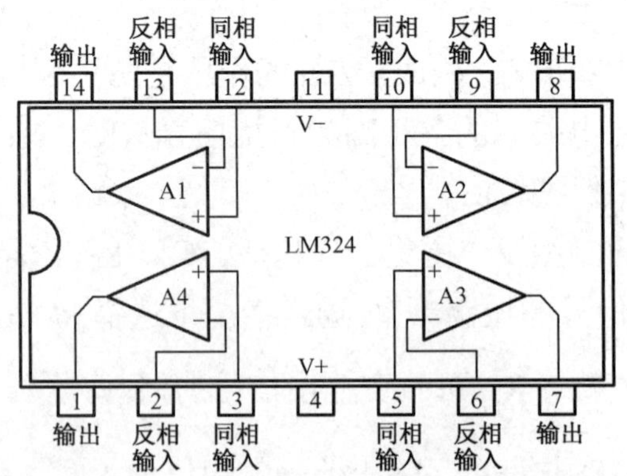

图 5.5.4 LM324 的引脚名称及内部结构

2. 通道选择集成电路 CD4051

CD4051 相当于一个单刀八掷开关，开关接通八通道中的哪一通道由输入的 3 位地址码 *ABC* 来决定。其引脚排列如图 5.5.5 所示，VDD：正电源端；X0～X7、Y：输入/输出端（3

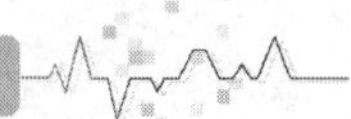

脚 Y 是公共输入/输出端）；A、B、C：输入地址选择端；INH：禁止端；VEE：负电源端；GND：接地端。CD4051 的逻辑功能如表 5.5.1 所示。

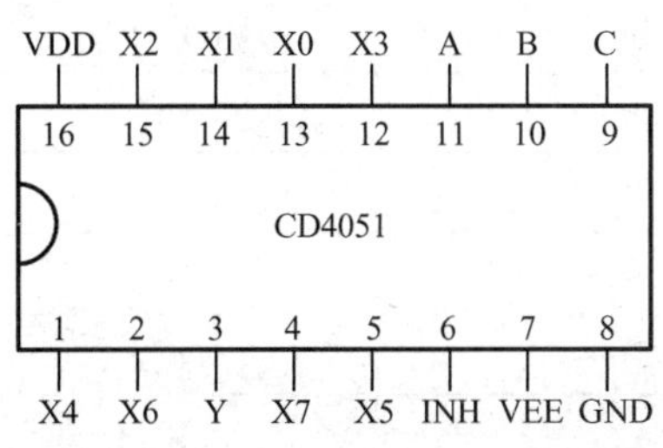

图 5.5.5　CD4051 的引脚排列

表 5.5.1　CD4051 的逻辑功能

控制输入				输出功能
INH	*C*	*B*	*A*	
1	×	×	×	3 脚 Y 与所有输入端断开
0	0	0	0	3 脚 Y 与 13 脚 X0 接通
0	0	0	1	3 脚 Y 与 14 脚 X1 接通
0	0	1	0	3 脚 Y 与 15 脚 X2 接通
0	0	1	1	3 脚 Y 与 12 脚 X3 接通
0	1	0	0	3 脚 Y 与 1 脚 X4 接通
0	1	0	1	3 脚 Y 与 5 脚 X5 接通
0	1	1	0	3 脚 Y 与 2 脚 X6 接通
0	1	1	1	3 脚 Y 与 4 脚 X7 接通

注：表中的“×”表示任意值，即状态不确定。

技能 1　清点与检测元器件

根据表 5.5.2 对元器件进行分类清点，逐一清点元器件的数量并检测元器件的质量，检测无误后在“清点结果”一栏中打 √，将部分元器件的识别与检测结果填入表 5.5.3。

表 5.5.2　元器件清单

序号	元器件名称	规格/型号	元器件编号	数量	清点结果
1	贴片电阻器	10kΩ	R_2、R_{3-2}、R_4~R_{11}、R_{15}、R_{17}、R_{18}	13	
2	贴片电容器	22nF	C_2、C_3、C_4、C_5	4	
3	色环电阻器	2kΩ	R_1、R_{14}	2	
4	色环电阻器	1kΩ	R_{3-1}、R_{12}	2	
5	色环电阻器	22kΩ	R_{13}	1	
6	色环电阻器	30kΩ	R_{3-3}	1	
7	色环电阻器	100kΩ	R_{16}	1	
8	可变电阻器	双联 20kΩ	R_{P1}	1	
9	电解电容器	10μF	C_1	1	
10	二极管	1N4007	VD_1	1	

续表

序　号	元器件名称	规格/型号	元器件编号	数　量	清点结果
11	二极管	1N4148	VD_2、VD_3	2	
12	LED	ϕ3mm	VL_1	1	
13	集成电路	LM358	IC_1	1	
14	集成电路	LM324	IC_2	1	
15	集成电路	CD4051	IC_3	1	
16	集成电路插座	DIP-8	IC_1	1	
17	集成电路插座	DIP-14	IC_2	1	
18	集成电路插座	DIP-16	IC_3	1	
19	开关	SS12	S_1～S_3	3	
20	单排针	2.54mm	P_1、OUT、TP_1、TP_2	6	
21	PCB	配套		1	

注：为了节约资源，开关 S_1～S_3 用单排针和短路帽替代。

表 5.5.3　部分元器件的识别与检测结果

元器件	识别与检测结果			
R_1	标称电阻值		测得的电阻	
R_{10}	标称电阻值		测得的电阻	
R_{P1}	“203”含义		测得的最大电阻	
VD_1	正向电阻		反向电阻	
VL_1	正向电阻		反向电阻	

技能 2　电路安装

根据表 5.5.2，按照“先贴片式后直插式、先低后高、先小后大、先里后外、先轻后重、先熟悉后陌生”的原则，分类对元器件进行引脚整形、安装与焊接，具体步骤如下。

（1）安装贴片电阻器、贴片电容器。

安装要领：贴片电阻器和贴片电容器居中贴板安装，焊点光滑、圆润，如图 5.5.6 所示。

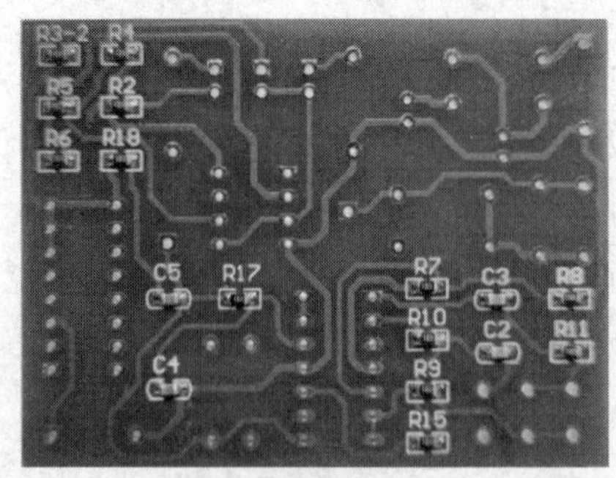

图 5.5.6　安装贴片电阻器、贴片电容器

（2）安装色环电阻器、二极管。

安装要领：色环电阻器对位安装，误差环的安装方向统一；二极管的极性安装正确。

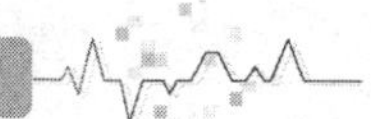

（3）安装集成电路插座、单排针。

安装要领：集成电路插座的安装方向正确，贴板安装，不允许出现两端高低不平的现象，如图 5.5.7 所示。

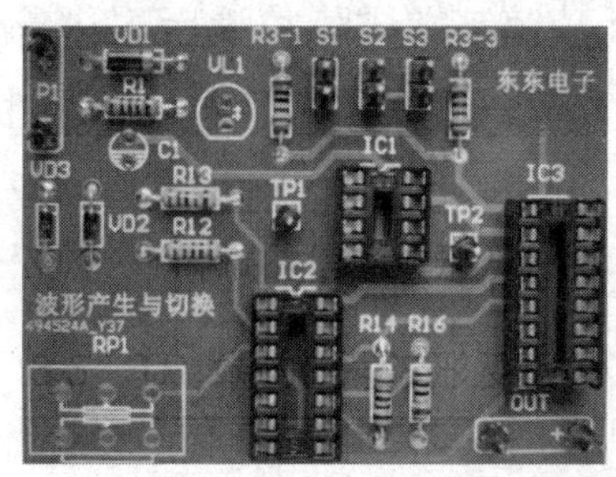

图 5.5.7　安装集成电路插座、单排针

（4）安装 LED、电解电容器。

安装要领：LED 和电解电容器的极性安装正确，长引脚为正极。

（5）安装可变电阻器、集成电路。

安装要领：可变电阻器安装平整，不能出现歪斜现象；将集成电路插入集成电路插座时，集成电路、集成电路插座和 PCB 上集成电路标识符的缺口方向保持一致。安装完成的电路如图 5.5.8 所示。

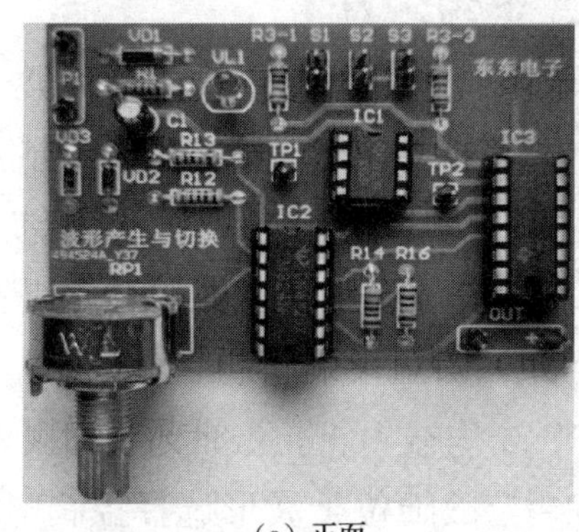

（a）正面

（b）反面

图 5.5.8　安装完成的电路

技能 3　装配质量检查

请参照任务 5.1 中的表 5.1.3 自行对照检查安装工艺及焊接工艺。

技能 4　电路调试

1．通电前检查

通电前，重点检查元器件是否安装正确，元器件焊点严禁出现连焊现象，电源端严禁出现短路现象。工位保持清洁，被剪掉的元器件引脚严禁残留在工位上，特别要防止因 PCB 上有残留的元器件引脚而引起短路。全部检查无误后，将直流稳压电源的输出电压调至约 6.7V，并接入 PCB，细调输出电压旋钮，用万用表监测 VD_1 负极电位，直至电位为 6V，然后进行故障排除及电路功能调试。

2．故障排除及电路功能调试

本任务在PCB中设置了两处故障，需排除故障后再进行电路功能调试。故障排除应遵循“先易后难、先思后行”的原则，先确定故障所在的大致范围，再逐步缩小故障区域，直至找到具体故障点。

（1）故障1。

① 故障现象：IC_3的14脚无输出信号。

② 故障分析：根据图5.5.1可知，由IC_2A及外围元器件构成的RC文氏电桥振荡器产生正弦波信号（TP_1端），经IC_2C转换成矩形波信号（TP_2端），再经由C_5和R_{18}构成的微分电路转换成正负尖脉冲送至IC_3的14脚。用示波器观测TP_1端的正弦波信号输出正常，TP_2端的矩形波信号输出正常，说明IC_2A及外围元器件和IC_2C功能正常，应重点排查由C_5和R_{18}构成的微分电路。

③ 故障原因：C_5与IC_3的14脚之间开路。

④ 故障排除：用剪掉的元器件引脚将C_5与IC_3的14脚连接起来，如图5.5.9所示。

图5.5.9　故障1排除

（2）故障2。

① 故障现象：分别闭合S_1、S_2和S_3，OUT端均输出正弦波信号。

② 故障分析：分析电路的工作原理可初步判定故障位于波形选择控制电路，用示波器分别检测IC_3的12脚、13脚和14脚信号是否正常，若检测结果正常，则说明故障位于波形选择控制电路。分别闭合S_1、S_2和S_3，用万用表测量IC_3的10脚和11脚电位是否有变化，若测量结果无变化，则说明IC_1及外围元器件有故障。用万用表测得IC_1的2脚和6脚电位均为6V，说明故障位于由R_4、R_5和R_6构成的分压电路。

③ 故障原因：R_6与GND之间开路。

④ 故障排除：用剪掉的元器件引脚将R_6与GND连接起来，如图5.5.10所示。

图5.5.10　故障2排除

（3）电路功能调试。

该电路完成的功能：由IC_2A及外围元器件构成的RC文氏电桥振荡器输出正弦波信号，

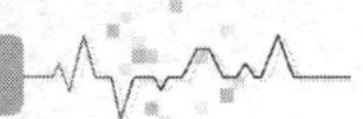

通过 IC_2C 进行波形变换输出矩形波信号，IC_3 的 12 脚输出锯齿波信号，IC_3 的 14 脚输出正负尖脉冲。波形选择控制电路使 IC_3 的 3 脚输出对应波形的信号，当 S_1 闭合时，OUT 端输出正弦波信号；当 S_2 闭合时，OUT 端输出正负尖脉冲；当 S_3 闭合时，OUT 端输出锯齿波信号。

若不能实现波形产生与选择输出的功能，先用示波器分别检测 IC_3 的 12 脚、13 脚、14 脚有无信号输出，大致确定故障范围，若以上 3 只引脚均无信号输出，则说明故障位于波形产生及变换部分，若以上 3 只引脚均有信号输出，则说明故障位于波形选择输出部分，可进行如下操作，以实现分段调试及故障排除。

① 若不能实现产生波形的功能，则先用示波器检测 TP_1 端有无正弦波信号输出，若无，则故障位于由 IC_2A 及外围元器件构成的 RC 文氏电桥振荡器；若有，则继续检测 TP_2 端有无矩形波信号输出。若 TP_2 端无矩形波信号输出，则重点排查 IC_2C、IC_2B 及外围元器件。若 TP_2 端有矩形波信号输出，IC_3 的 14 脚无信号输出，则故障位于由 C_5 和 R_{18} 构成的微分电路；若 IC_3 的 12 脚无信号输出，则重点排查 IC_2D 及外围元器件。

② 若不能实现波形选择输出的功能，则分别闭合 S_1、S_2 和 S_3，用万用表测量 IC_3 10 脚和 11 引脚的电位是否有变化，若有变化，则说明 IC_3 损坏；若无变化，则故障位于 IC_1 及外围元器件。排查 IC_1 及外围元器件时，先用万用表测量 IC_1 2 脚和 6 脚的电位，正常情况下，2 脚的电位为 2V，6 脚的电位为 4V。分别闭合 S_1、S_2 和 S_3 时，用万用表测量 IC_1 5 脚的电位有无变化，若无变化，则说明 R_2、R_3、S_1、S_2、S_3 中有故障。

技能 5　电路参数测量

排除所有故障，将电路功能调至最佳状态后，方可进行如下参数测量，否则可能导致测得的参数错误。

（1）静态工作点测量。

① 用万用表测量 IC_2 部分引脚的电位，将测量结果记录在表 5.5.4 中。

表 5.5.4　IC_2 部分引脚电位记录表

测量点	4 脚	5 脚	6 脚	7 脚	11 脚
测量值					

② 当 S_1、S_2、S_3 处于表 5.5.5 所示的状态时，用万用表测量 IC_1 部分引脚的电位，将测量结果记录在表 5.5.5 中。

表 5.5.5　IC_1 部分引脚电位记录表

状态	1 脚	2 脚	3 脚	5 脚	6 脚	7 脚
闭合 S_1，断开 S_2、S_3						
闭合 S_2，断开 S_1、S_3						
闭合 S_3，断开 S_1、S_2						

（2）用示波器观测 TP_2 端的信号波形。

第一步：校准示波器。

连接示波器探头，将探头的黑色鳄鱼夹接至 PCB 中的 GND，将探头拉钩（或红色鳄鱼夹）接至 TP_2 端。

第二步：观测信号波形，调节频率。

按下示波器的 AUTO 按键，调节 *X* 轴量程挡位、*Y* 轴量程挡位，使信号波形显示在合适位置，再按下 Measure 按键调出参数。调节 R_{P1}，示波器显示 TP_2 端的信号频率约为 400Hz 时，停止调节，如图 5.5.11 所示。

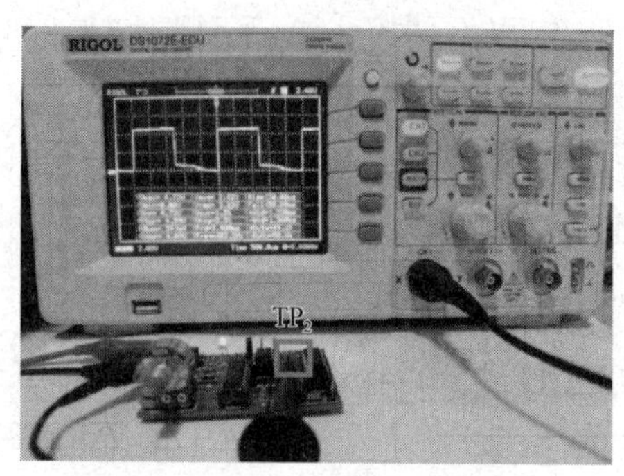

图 5.5.11　观测 TP_2 端的信号波形

第三步：读取数据并绘制信号波形。

从示波器液晶显示屏上读取相关数据，TP_2 端的信号波形及数据示例如图 5.5.12 所示，将信号波形及相关数据填入表 5.5.6。

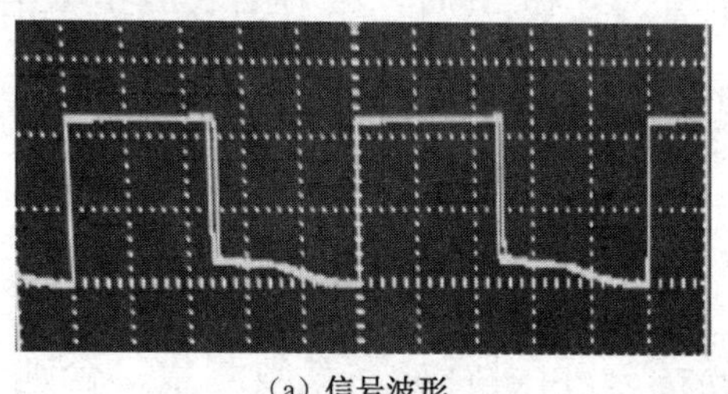

（a）信号波形

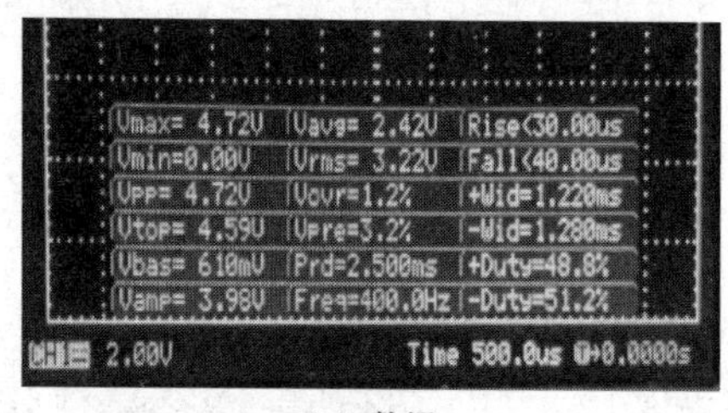

（b）数据

图 5.5.12　TP_2 端的信号波形及数据示例

表 5.5.6　TP_2 端的信号波形及相关数据

信号波形（TP_2 端）	相 关 数 据	
	X 轴量程挡位	频率
	Y 轴量程挡位	峰峰值

（3）闭合 S_1，断开 S_2、S_3，用示波器观测 OUT 端的信号波形。

第一步：闭合 S_1（插上 S_1 短路帽），断开 S_2、S_3（拔掉 S_2、S_3 短路帽）。

第二步：连接示波器探头，将探头的黑色鳄鱼夹接至 OUT−端，将探头拉钩（或红色鳄鱼夹）接至 OUT+端。

第三步：观测信号波形。

按下示波器的 AUTO 按键，当液晶显示屏上显示出波形后，调节 *X* 轴量程挡位、*Y* 轴量

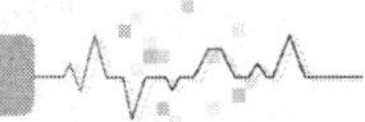

程挡位，使波形显示在合适位置，再按下 Measure 按键调出参数，如图 5.5.13 所示。

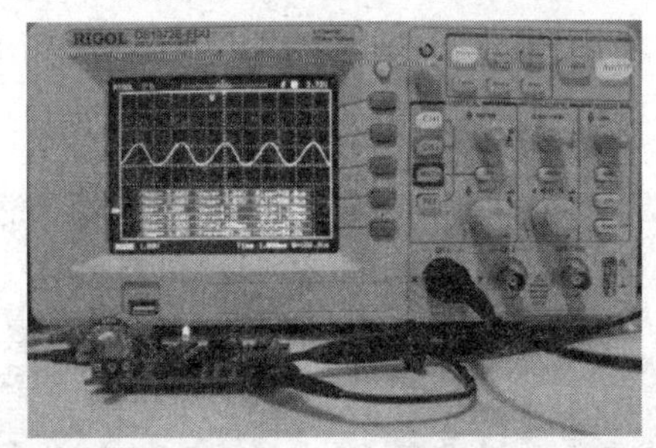

图 5.5.13　闭合 S_1，OUT 端的信号波形及参数

第四步：读取数据并绘制信号波形。

从示波器液晶显示屏上读取相关数据，OUT 端的信号波形及数据示例如图 5.5.14 所示，将信号波形及相关数据填入表 5.5.7。

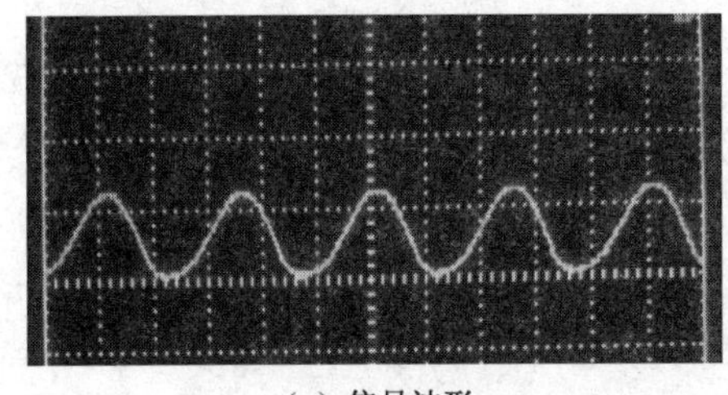

（a）信号波形

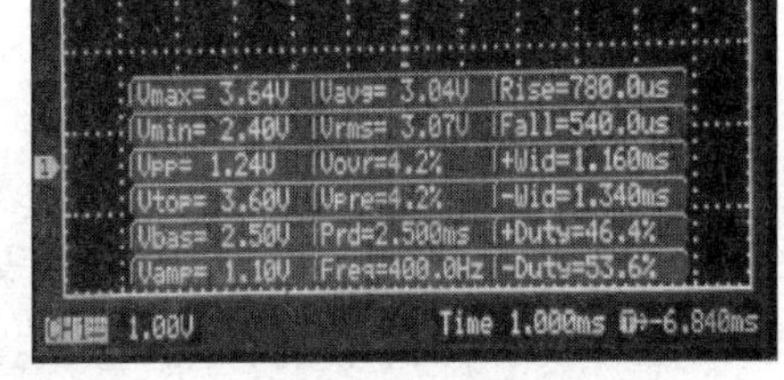

（b）数据

图 5.5.14　闭合 S_1 时，OUT 端的信号波形及数据示例

表 5.5.7　闭合 S_1 时，OUT 端的信号波形及相关数据

<table>
<tr><td>信号波形（闭合 S_1，OUT 端）</td><td colspan="2">相 关 数 据</td></tr>
<tr><td rowspan="4"></td><td>X 轴量程挡位</td><td>频率</td></tr>
<tr><td></td><td></td></tr>
<tr><td>Y 轴量程挡位</td><td>峰峰值</td></tr>
<tr><td></td><td></td></tr>
</table>

（4）闭合 S_2，断开 S_1、S_3，用示波器观测 OUT 端的信号波形。

观测方法及步骤参照（3），只需闭合 S_2，断开 S_1、S_3 即可，OUT 端的信号波形及数据示例如图 5.5.15 所示。

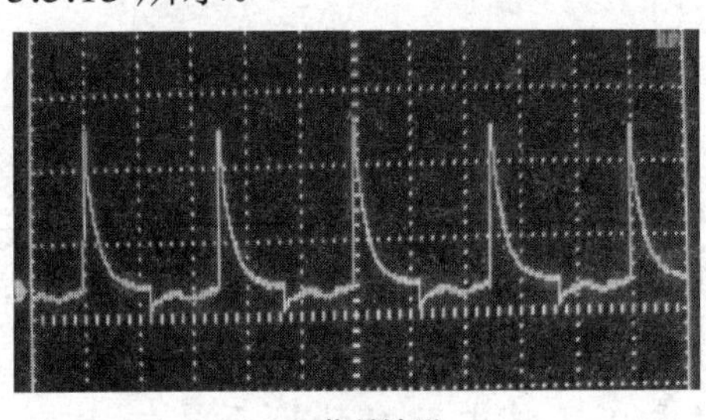

（a）信号波形

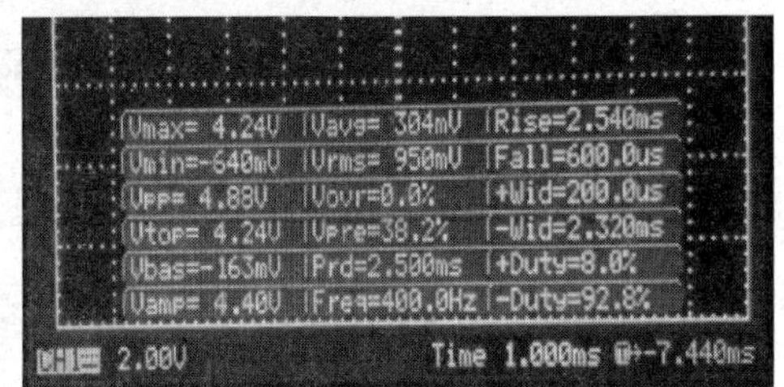

（b）数据

图 5.5.15　闭合 S_2 时，OUT 端的信号波形及数据示例

（5）闭合 S_3，断开 S_1、S_2，用示波器观测 OUT 端的信号波形。

观测方法及步骤参照（3），只需闭合 S_3，断开 S_1、S_2 即可，OUT 端的信号波形及数据示例如图 5.5.16 所示。

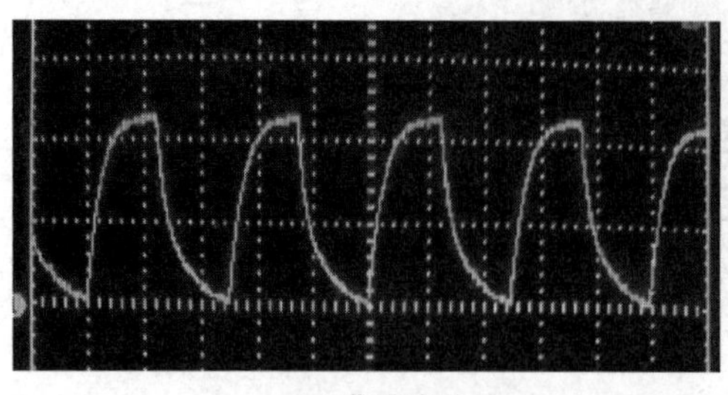

（a）信号波形

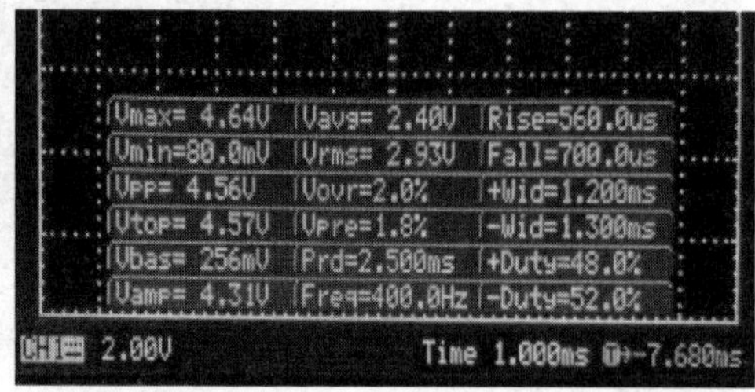

（b）数据

图 5.5.16　闭合 S_3 时，OUT 端的信号波形及数据示例

【思考与提高】

根据图 5.5.1，回答以下问题。

1. IC_1A 构成的是__________________电路。

2. 根据图 5.5.1 和表 5.5.5 中的测量数据可知，当 IC_3 的 9 脚、10 脚和 11 脚分别输入逻辑电平______________时，OUT 端输出 IC_3 13 脚的信号；当 IC_3 的 9 脚、10 脚和 11 脚分别输入逻辑电平______________时，OUT 端输出 IC_3 14 脚的信号；当 IC_3 的 9 脚、10 脚和 11 脚分别输入逻辑电平_____________时，OUT 端输出 IC_3 12 脚的信号。

3. IC_2A 及外围元器件构成______________________电路。R_{13} 两端并联的二极管 VD_2 和 VD_3 的作用是___________________。

4. R_{17} 和 C_4 构成_________电路，作用是_________________________________；C_5 和 R_{18} 构成________________________电路，作用是__________________________________。

5. IC_2 的 9 脚开路会出现什么现象？为什么？

【拓展阅读】

电子装配实践心得

任务 5.6　9s 倒计时电路的制作与检测

同步操作视频

任务目标

（1）能合理选择元器件并正确安装 9s 倒计时电路，将电路功能调至最佳状态。

（2）能利用仪器、仪表测量 9s 倒计时电路的相关参数。

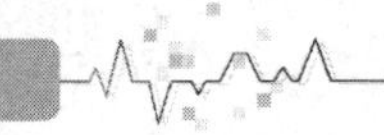

（3）会分析9s倒计时电路的工作原理。

（4）能排除9s倒计时电路的典型故障。

（5）发扬严谨细致、勇于创新的工匠精神，做有理想、有追求的新青年。

任务分解

本任务要求完成9s倒计时电路的安装，选择合适的仪器、仪表对9s倒计时电路进行调试与测量，并排除电路中的典型故障。

知识1　9s倒计时电路

1．电路功能及原理

9s倒计时电路由振荡电路、十进制减法计数器、译码显示电路、声光报警提示电路组成，如图5.6.1所示。

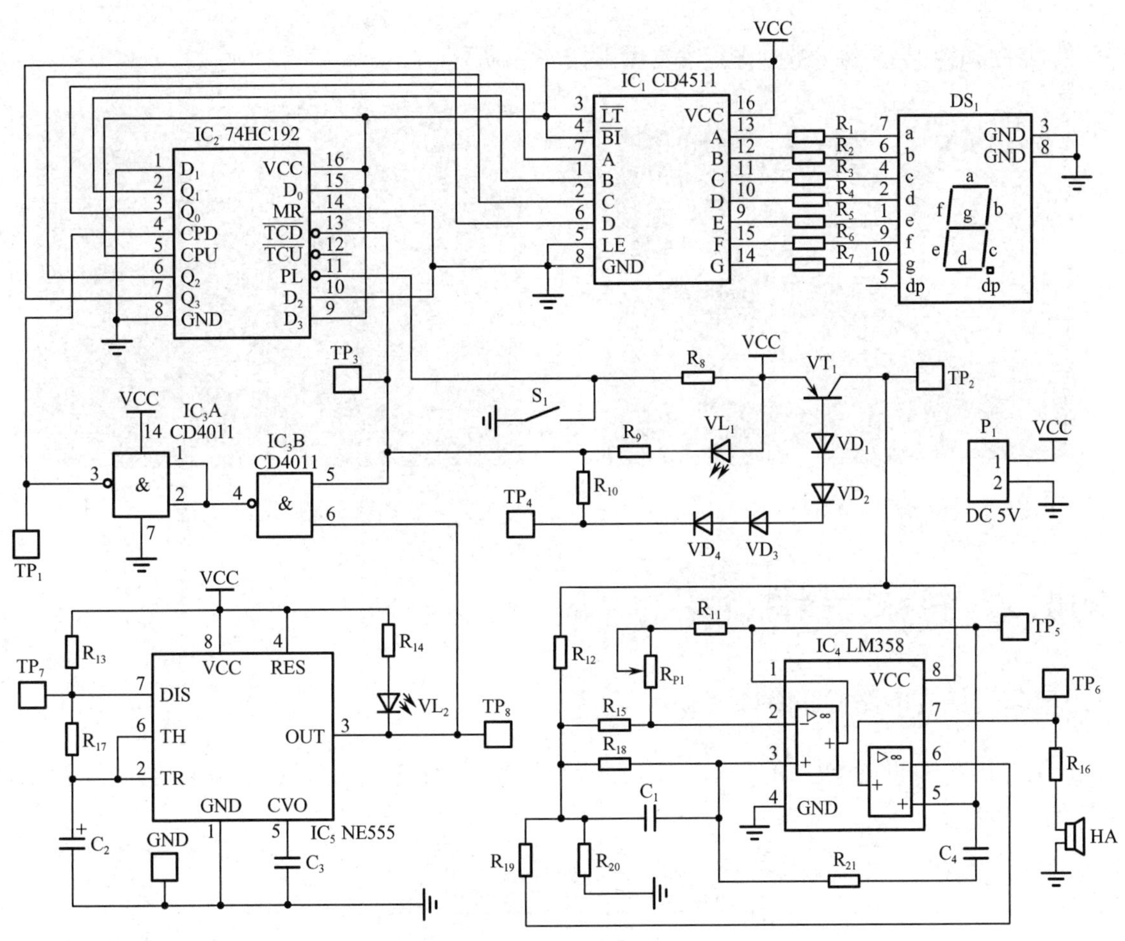

图5.6.1　9s倒计时电路

振荡电路由IC_5及外围元器件构成，IC_5的用途较多，本电路将其2脚与6脚短接后，接在RC（R_{17}和C_2）的中间点上，构成一个多谐振荡器，振荡频率由R_{13}、R_{17}的电阻和C_2的电容决定。振荡电路的作用是产生矩形波振荡信号，使其从IC_5的3脚输出，作为十进制可逆计数器IC_2的时钟脉冲。R_{14}和VL_2用于指示多谐振荡器的工作状态。

十进制减法计数器由 IC_2 和 IC_3 构成。IC_2 的作用是实现减法计数，从哪个数开始减取决于 IC_2 D_3～D_0 端的初始输入数据。在本电路中，D_3 端、D_0 端接电源，D_2 端、D_1 端接地，D_3～D_0 端的输入数据转换成十进制数是“9”，当 S_1 被按下时，IC_2 的 11 脚（置数端）有效，当有效时钟脉冲边沿到来时，从“9”开始倒计时计数。IC_3 的作用是倒计时到“0”时暂停，倒计时到“0”时，IC_2 的 13 脚输出低电平送至 IC_3 的 5 脚，无论 IC_3 的 6 脚输入高电平还是低电平，IC_3 的 4 脚都输出高电平，使得 IC_3 的 3 脚保持输出低电平，此时 IC_2 的 4 脚无有效时钟脉冲边沿到来，所以暂停计数。

译码显示电路由 IC_1、DS_1 及限流电阻 R_1～R_7 构成。IC_1 的作用是将 IC_2 输出的二进制数转换成数码管显示的段码，通过 R_1～R_7 送到数码管显示对应数字。

声光报警提示电路由 IC_4、VT_1 及外围元器件构成。IC_4 和外围元器件构成 RC 振荡电路，其产生的振荡信号从 IC_4 的 7 脚输出，以驱动蜂鸣器发声。当倒计时到“0”时，IC_2 的 13 脚输出低电平，VL_1 导通点亮，实现光报警，同时 VT_1 导通，IC_4 得电，RC 振荡电路工作，蜂鸣器发声，实现声音报警。可通过调节 R_{P1} 改变 TP_6 端输出信号的频率。

2. 组装实例

套件实物和组装成品分别如图 5.6.2 和图 5.6.3 所示。

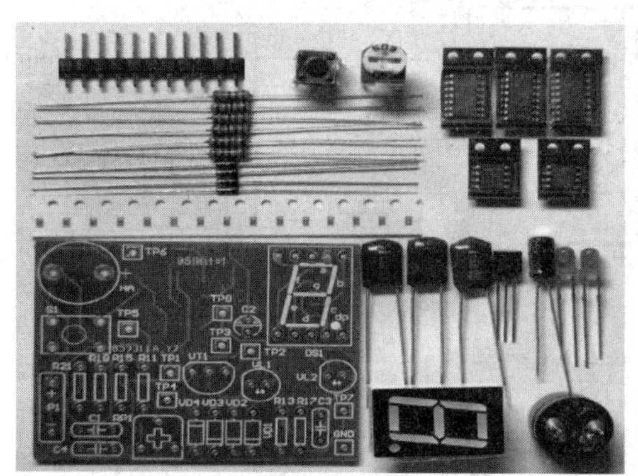

图 5.6.2　套件实物

图 5.6.3　组装成品

知识 2　特殊元器件介绍

1. 与非门集成电路 CD4011

CD4011 内部有四个独立的与非门，典型工作电压为 5V。CD4011 的内部结构及引脚排列如图 5.6.4 所示。

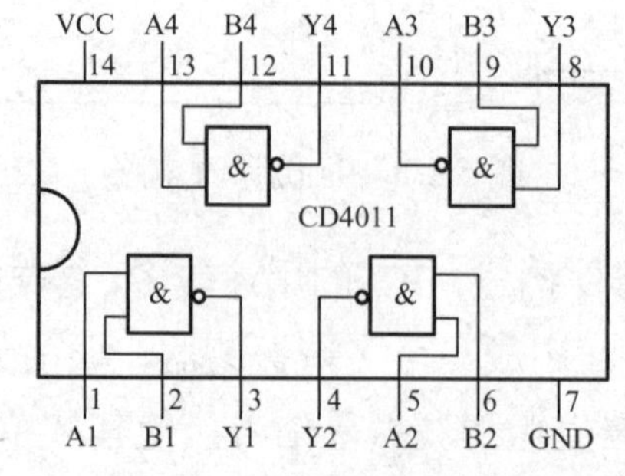

图 5.6.4　CD4011 的内部结构及引脚排列

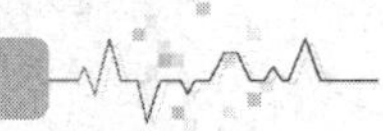

2. 十进制可逆计数器 74HC192

74HC192 是一款异步置数、异步复位、同步 BCD 加/减计数器。加时钟脉冲 CPU 和减时钟脉冲 CPD 采用独立输入，在任一时钟脉冲的上升沿到来时，74HC192 开始计数。74HC192 允许将计数器初始值预设成任何想要的值。D_3～D_0：数据输入端；Q_3～Q_0：数据输出端；CPU：加计数端；CPD：减计数端；$\overline{TCU}$：非同步进位输出端；$\overline{TCD}$：非同步错位输出端；$\overline{PL}$：置数端；MR：清除端。其内部框图及引脚排列如图 5.6.5 所示。

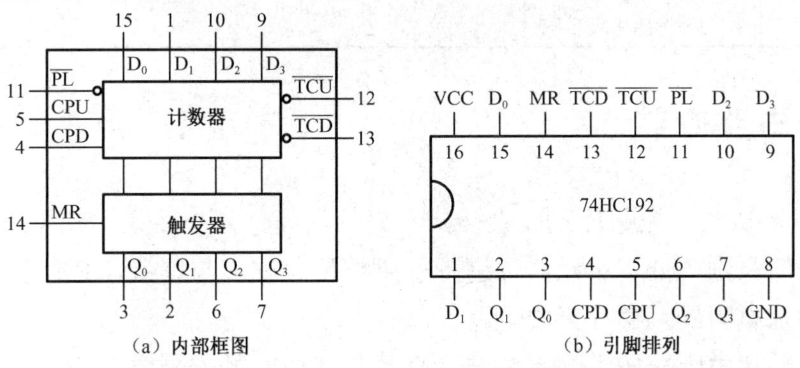

图 5.6.5 74HC192 的内部框图及引脚排列

技能 1 清点与检测元器件

根据表 5.6.1 对元器件进行分类清点，逐一清点元器件的数量并检测元器件的质量好坏，检测无误后在“清点结果”一栏中打 √，将部分元器件的识别与检测结果填入表 5.6.2。

表 5.6.1 元器件清单

序 号	元器件名称	规格/型号	元器件编号	数 量	清点结果
1	0603 贴片电阻器	1kΩ	R_1～R_{10}、R_{12}、R_{14}、R_{16}、R_{19}、R_{20}	15	
2	色环电阻器	15kΩ	R_{11}、R_{13}、R_{15}、R_{18}、R_{21}	5	
3	色环电阻器	68kΩ	R_{17}	1	
4	可变电阻器	蓝白 50kΩ	R_{P1}	1	
5	涤纶电容器	0.01μF	C_1、C_3、C_4	3	
6	电解电容器	10μF	C_2	1	
7	二极管	1N4148	VD_1～VD_4	4	
8	LED	ϕ3mm	VL_1、VL_2	2	
9	三极管	S9012	VT_1	1	
10	按钮	6mm×6mm	S_1	1	
11	贴片集成电路	CD4511	IC_1	1	
12	贴片集成电路	74HC192	IC_2	1	
13	贴片集成电路	CD4011	IC_3	1	
14	贴片集成电路	LM358	IC_4	1	
15	贴片集成电路	NE555	IC_5	1	
16	数码管	1 位	DS_1	1	
17	蜂鸣器	12085	HA	1	
18	单排针	2.54mm	P_1、GND、TP_1～TP_8	11	
19	PCB	配套		1	

表 5.6.2　部分元器件的识别与检测结果

元器件	识别与检测结果			
R_{17}	标称电阻值		测得的电阻	
HA	测得的电阻		测量挡位	
VD_1	正向导通电压			
VL_1	正向导通电压			
VT_1	画出三极管的外形示意图并标出引脚名称			

技能 2　电路安装

根据表 5.6.1，按照“先贴片式后直插式、先低后高、先小后大、先里后外、先轻后重、先熟悉后陌生”的原则，分类对元器件进行引脚整形、安装与焊接，具体步骤如下。

（1）安装贴片电阻器、贴片集成电路。

安装要领：贴片电阻器居中贴板安装；贴片集成电路的安装方向正确，不得出现倒装、倾斜现象，焊接时先在焊盘的一端上好焊锡，再用镊子夹住贴片集成电路居中放到焊盘上，先焊好预先上焊锡的一端，再焊对角引脚，最后焊剩余引脚。贴片集成电路的焊接要点：引脚不得漏焊，引脚间不得连焊，焊锡量适中，焊点光滑，焊盘饱满，如图 5.6.6 所示。

（2）安装二极管、色环电阻器。

安装要领：二极管的极性安装正确，靠近标识环的引脚是负极；色环电阻器的误差环方向保持一致，贴板安装。

（3）安装开关、可变电阻器等。

安装要领：开关、可变电阻器安装平整，不得出现歪斜现象，如图 5.6.7 所示。

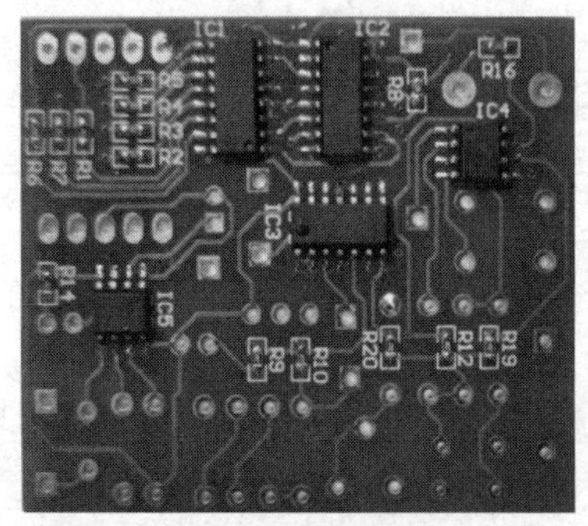

图 5.6.6　安装贴片电阻器、贴片集成电路

图 5.6.7　安装开关、可变电阻器等

（4）安装蜂鸣器、数码管、LED。

安装要领：LED 的极性安装正确；蜂鸣器、数码管贴板平整安装；数码管小数点与 PCB 上的标识符“点”对齐，不得倒装。

（5）安装三极管、电解电容器、涤纶电容器。

安装要领：三极管、电解电容器的极性安装正确；涤纶电容器是无极性电容器，安装时无须区分正、负极。

安装完成的电路如图 5.6.8 所示。

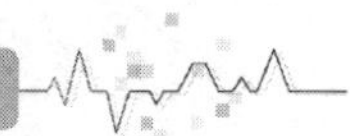

（a）正面

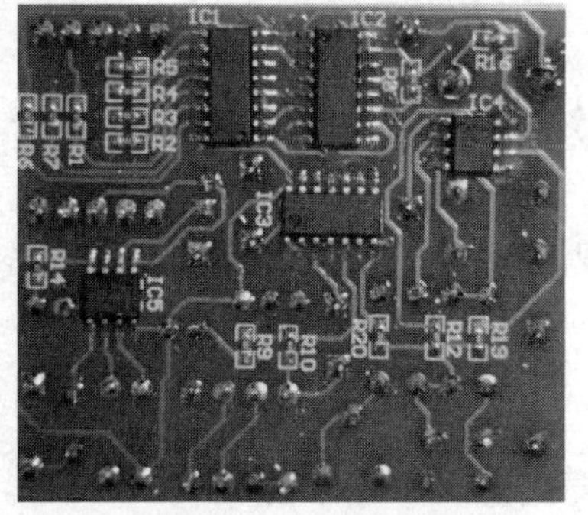

（b）反面

图 5.6.8 安装完成的电路

技能 3 装配质量检查

请参照任务 5.1 中的表 5.1.3 自行对照检查安装工艺及焊接工艺。

技能 4 电路调试

1．通电前检查

通电前，重点检查元器件是否安装正确，元器件焊点严禁出现连焊现象，电源端严禁出现短路现象。工位保持清洁，被剪掉的元器件引脚严禁残留在工位上，特别要防止因 PCB 上有残留的元器件引脚而引起短路。全部检查无误后方可接入 DC 5V 电源进行故障排除及电路功能调试。

2．故障排除及电路功能调试

（1）电路功能。

该电路完成的功能是 9s 倒计时，PCB 接通 DC 5V 电源，VL_2 闪烁，当按下 S_1 时，74HC192 开始倒计时计数，数码管从“9”开始显示，逐一递减，直到倒计时结束，显示“0”并停止计数，蜂鸣器发出报警声，VL_1 发光表示倒计时结束。再次按下 S_1 进行下一轮倒计时。

（2）若不能实现 9s 倒计时的功能，可进行如下操作，以实现分段调试及故障排除。

① 观察 VL_2 是否闪烁，如果 VL_2 闪烁，说明由 IC_5 及外围元器件构成的振荡电路功能正常；如果 VL_2 不闪烁，说明此部分功能异常，可通过用示波器测量 TP_8 端是否有信号输出进行验证；如果 VL_2 不闪烁且 TP_8 端无信号输出，说明故障位于由 IC_5 及外围元器件构成的振荡电路中。

② 如果数码管显示异常，应重点排查 IC_1、IC_2 和 DS_1 是否正常。例如，如果数码管显示任何数字，段码“b”均熄灭，说明故障位于 IC_1 的 12 脚与 DS_1 的 6 脚之间。

③ 如果倒计时结束后无法停止，说明 IC_3 损坏或相连的导线开路。

④ 倒计时结束后无声音报警。声光报警提示电路由 VT_1、IC_4 及外围元器件构成，如果倒计时结束后无声音报警，可用万用表测量 TP_2 端的电位是否约等于电源电压。如果约等于电源电压，说明故障位于 IC_5 及外围元器件构成的振荡电路中；如果不约等于电源电压，说明故障位于 VT_1、R_{10}、VD_1～VD_4 中。

⑤ 如果倒计时结束后无光报警，说明故障位于 R_9、VL_1 的连接支路。

技能5　电路参数测量

排除所有故障，将电路功能调至最佳状态后，方可进行如下参数测试，否则可能导致测得的参数错误。

（1）当数码管显示“0”时，用万用表测量 VT_1 各引脚的电位，并判断其工作状态，将测量结果记录在表5.6.3中。

表5.6.3　VT_1 各引脚电位记录表

测量点	VT_1 发射极	VT_1 基极	VT_1 集电极	VT_1 工作状态
测量值				

（2）当数码管显示“0”时，用万用表测量 IC_3 1脚、3脚、4脚、5脚、7脚、14脚的电位，将测量结果记录在表5.6.4中（因贴片集成电路的引脚间距较小，为避免测量时相邻引脚间短路，尽量选择等电位点测量）。

表5.6.4　IC_3 部分引脚电位记录表

测量点	1脚	3脚	4脚	5脚	7脚	14脚
测量值						

（3）当数码管显示“0”时，将 R_{P1} 的滑动触点调至中点，用万用表测量 IC_4 1脚、3～8脚的电位，将测量结果记录在表5.6.5中。

表5.6.5　IC_4 部分引脚电位记录表

测量点	1脚	3脚	4脚	5脚	6脚	7脚	8脚
测量值							

（4）用示波器观测 TP_8 端的信号波形。

第一步：校准示波器。

连接探头，将探头的黑色鳄鱼夹接至PCB中的GND，将探头拉钩（或红色鳄鱼夹）接至PCB中的 TP_8 端。

第二步：测量信号波形。

本电路的信号频率较低，使用示波器的AUTO按键无法自动测量波形。将示波器的耦合方式设置为直流耦合（交流耦合可能出现波形失真），手动配合调节 X 轴量程挡位、Y 轴量程挡位，以及水平位置旋钮和垂直位置旋钮，使信号波形显示在液晶显示屏上的合适位置，按下Measure按键调出参数，如图5.6.9所示。

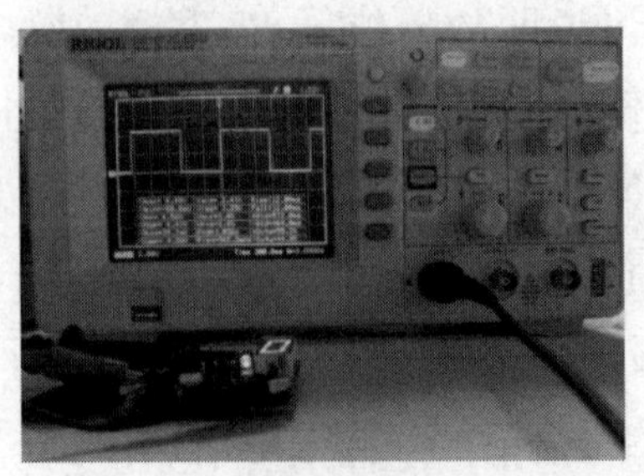

图5.6.9　观测 TP_8 端的信号波形

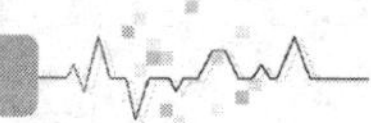

第三步：读取数据并绘制信号波形。

从示波器液晶显示屏上读取相关数据，TP_8端的信号波形及数据示例如图 5.6.10 所示，将信号波形及相关数据填入表 5.6.6。

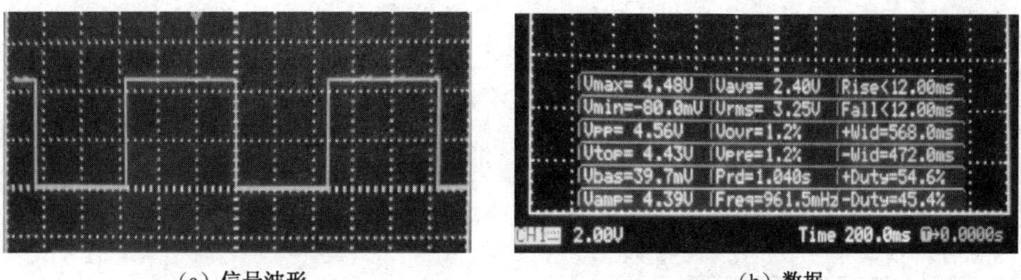

（a）信号波形　　（b）数据

图 5.6.10　TP_8端的信号波形及数据示例

表 5.6.6　TP_8端的信号波形及相关数据

<table>
<tr><td>信号波形（TP_8端）</td><td colspan="2">相 关 数 据</td></tr>
<tr><td rowspan="4"></td><td>X 轴量程挡位</td><td>频率</td></tr>
<tr><td></td><td></td></tr>
<tr><td>Y 轴量程挡位</td><td>峰峰值</td></tr>
<tr><td></td><td></td></tr>
</table>

（5）当数码管显示“0”时，用示波器观测TP_6端的信号波形。

第一步：校准示波器。

连接探头，将探头的黑色鳄鱼夹接至 PCB 中的 GND，将探头拉钩（或红色鳄鱼夹）接至 PCB 中的TP_6端。

第二步：观测信号波形，读取数据并绘制信号波形。

当数码管显示“0”时，按下示波器的 AUTO 按键，调节 X 轴量程挡位、Y 轴量程挡位，使信号波形显示在液晶显示屏上的合适位置。调出参数并读取相关数据，TP_6端的信号波形及数据示例如图 5.6.11 所示，将信号波形及相关数据填入表 5.6.7。

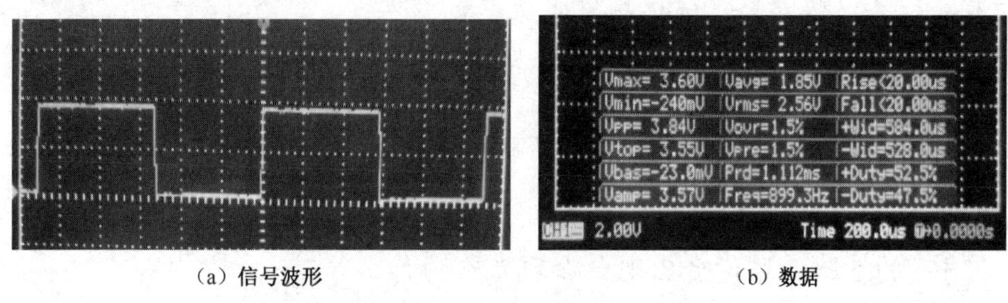

（a）信号波形　　（b）数据

图 5.6.11　TP_6端的信号波形及数据示例

表 5.6.7　TP_6端的信号波形及相关数据

<table>
<tr><th rowspan="5">信号波形（TP_6端）</th><th colspan="2">相 关 数 据</th></tr>
<tr><td>X 轴量程挡位</td><td>频率</td></tr>
<tr><td></td><td></td></tr>
<tr><td>Y 轴量程挡位</td><td>峰峰值</td></tr>
<tr><td></td><td></td></tr>
</table>

（6）当数码管开始倒计时和倒计时结束时，用示波器分别观测 TP_1 端的信号波形。

观测方法及步骤参照（4），只需将探头拉钩（或红色鳄鱼夹）接至 PCB 中的 TP_1 端即可。TP_1 端的信号波形及数据示例如图 5.6.12 所示。

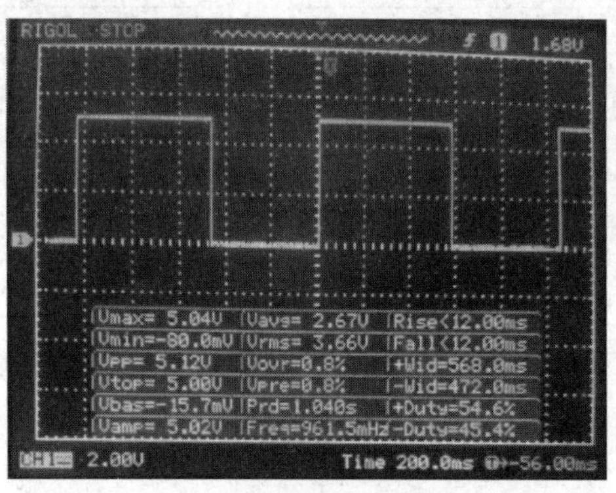

（a）数码管开始倒计时

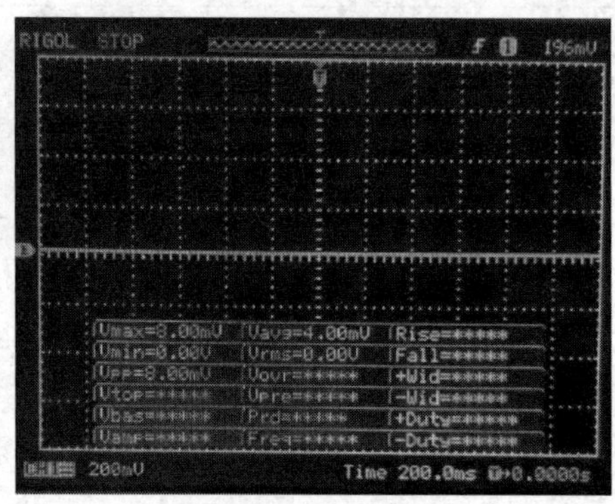

（b）数码管倒计时结束

图 5.6.12　TP_1 端的信号波形及数据示例

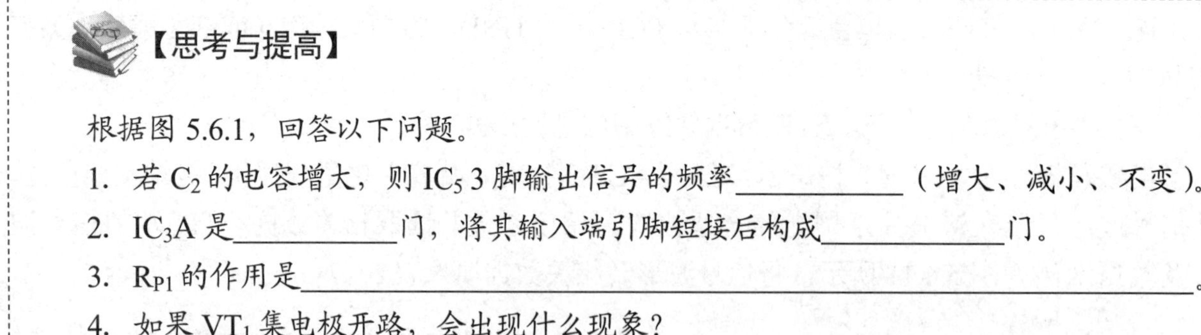

【思考与提高】

根据图 5.6.1，回答以下问题。

1. 若 C_2 的电容增大，则 IC_5 3 脚输出信号的频率__________（增大、减小、不变）。
2. IC_3A 是__________门，将其输入端引脚短接后构成__________门。
3. R_{P1} 的作用是____。
4. 如果 VT_1 集电极开路，会出现什么现象？

5. 如果 IC_3 的 5 脚开路，会出现什么现象？为什么？

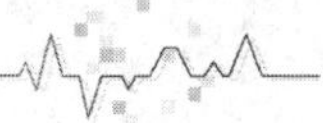

6. 如果 R_8 短路，9s 倒计时电路能实现其功能吗？会出现什么不良影响？

7. VD_1～VD_4 的作用是什么？如果 VD_1 短路，9s 倒计时电路能实现其功能吗？如果 VD_1 开路，9s 倒计时电路能实现其功能吗？

【拓展阅读】

1. 半导小芯网——芯片手册查询
2. 华为的“黄大年茶思屋”

项目 6　职业技能综合训练

各地已公布的职教高考方案均采用“文化素质+职业技能”综合考试模式。电子信息类专业职教高考的主要内容为电子产品装配与测试，可分为应知（专业知识）和应会（技能操作）两大部分的内容，主要考核考生的动手操作能力。职业技能测试不仅能考查考生掌握的知识和技能，还能检测考生的综合素质。

本项目提供了 10 套模拟试题，其难度与近年来部分省市职业技能测试的试题难度相当，适合各校用作职业技能测试模拟训练题，套件购买方式见本书附录 A。

模拟试题 1　非门构成的振荡电路试题

（本试题满分 250 分；准备时间 10 分钟，考试时间 80 分钟，共 90 分钟）

一、基本任务

图 6.1.1 所示为非门构成的振荡电路的电路原理图。当开关 S_1 接通电源时，VL_1 闪烁（或长亮），蜂鸣器 HA_1 发出声音，可通过调节 R_{P1} 改变 VL_1 的闪烁速度。

请根据提供的器材及元器件进行焊接与装配，实现该电路的基本功能，满足相应的技术要求，并完成相关的调试与测试内容。

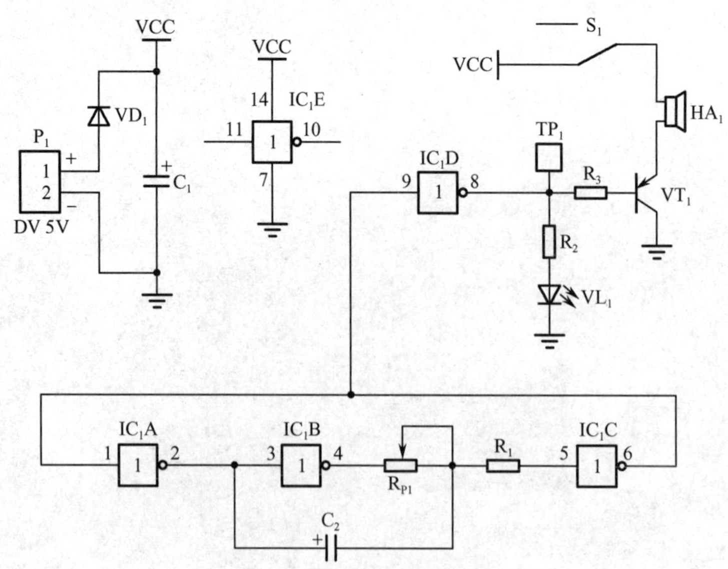

图 6.1.1　非门构成的振荡电路的电路原理图

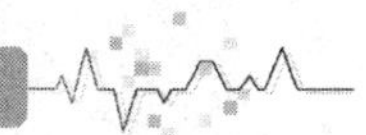

二、元器件的识别、测试、选用（50 分）

1．请根据表 6.1.1，清点元器件数量，观察 PCB 有无明显缺陷，不得丢失、损坏元器件，每丢失或损坏 1 个元器件扣 5 分，直到扣完为止，清点无误后在表 6.1.1 的“清点结果”一栏中打 √（不填写清点结果的，此项不得分）。（20 分）

表 6.1.1 元器件清单

序 号	元器件名称	规格/型号	元器件编号	数 量	清 点 结 果
1	色环电阻器	100Ω	R_1、R_2	2	
2	色环电阻器	1kΩ	R_3	1	
3	可变电阻器	100kΩ	R_{P1}	1	
4	二极管	1N4007	VD_1	1	
5	LED	ϕ3mm	VL_1	1	
6	电解电容器	1μF	C_2	1	
7	电解电容器	47μF	C_1	1	
8	三极管	S8550	VT_1	1	
9	蜂鸣器	5V	HA_1	1	
10	集成电路	CD4069	IC_1	1	
11	集成电路插座	DIP-14	IC_1	1	
12	开关	SS12	S_1	1	
13	单排针	2.54mm	P_1、TP_1	3	
14	PCB	配套		1	

2．用万用表逐一检测元器件并判断其质量好坏，将部分元器件的识别与检测结果填入表 6.1.2。（30 分）

表 6.1.2 部分元器件的识别与检测记录表

<table>
<tr><td>元 器 件</td><td colspan="4">识别与检测结果</td></tr>
<tr><td>R_{P1}</td><td>“104”含义</td><td></td><td>测得的最大电阻</td><td></td></tr>
<tr><td>HA_1</td><td>蜂鸣器类型（有源蜂鸣器、无源蜂鸣器）</td><td colspan="3"></td></tr>
<tr><td>VT_1</td><td>画出外形示意图，标出引脚名称</td><td colspan="3"></td></tr>
</table>

三、PCB 的焊接与装配（65 分）

焊接工艺要求如下。

PCB 上各元器件的焊点圆滑、光亮，大小适中，呈圆锥形，不能出现虚焊、假焊、漏焊、连焊、堆焊、拉尖、针孔等现象。助焊剂不能使用过多，焊接表面应清洁，不能有残渣存在。不符合要求的，每处扣 5 分，直到扣完为止。

装配工艺要求如下。

PCB 上的元器件不漏装、错装，不损坏元器件，元器件的极性安装正确，接插件安装可靠、牢固，集成电路需安装在集成电路插座上，整机清洁，无污物，无烫伤、划伤，元器件的标识符方向正确，元器件的引脚整形符合工艺要求。不符合要求的，每处扣5分，直到扣完为止。

四、通电调试与测试（110分）

装配完毕，检查无误后，将直流稳压电源的输出电压调至（5±0.1）V，接入PCB进行如下调试与测试。若有故障，则应先排除故障再进行测试。

（一）正确使用仪器、仪表（40分）

1．对工位上提供的测量仪器进行检验，将检验结果填入表6.1.3。（24分）

表6.1.3　仪器检验记录表

仪器		功能测试	确认正常 （测试正确，填写“正常”）
名　称	型　号		
直流稳压电源		调节输出电压至所需值，用万用表验证是否正确	
示波器		用示波器自带的校准信号源对示波器进行校准，观察波形、参数是否正确	
函数信号发生器		能产生正弦波信号、方波信号、三角波信号等，幅度和频率可调，利用示波器验证是否正确	

2．PCB检查无误后，按要求正确接入电源。（8分）

3．用万用表测量P_1端电压，将测量结果填入表6.1.4。（8分）

表6.1.4　P_1端电压记录表

测量点	P_1端
测量值	

（二）通电调试（30分）

1．接通电源，将R_{P1}的电阻调至50kΩ左右，观察到VL_1的现象是__________（长亮、长灭、闪烁）；调节R_{P1}的电阻，观察到VL_1的现象是____________________。由此可知，R_{P1}的作用是________________。（12分）

2．断开S_1，将R_{P1}的电阻调至0Ω，用万用表测量IC_1 1脚、3脚、5脚、7脚、8脚、14脚的电位，将测量结果填入表6.1.5。（12分）

表6.1.5　IC_1部分引脚电位记录表

测量点	1脚	3脚	5脚	7脚	8脚	14脚
测量值						

3．闭合S_1，用万用表测量整机电流，约为________________。（6分）

（三）通电测试（40分）

1．断开S_1，将R_{P1}的电阻调至最大，用示波器观测IC_1 8脚（TP_1端）的信号波形，将

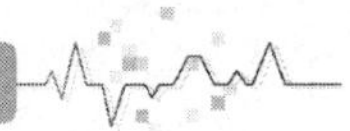

观测结果及相关数据记录在表 6.1.6 中。（20 分）

表 6.1.6 TP_1 端的信号波形及相关数据记录表（R_{P1} 最大）

信号波形（TP_1 端）	相关数据	
	X 轴量程挡位	频率
	Y 轴量程挡位	峰峰值

2．断开 S_1，将 R_{P1} 的电阻调至最小，用示波器观测 IC_1 8 脚（TP_1 端）的信号波形，将观测结果及相关数据记录在表 6.1.7 中。（20 分）

表 6.1.7 TP_1 端的信号波形及相关数据记录表（R_{P1} 最小）

信号波形（TP_1 端）	相关数据	
	X 轴量程挡位	频率
	Y 轴量程挡位	峰峰值

五、职业素养与安全文明操作（25 分）

举止文明、遵守秩序、爱惜设备、规范操作、摆放整齐、台面清洁等。

【思考与提高】

1. 分析图 6.1.1 可知，当 S_1 闭合时，IC_1 的 8 脚输出低电平，VT_1 处于________状态，VL_1______________，HA_1_____________；当 S_1 断开时，IC_1 的 8 脚输出高电平，VT_1 处于________状态，VL_1_____________，HA_1______________。

2. 当将 R_{P1} 的电阻调至最小时，观察到 VL_1 的现象是____________________，此时频率为___________；当将 R_{P1} 的电阻调至最大时，观察到 VL_1 的现象是__________________，此时频率为_____________。

3. 该振荡电路的振荡频率由哪些元器件决定？

模拟试题2　波形产生与整形电路试题

（本试题满分250分；准备时间10分钟，考试时间80分钟，共90分钟）

一、基本任务

图6.2.1所示为波形产生与整形电路的电路原理图。请根据提供的器材及元器件进行焊接与装配，实现该电路的基本功能，满足相应的技术要求，并完成相关的调试与测试内容。

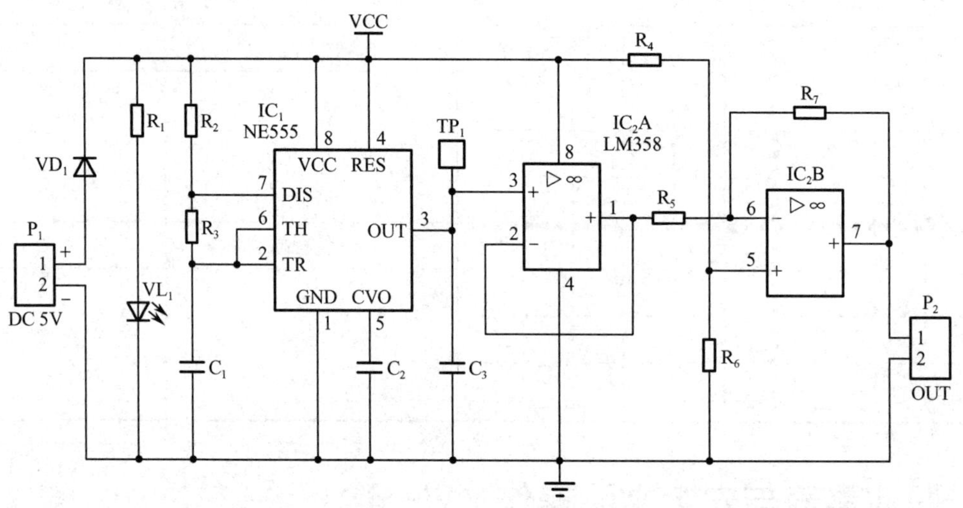

图6.2.1　波形产生与整形电路的电路原理图

二、元器件的识别、测试、选用（50分）

1．请根据表6.2.1，清点元器件数量，观察PCB有无明显缺陷，不得丢失、损坏元器件，每丢失或损坏1个元器件扣5分，直到扣完为止，清点无误后在表6.2.1的“清点结果”一栏中打√（不填写清点结果的，此项不得分）。（20分）

表6.2.1　元器件清单

序　　号	元器件名称	规格/型号	元器件编号	数　　量	清点结果
1	贴片电阻器	1kΩ	R_1、R_2、R_5	3	
2	色环电阻器	47kΩ	R_3、R_4、R_6	3	
3	色环电阻器	470kΩ	R_7	1	

续表

序　号	元器件名称	规格/型号	元器件编号	数　量	清点结果
4	瓷片电容器	0.1μF	C_1、C_3	2	
5	瓷片电容器	0.01μF	C_2	1	
6	二极管	1N4007	VD_1	1	
7	LED	ϕ3mm	VL_1	1	
8	集成电路	NE555	IC_1	1	
9	集成电路	LM358	IC_2	1	
10	集成电路插座	DIP-8	IC_1、IC_2	2	
11	单排针	2.54mm	P_1、P_2、TP_1	5	
12	PCB	配套		1	

2．用万用表逐一检测元器件并判断其质量好坏，将部分元器件的识别与检测结果填入表 6.2.2。（30 分）

表 6.2.2　部分元器件的识别与检测记录表

元器件	识别与检测结果			
R_1	“102”含义		测得的电阻	
R_3	标称电阻值		测得的电阻	
VD_1	正向电阻		反向电阻	
VL_1	正向电阻		反向电阻	

三、PCB 的焊接与装配（65 分）

在 PCB 中，VD_1 标识符无极性标识，需根据图 6.2.1 对照 PCB 确定正、负极后对位安装，否则会出现功能异常。

焊接工艺要求如下。

PCB 上各元器件的焊点圆滑、光亮，大小适中，呈圆锥形，不能出现虚焊、假焊、漏焊、连焊、堆焊、拉尖、针孔等现象。助焊剂不能使用过多，焊接表面应清洁，不能有残渣存在。不符合要求的，每处扣 5 分，直到扣完为止。

装配工艺要求如下。

PCB 上的元器件不漏装、错装，不损坏元器件，元器件的极性安装正确，接插件安装可靠、牢固，集成电路需安装在集成电路插座上，整机清洁，无污物，无烫伤、划伤，元器件的标识符方向正确，元器件的引脚整形符合工艺要求。不符合要求的，每处扣 5 分，直到扣完为止。

四、通电调试与测试（110 分）

装配完毕，检查无误后，将直流稳压电源的输出电压调至（5±0.1）V，接入 PCB 进行如下调试与测试。若有故障，则应先排除故障再进行测试。

（一）正确使用仪器、仪表（40分）

1．对工位上提供的测量仪器进行检验，将检验结果填入表6.2.3。（24分）

表6.2.3　仪器检验记录表

仪　　器		功能测试	确认正常（测试正确，填写“正常”）
名　　称	型　　号		
直流稳压电源		调节输出电压至所需值，用万用表验证是否正确	
示波器		用示波器自带的校准信号源对示波器进行校准，观察波形、参数是否正确	
函数信号发生器		能产生正弦波信号、方波信号、三角波信号等，幅度和频率可调，利用示波器验证是否正确	

2．PCB检查无误后，按要求正确接入电源。（8分）

3．用万用表测量P_1端电压，将测量结果填入表6.2.4。（8分）

表6.2.4　P_1端电压记录表

测量点	P_1端
测量值	

（二）通电电路调试与测试（70分）

1．PCB中设置了两处故障，请先根据图6.2.1排除故障。（10分）

（1）故障1。

故障现象描述：________________________________；故障点：________________________________。

（2）故障2。

故障现象描述：________________________________；故障点：________________________________。

2．电路调试（30分）

（1）用万用表测量IC_1 1脚、3脚、5脚、8脚的电位，将测量结果填入表6.2.5。（12分）

表6.2.5　IC_1部分引脚电位记录表

测量点	1脚	3脚	5脚	8脚
测量值				

（2）用万用表测量IC_2 4脚、5脚、8脚的电位，将测量结果填入表6.2.6。（12分）

表6.2.6　IC_2部分引脚电位记录表

测量点	4脚	5脚	8脚
测量值			

（3）用万用表测量流过VL_1的电流，为________________。（6分）

3．电路测试（30分）

（1）用示波器观测TP_1端的信号波形，将示波器的耦合方式设置为直流耦合，X轴量程挡位

设置为500μs/DIV，Y轴量程挡位设置为2V/DIV。将观测结果及相关数据填入表6.2.7。（15分）

表6.2.7 TP_1端的信号波形及相关数据记录表

信号波形（TP_1端）	相关数据	
	峰峰值	周期
	频率	正占空比

（2）用示波器观测P_2端的信号波形，将示波器的耦合方式设置为直流耦合，X轴量程挡位设置为500μs/DIV，Y轴量程挡位设置为2V/DIV。将观测结果及相关数据填入表6.2.8。（15分）

表6.2.8 P_2端的信号波形及相关数据记录表

信号波形（P_2端）	相关数据	
	峰峰值	周期
	频率	正占空比

五、职业素养与安全文明操作（25分）

举止文明、遵守秩序、爱惜设备、规范操作、摆放整齐、台面清洁等。

【思考与提高】

1. VD_1的作用是什么？如果将PCB中VD_1的极性装反，会出现什么现象？

2. TP_1端的信号频率由哪些元器件决定？

3. P_2端的信号波形与TP_1端的信号波形有什么区别？IC_2的作用是什么？

模拟试题3　两级放大电路试题

（本试题满分250分；准备时间10分钟，考试时间80分钟，共90分钟）

一、基本任务

图6.3.1所示为两级放大电路的电路原理图。请根据提供的器材及元器件进行焊接与装配，实现该电路的基本功能，满足相应的技术要求，并完成相关的调试与测试内容。

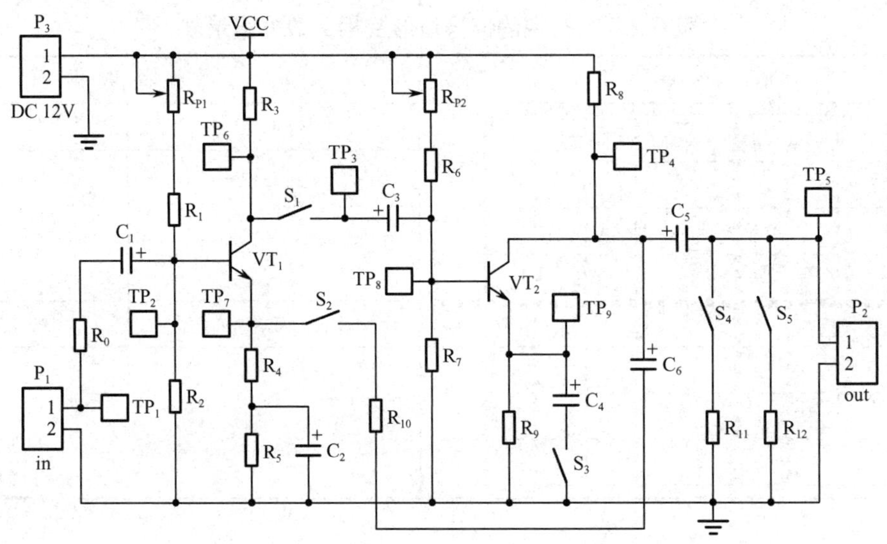

图6.3.1　两级放大电路的电路原理图

二、元器件的识别、测试、选用（50分）

1．请根据表6.3.1，清点元器件数量，观察PCB有无明显缺陷，不得丢失、损坏元器件，每丢失或损坏1个元器件扣5分，直到扣完为止，清点无误后在表6.3.1的“清点结果”一栏打√（不填写清点结果的，此项不得分）。（20分）

表6.3.1　元器件清单

序　　号	元器件名称	规格/型号	元器件编号	数　　量	清点结果
1	电阻器	4.7kΩ	R_0～R_3、R_6～R_8、R_{10}～R_{12}	10	
2	电阻器	100Ω	R_4	1	
3	电阻器	1kΩ	R_5、R_9	2	
4	可变电阻器	50kΩ	R_{P1}、R_{P2}	2	

续表

序　号	元器件名称	规格/型号	元器件编号	数　量	清点结果
5	电解电容器	10μF	C_1～C_6	6	
6	三极管	S9013	VT_1、VT_2	2	
7	单排针	2.54mm	TP_1～TP_9、P_1～P_3	15	
8	开关	SS12	S_1～S_5	10	
9	PCB	配套		1	

2．用万用表逐一检测元器件并判断其质量好坏，将部分元器件的识别与检测结果填入表 6.3.2。（30 分）

表 6.3.2　部分元器件的识别与检测记录表

元 器 件	识别与检测结果			
R_{P1}	“503”含义		测得的最大电阻	
R_4	标称电阻值		测得的电阻	
VT_1	画出外形示意图，标出引脚名称			

三、PCB 的焊接与装配（65 分）

焊接工艺要求如下。

PCB 上各元器件的焊点圆滑、光亮，大小适中，呈圆锥形，不能出现虚焊、假焊、漏焊、连焊、堆焊、拉尖、针孔等现象。助焊剂不能使用过多，焊接表面应清洁，不能有残渣存在。不符合要求的，每处扣 5 分，直到扣完为止。

装配工艺要求如下。

PCB 上的元器件不漏装、错装，不损坏元器件，元器件的极性安装正确，接插件安装可靠、牢固，集成电路需安装在集成电路插座上，整机清洁，无污物，无烫伤、划伤，元器件的标识符方向正确，元器件的引脚整形符合工艺要求。不符合要求的，每处扣 5 分，直到扣完为止。

四、通电调试与测试（110 分）

装配完毕，检查无误后，将直流稳压电源的输出电压调至（12±0.1）V，接入 PCB 进行如下调试与测试。若有故障，则应先排除故障再进行测试。

（一）正确使用仪器、仪表（40 分）

1．对工位上提供的测量仪器进行检验，将检验结果填入表 6.3.3。（24 分）

表 6.3.3　仪器检验记录表

仪器		功 能 测 试	确认正常（测试正确，填写“正常”）
名　称	型　号		
直流稳压电源		调节输出电压至所需值，用万用表验证是否正确	
示波器		用示波器自带的校准信号源对示波器进行校准，观察波形、参数是否正确	

续表

仪器		功能测试	确认正常（测试正确，填写“正常”）
名称	型号		
函数信号发生器		能产生正弦波信号、方波信号、三角波信号等，幅度和频率可调，利用示波器验证是否正确	

2．PCB 检查无误后，按要求正确接入电源。（8 分）

3．用万用表测量 P_3 端电压，将测量结果填入表 6.3.4。（8 分）

表 6.3.4　P_3 端电压记录表

测量点	P_3 端
测量值	

（二）通电调试（30 分）

1．断开 S_1、S_2，在无输入信号的情况下，调节 R_{P1}，使 TP_2 端的电压约为 1.5V，用万用表测量 VT_1 各引脚的电位，将测量结果填入表 6.3.5。（12 分）

表 6.3.5　VT_1 各引脚电位记录表

	引脚			VT_1 工作状态
	VT_1 集电极	VT_1 基极	VT_1 发射极	
测量值				

2．断开 S_1～S_5，在无输入信号的情况下，调节 R_{P2}，使 VT_2 的集电极-发射极电压 U_{ce} 约为 6V，用万用表测量 VT_2 各引脚的电位，将测量结果填入表 6.3.6。（18 分）

表 6.3.6　VT_2 各引脚电位记录表

	电位/电压					VT_2 工作状态
	V_c	V_b	V_e	U_{be}	U_{ce}	
测量值						

（三）通电测试（40 分）

1．闭合 S_1、S_3，断开 S_2、S_4、S_5，在 P_1 端输入频率为 1kHz、幅值为 10mV 的正弦波信号，调节 R_{P1}、R_{P2}，使波形不失真，用示波器观测 P_2 端的信号波形，并将观测结果及相关数据填入表 6.3.7。（20 分）

表 6.3.7　P_2 端的信号波形及相关数据记录表（1）

信号波形（P_2 端）	相关数据	
	X 轴量程挡位	周期
	Y 轴量程挡位	峰峰值

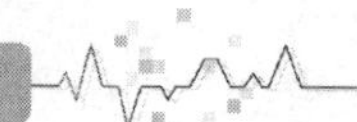

2．保持 R_{P1}、R_{P2} 的电阻不变，闭合 S_1、S_2、S_3、S_4，断开 S_5，在 P_1 端输入频率为 1kHz、幅值 10mV 的正弦波信号，用示波器观测 P_2 端的信号波形，并将观测结果及相关数据填入表 6.3.8。（20 分）

表 6.3.8　P_2 端的信号波形及相关数据记录表（2）

信号波形（P_2 端）	相关数据	
	X 轴量程挡位	周期
	Y 轴量程挡位	峰峰值

五、职业素养与安全文明操作（25 分）

举止文明、遵守秩序、爱惜设备、规范操作、摆放整齐、台面清洁等。

【思考与提高】

1．C_4 称为_________电容器，作用是________________；R_{10}、C_6 构成____________反馈，虽然放大倍数____________（增大、减小、不变），但输入电阻__________，输出电阻__________。

2．R_{P1}、R_{P2} 保持通电测试 1 中的电阻不变，闭合 S_1，断开 S_2～S_5，在 P_1 端输入频率为 1kHz、幅值为 10mV 的正弦波信号，用示波器测得 P_2 端输出信号的峰峰值约为____________，说明无 C_4 时，放大倍数______________（增大、减小、不变）。

3．R_{P1}、R_{P2} 保持上一测量状态不变，闭合 S_1～S_3，断开 S_4、S_5，在 P_1 端输入频率为 1kHz、幅值为 10mV 的正弦波信号，用示波器测得 P_2 端输出信号的峰峰值约为______________，说明串入 R_{10}、C_6 后，放大倍数____________（增大、减小、不变）。

模拟试题 4　十进制计数器试题

（本试题满分 250 分；准备时间 10 分钟，考试时间 80 分钟，共 90 分钟）

一、基本任务

图 6.4.1 所示为十进制计数器的电路原理图。当按下开始按钮 S_1 时，计数器清零，数码

管将显示“0”，当松开 S_1 时，计数器开始计数，数码管从“1”开始累加，直至显示“9”后再从 0 到 9 循环计数。

请根据提供的器材及元器件进行焊接与装配，实现该电路的基本功能，满足相应的技术要求，并完成相关的调试与测试内容。

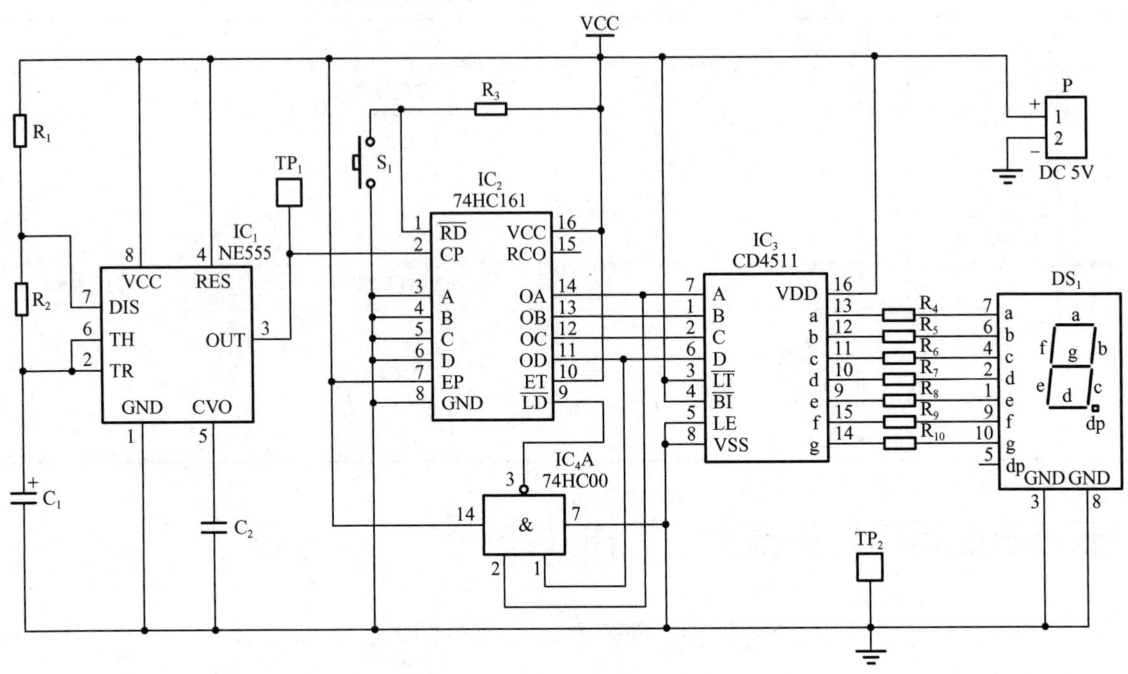

图 6.4.1　十进制计数器的电路原理图

二、元器件的识别、测试、选用（50 分）

1．请根据表 6.4.1，清点元器件数量，观察 PCB 有无明显缺陷，不得丢失、损坏元器件，每丢失或损坏 1 个元器件扣 5 分，直到扣完为止，清点无误后在表 6.4.1 的“清点结果”一栏中打 √（不填写清点结果的，此项不得分）。（20 分）

表 6.4.1　元器件清单

序　号	元器件名称	规格/型号	元器件编号	数　量	清 点 结 果
1	贴片电阻器	470Ω	R_4～R_{10}	7	
2	色环电阻器	15kΩ	R_1	1	
3	色环电阻器	68kΩ	R_2	1	
4	色环电阻器	1kΩ	R_3	1	
5	电解电容器	10μF	C_1	1	
6	瓷片电容器	0.01μF	C_2	1	
7	按钮	6mm×6mm	S_1	1	
8	集成电路	74HC161	IC_2	1	
9	集成电路	CD4511	IC_3	1	
10	集成电路	74HC00	IC_4	1	
11	集成电路	NE555	IC_1	1	
12	集成电路插座	DIP-8	IC_1	1	

续表

序　　号	元器件名称	规格/型号	元器件编号	数　　量	清 点 结 果
13	集成电路插座	DIP-14	IC_4	1	
14	集成电路插座	DIP-16	IC_2、IC_3	2	
15	数码管	数码管	DS_1	1	
16	单排针	2.54mm	P、TP_1、TP_2	4	
17	PCB	配套		1	

2．用万用表逐一检测元器件并判断其质量好坏，将部分元器件的识别与检测结果填入表 6.4.2。（30 分）

表 6.4.2　部分元器件的识别与检测记录表

元　器　件	识别与检测结果			
R_4～R_{10}	“471”的含义		测得的电阻	
C_2	“103”的含义	______nF=______μF		
DS_1	画出外形示意图，标出引脚			

三、PCB 的焊接与装配（65 分）

焊接工艺要求如下。

PCB 上各元器件的焊点圆滑、光亮，大小适中，呈圆锥形，不能出现虚焊、假焊、漏焊、连焊、堆焊、拉尖、针孔等现象。助焊剂不能使用过多，焊接表面应清洁，不能有残渣存在。不符合要求的，每处扣 5 分，直到扣完为止。

装配工艺要求如下。

PCB 上的元器件不漏装、错装，不损坏元器件，元器件的极性安装正确，接插件安装可靠、牢固，集成电路需安装在集成电路插座上，整机清洁，无污物，无烫伤、划伤，元器件的标识符方向正确，元器件的引脚整形符合工艺要求。不符合要求的，每处扣 5 分，直到扣完为止。

四、通电调试与测试（110 分）

装配完毕，检查无误后，将直流稳压电源的输出电压调至（5±0.1）V，接入 PCB 进行如下调试与测试。若有故障，则应先排除故障再进行测试。

（一）正确使用仪器、仪表（40 分）

1．对工位上提供的测量仪器进行检验，将检验结果填入表 6.4.3。（24 分）

表 6.4.3　仪器检验记录表

仪　　器		功 能 测 试	确认正常 （测试正确，填写“正常”）
名　　称	型　　号		
直流稳压电源		调节输出电压至所需值，用万用表验证是否正确	

续表

仪　　器		功 能 测 试	确认正常（测试正确，填写“正常”）
名　　称	型　　号		
示波器		用示波器自带的校准信号源对示波器进行校准，观察波形、参数是否正确	
函数信号发生器		能产生正弦波信号、方波信号、三角波信号等，幅度和频率可调，利用示波器验证是否正确	

2．PCB 检查无误后，按要求正确接入电源。（8 分）

3．用万用表测量 P 端电压，将测量结果填入表 6.4.4。（8 分）

表 6.4.4　P 端电压记录表

测量点	P 端
测量值	

（二）通电调试（30 分）

1．接通电源，观察到的现象是______________________________；按下 S_1 后松开，观察到的现象是________________________。（10 分）

2．用万用表测量 IC_1 1 脚、4 脚、5 脚、8 脚的电位，将测量结果填入表 6.4.5。（12 分）

表 6.4.5　IC_1 部分引脚电位记录表

测量点	1 脚	4 脚	5 脚	8 脚
测量值				

3．分别在按住和松开 S_1 两种情况下，用万用表测量 IC_2 1 脚的电位，将测量结果填入表 6.4.6。（8 分）

表 6.4.6　IC_2 1 脚电位记录表

S_1 状态	按住 S_1	松开 S_1
测量值		

（三）通电测试（40 分）

1．用示波器观测 IC_1 2 脚的信号波形，将观测结果及相关数据填入表 6.4.7。（20 分）

表 6.4.7　IC_1 2 脚的信号波形及相关数据记录表

信号波形（IC_1 2 脚）	相 关 数 据	
	X 轴量程挡位	频率
	Y 轴量程挡位	峰峰值

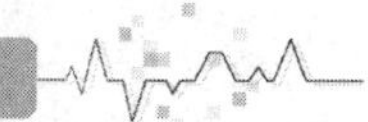

2．用示波器观测 TP_1 端的信号波形，将示波器的耦合方式设置为直流耦合，X 轴量程挡位设置为 200ms/DIV，Y 轴量程挡位设置为 2V/DIV，将观测结果及相关数据填入表 6.4.8。（20 分）

表 6.4.8 TP_1 端的信号波形及相关数据记录表

信号波形（TP_1 端）	相关数据		
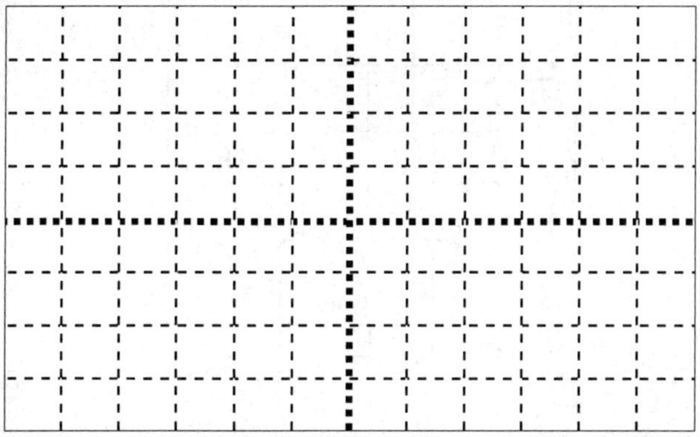	峰峰值	周期	正占空比

五、职业素养与安全文明操作（25 分）

举止文明、遵守秩序、爱惜设备、规范操作、摆放整齐、台面清洁等。

【思考与提高】

1. IC_1 构成什么电路？其作用是什么？

2. IC_4A 是什么门？在十进制计数器中的作用是什么？简要叙述其工作原理。

3. 按下 S_1 后，如何实现从“0”开始计数？

模拟试题 5　串稳-多谐振荡电路试题

（本试题满分 250 分；准备时间 10 分钟，考试时间 80 分钟，共 90 分钟）

一、基本任务

图 6.5.1 所示为串稳-多谐振荡电路的电路原理图。请根据提供的器材及元器件进行焊接

与装配，实现该电路的基本功能，满足相应的技术要求，并完成相关的调试与测试内容。

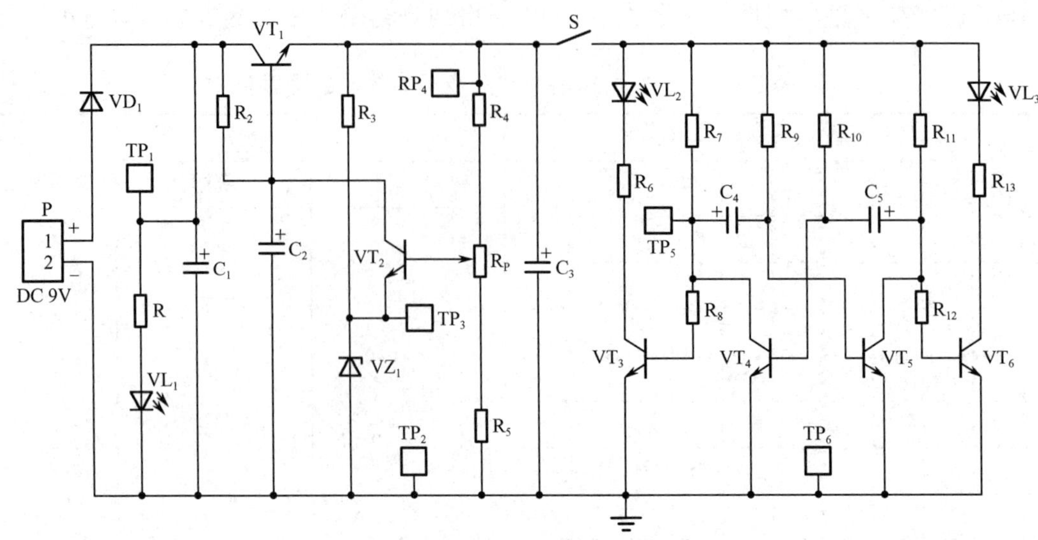

图 6.5.1　串稳-多谐振荡电路的电路原理图

二、元器件的识别、测试、选用（50 分）

1．请根据表 6.5.1，清点元器件数量，观察 PCB 有无明显缺陷，不得丢失、损坏元器件，每丢失或损坏 1 个元器件扣 5 分，直到扣完为止，清点无误后在表 6.5.1 的“清点结果”一栏中打 √（不填写清点结果的，此项不得分）。（20 分）

表 6.5.1　元器件清单

序　　号	元器件名称	规格/型号	元器件编号	数　　量	清 点 结 果
1	贴片电阻器	1kΩ	R_7、R_{11}	2	
2	色环电阻器	100Ω	R_4、R_5	2	
3	色环电阻器	470Ω	R_3、R_6、R_{13}	3	
4	色环电阻器	2.2kΩ	R_2	1	
5	色环电阻器	4.7kΩ	R_1	1	
6	色环电阻器	47kΩ	R_8、R_9、R_{10}、R_{12}	4	
7	可变电阻器	蓝白 1kΩ	R_P	1	
8	电解电容器	10μF	C_4、C_5	2	
9	电解电容器	47μF	C_2	1	
10	电解电容器	100μF	C_1、C_3	2	
11	二极管	1N4007	VD_1	1	
12	稳压二极管	3V3	VZ_1	1	
13	LED	ϕ3mm 红色	VL_1、VL_2	2	
14	LED	ϕ3mm 绿色	VL_3	1	
15	三极管	S9014	VT_1～VT_6	6	
16	单排针	2.54mm	TP_1～TP_6、P	8	

续表

序　号	元器件名称	规格/型号	元器件编号	数　量	清点结果
17	开关	SS12	S	1	
18	PCB	配套		1	

2．用万用表逐一检测元器件并判断其质量好坏，将部分元器件的识别与检测结果填入表6.5.2。（30分）

表6.5.2　部分元器件的识别与检测记录表

元　器　件	识别与检测结果			
R_2	标称电阻值		测得的电阻	
VZ_1	正向电阻		反向电阻	
VL_1	正向导通电压			
VL_3	正向导通电压			
VT_1	画出外形示意图，标出引脚名称			

三、PCB的焊接与装配（65分）

焊接工艺要求如下。

PCB上各元器件的焊点圆滑、光亮，大小适中，呈圆锥形，不能出现虚焊、假焊、漏焊、连焊、堆焊、拉尖、针孔等现象。助焊剂不能使用过多，焊接表面应清洁，不能有残渣存在。不符合要求的，每处扣5分，直到扣完为止。

装配工艺要求如下。

PCB上的元器件不漏装、错装，不损坏元器件，元器件的极性安装正确，接插件安装可靠、牢固，集成电路需安装在集成电路插座上，整机清洁，无污物，无烫伤、划伤，元器件的标识符方向正确，元器件的引脚整形符合工艺要求。不符合要求的，每处扣5分，直到扣完为止。

四、通电调试与测试（110分）

装配完毕，检查无误后，将直流稳压电源的输出电压调至（9±0.1）V，接入PCB进行如下调试与测试。若有故障，则应先排除故障再进行测试。

（一）正确使用仪器、仪表（40分）

1．对工位上提供的测量仪器进行检验，将检验结果填入表6.5.3。（24分）

表6.5.3　仪器检验记录表

仪　器		功能测试	确认正常（测试正确，填写“正常”）
名　称	型　号		
直流稳压电源		调节输出电压至所需值，用万用表验证是否正确	

续表

仪器		功能测试	确认正常（测试正确，填写“正常”）
名称	型号		
示波器		用示波器自带的校准信号源对示波器进行校准，观察波形、参数是否正确	
函数信号发生器		能产生正弦波信号、方波信号、三角波信号等，幅度和频率可调，利用示波器验证是否正确	

2．PCB 检查无误后，按要求正确接入电源。（8 分）

3．用万用表测量 P 端电压，将测量结果填入表 6.5.4。（8 分）

表 6.5.4　P 端电压记录表

测量点	P 端
测量值	

（二）通电调试（30 分）

1．断开 S，接通电源，调节____________（填写元器件编号），使 TP_4 端的电位为 5V。（8 分）

2．将 TP_4 端的电位调至 5V 后，使 S 保持断开状态，用万用表测量 TP_1 端、TP_2 端、TP_3 端、TP_4 端的电位，将测量结果填入表 6.5.5。（16 分）

表 6.5.5　电位测量记录表

测量点	TP_1 端	TP_2 端	TP_3 端	TP_4 端
测量值				

3．闭合 S，观察到 VL_2、VL_3 的现象是__________________。（6 分）

（三）通电测试（40 分）

1．用示波器观测 TP_4 端的信号波形，将观测结果及相关数据填入表 6.5.6。（20 分）

表 6.5.6　TP_4 端的信号波形及相关数据记录表

信号波形（TP_4 端）	相关数据	
	Y 轴量程挡位	最大值
	最小值	有效值

2．用示波器观测 TP_5 端的信号波形，将观测结果及相关数据填入表 6.5.7。（20 分）

表 6.5.7 TP_5端的信号波形及相关数据记录表

信号波形（TP_5端）	相关数据	
	Y轴量程挡位	峰峰值
	X轴量程挡位	频率

五、职业素养与安全文明操作（25分）

举止文明、遵守秩序、爱惜设备、规范操作、摆放整齐、台面清洁等。

【思考与提高】

1. 串联可调直流稳压电源由哪四部分构成？

2. 简述用万用表测量TP_4端的输出电压可调范围的方法。

3. 若R_2开路，会出现什么现象？为什么？

4. 若VZ_1开路，会出现什么现象？

模拟试题6　波形变换电路试题

（本试题满分 250 分；准备时间 10 分钟，考试时间 80 分钟，共 90 分钟）

一、基本任务

图 6.6.1 所示为波形变换电路的电路原理图。请根据提供的器材及元器件进行焊接与装配，实现该电路的基本功能，满足相应的技术要求，并完成相关的调试与测试内容。

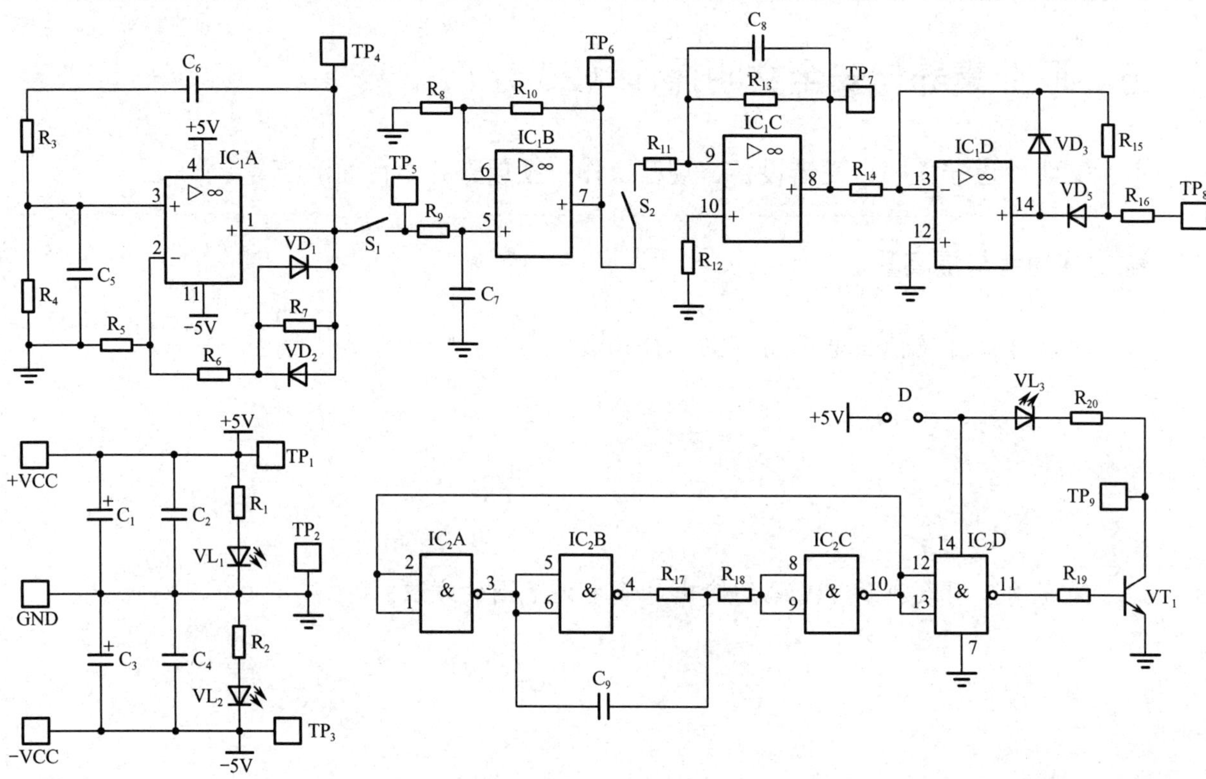

图 6.6.1　波形变换电路的电路原理图

二、元器件的识别、测试、选用（50 分）

1. 请根据表 6.6.1，清点元器件数量，观察 PCB 有无明显缺陷，不得丢失、损坏元器件，每丢失或损坏 1 个元器件扣 5 分，直到扣完为止，清点无误后在表 6.6.1 的“清点结果”一栏中打 √（不填写清点结果的，此项不得分）。（20 分）

表 6.6.1　元器件清单

序　号	元器件名称	规格/型号	元器件编号	数　量	清点结果
1	贴片电阻器	1kΩ	R_{19}、R_{20}	2	
2	贴片电阻器	330kΩ	R_{17}、R_{18}	2	
3	贴片 LED	0805	VL_3	1	

续表

序　号	元器件名称	规格/型号	元器件编号	数　量	清 点 结 果
4	贴片三极管	9014（J6）	VT_1	1	
5	贴片电容器	0.1μF	C_2、C_4、C_5、C_6、C_7、C_8、C_9	7	
6	贴片集成电路	CD4011	IC_2	1	
7	贴片二极管	1N4148	VD_3、VD_4	2	
8	色环电阻器	1kΩ	R_1、R_2、R_5	3	
9	色环电阻器	5.1kΩ	R_3、R_4、R_8、R_{10}、R_{11}、R_{12}	6	
10	色环电阻器	200Ω	R_6	1	
11	色环电阻器	2kΩ	R_7、R_{14}	2	
12	色环电阻器	10kΩ	R_9、R_{13}、R_{15}、R_{16}	4	
13	LED	LED	VL_1、VL_2	2	
14	二极管	1N4148	VD_1、VD_2	2	
15	电解电容器	100μF	C_1、C_3	2	
16	集成电路	TL084	IC_1	1	
17	集成电路插座	DIP-14	IC_1	1	
18	单排针	2.54mm	+VCC、-VCC、GND、TP_1～TP_9	12	
19	开关	SS12	S_1、S_2	2	
20	PCB	配套		1	

2．用万用表逐一检测元器件并判断其质量好坏，将部分元器件的识别与检测结果填入表 6.6.2。（30 分）

表 6.6.2　部分元器件的识别与检测记录表

序　号	名　称	识别与检测结果
1	R_3	标称电阻值：　　　　实际测量值：
2	C_1	耐压：
3	VL_2	正向导通电压：
4	VL_3	标出极性： ①　　②

三、PCB 的焊接与装配（65 分）

焊接工艺要求如下。

PCB 上各元器件的焊点圆滑、光亮，大小适中，呈圆锥形，不能出现虚焊、假焊、漏焊、连焊、堆焊、拉尖、针孔等现象。助焊剂不能使用过多，焊接表面应清洁，不能有残渣存在。不符合要求的，每处扣 5 分，直到扣完为止。

装配工艺要求如下。

PCB 上的元器件不漏装、错装，不损坏元器件，元器件的极性安装正确，接插件安装可靠、牢固，集成电路需安装在集成电路插座上，整机清洁，无污物，无烫伤、划伤，元器件的标识符方向正确，元器件的引脚整形符合工艺要求。不符合要求的，每处扣 5 分，直到扣完为止。

四、通电调试与测试（110 分）

装配完毕，检查无误后，将直流稳压电源的输出电压调至±（5±0.1）V，接入 PCB 进行如下调试与测试。若有故障，则应先排除故障再进行测试。

（一）通电测试一（70 分）

本电路采用了正、负双电源供电，断开 S_1、S_2（拔掉短路帽）后，对整个电路进行如下测试。

1. 本电路由 4 组运算放大器构成。先仅闭合 S_2（插上短路帽），用函数信号发生器从 TP_5 端输入一个频率为 100Hz、幅值为 200mV 的三角波信号（本小题测试完毕后撤除该信号），观测 TP_7、TP_8 端的信号波形。由此判断，由 IC_1C、IC_1D 构成的电路的功能是__________，将 TP_7 端的信号波形和相关数据填入表 6.6.3。（40 分）

表 6.6.3　TP_7 端的信号波形及相关数据记录表

TP_7 端的信号波形（20 分）	相关数据	
	X 轴量程挡位（5 分）	周期（5 分）
	Y 轴量程挡位（5 分）	峰峰值（5 分）

2. 断开 S_1、S_2，用示波器观测 TP_4 端的信号波形，将观测结果及相关数据填入表 6.6.4。（30 分）

表 6.6.4　TP_4 端的信号波形及相关数据记录表

TP_4 端的信号波形（14 分）	相关数据	
	X 轴量程挡位（4 分）	频率（4 分）
	Y 轴量程挡位（4 分）	峰峰值（4 分）

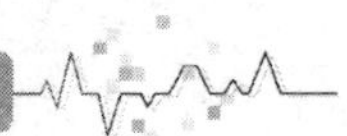

（二）通电测试二（40 分）

1．PCB 右侧贴片区已设置了一处故障，结合图 6.6.1 排除故障。（15 分）

故障现象描述：________________________________，故障点：________________________。

2．故障排除后，PCB 中的贴片 LED 处于__________状态。（长亮、长暗、闪烁）（10 分）

3．PCB 中 TP_9 端的信号波形为__________，频率为__________，波形的有效值为________。（15 分）

五、职业素养与安全文明操作（25 分）

举止文明、遵守秩序、爱惜设备、规范操作、摆放整齐、台面清洁等。

【思考与提高】

1. VL_1 是________电压指示灯，VL_2 是________电压指示灯，R_1、R_2 的作用是________________。

2. 当 IC_2 的 11 脚输出低电平时，VT_1 处于________状态，VL_3________（亮、灭）；当 IC_2 的 11 脚输出高电平时，VT_1 处于________状态，VL_3________（亮、灭）。

3. IC_1A 及外围元器件构成什么电路？其振荡频率由哪些元器件决定？

模拟试题 7　触发器应用电路试题

（本试题满分 250 分；准备时间 10 分钟，考试时间 80 分钟，共 90 分钟）

一、基本任务

图 6.7.1 所示为触发器应用电路的电路原理图。请根据提供的器材及元器件进行焊接与装配，实现该电路的基本功能，满足相应的技术要求，并完成相关的调试与测试内容。

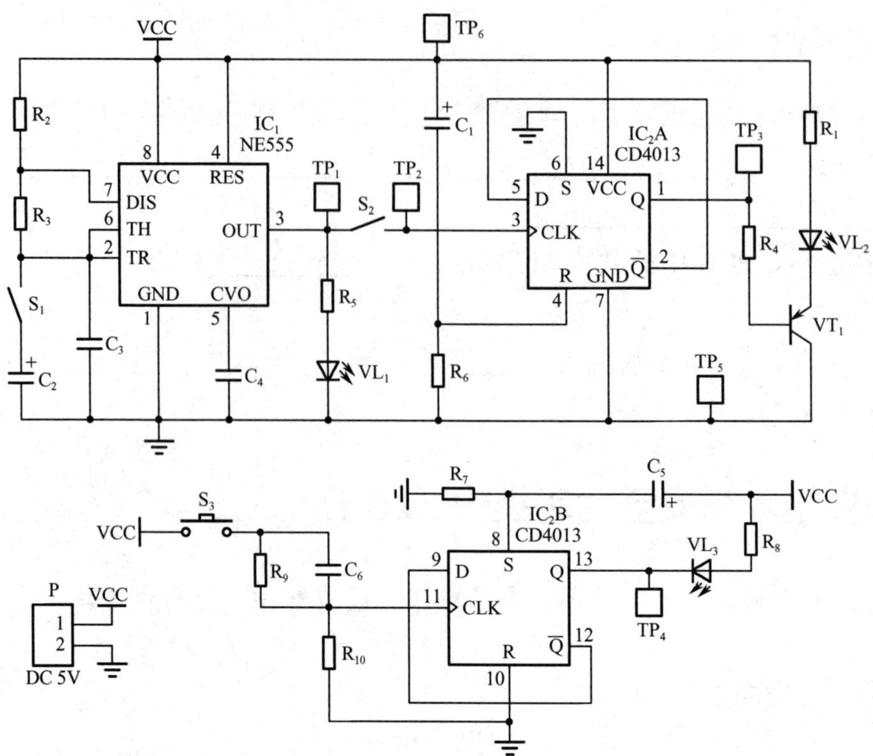

图 6.7.1　触发器应用电路的电路原理图

二、元器件的识别、测试、选用（50 分）

1．请根据表 6.7.1，清点元器件数量，观察 PCB 有无明显缺陷，不得丢失、损坏元器件，每丢失或损坏 1 个元器件扣 5 分，直到扣完为止，清点无误后在表 6.7.1 的“清点结果”一栏中打 √（不填写清点结果的，此项不得分）。(20 分)

表 6.7.1　元器件清单

序　　号	元器件名称	规格/型号	元器件编号	数　　量	清 点 结 果
1	贴片电阻器	10kΩ	R_6、R_7、R_{10}	3	
2	色环电阻器	4.7kΩ	R_1、R_5、R_8、R_9	4	
3	色环电阻器	2kΩ	R_2	1	
4	色环电阻器	100kΩ	R_3	1	
5	色环电阻器	1kΩ	R_4	1	
6	电解电容器	10μF	C_1、C_5	2	
7	电解电容器	1μF	C_2	1	
8	瓷片电容器	10nF	C_3	1	
9	瓷片电容器	100nF	C_4、C_6	2	
10	LED	ϕ3mm 红色	VL_1、VL_3	2	
11	LED	ϕ3mm 绿色	VL_2	1	
12	三极管	S8550	VT_1	1	
13	集成电路	NE555	IC_1	1	
14	集成电路	CD4013	IC_2	1	

续表

序　　号	元器件名称	规格/型号	元器件编号	数　　量	清 点 结 果
15	集成电路插座	DIP-8	IC_1	1	
16	集成电路插座	DIP-14	IC_2	1	
17	按钮	6mm×6mm	S_3	1	
18	开关	SS12	S_1、S_2	2	
19	单排针	2.54mm	TP_1～TP_6、P	8	
20	PCB	配套		1	

2．用万用表逐一检测元器件并判断其质量好坏，将部分元器件的识别与检测结果填入表 6.7.2。（30 分）

表 6.7.2　部分元器件的识别与检测记录表

序　　号	名　　称	识别与检测结果	得　　分
1	R_3	标称电阻值：　　　　　　　　实际测量值：	
2	C_2	电容：　　　　　　　　　　　耐压：	
3	VL_1	正向导通电压：	

三、PCB 的焊接与装配（65 分）

焊接工艺要求如下。

PCB 上各元器件的焊点圆滑、光亮，大小适中，呈圆锥形，不能出现虚焊、假焊、漏焊、连焊、堆焊、拉尖、针孔等现象。助焊剂不能使用过多，焊接表面应清洁，不能有残渣存在。不符合要求的，每处扣 5 分，直到扣完为止。

装配工艺要求如下。

PCB 上的元器件不漏装、错装，不损坏元器件，元器件的极性安装正确，接插件安装可靠、牢固，集成电路需安装在集成电路插座上，整机清洁，无污物，无烫伤、划伤，元器件的标识符方向正确，元器件的引脚整形符合工艺要求。不符合要求的，每处扣 5 分，直到扣完为止。

四、通电调试与测试（110 分）

装配完毕，检查无误后，将直流稳压电源的输出电压调至（5±0.1）V，接入 PCB 进行如下调试与测试。若有故障，则应先排除故障再进行测试。

（一）正确使用仪器、仪表（40 分）

1．对工位上提供的测量仪器进行检验，将检验结果填入表 6.7.3。（24 分）

表 6.7.3　仪器检验记录表

仪器		功能测试	确认正常 （测试正确，填写“正常”）
名称	型号		
直流稳压电源		调节输出电压至所需值，用万用表验证是否正确	
示波器		用示波器自带的校准信号源对示波器进行校准，观察波形、参数是否正确	
函数信号发生器		能产生正弦波信号、方波信号、三角波信号等，幅度和频率可调，利用示波器验证是否正确	

2．PCB 检查无误后，按要求正确接入电源。（8 分）

3．用万用表测量 P 端电压，将测量结果填入表 6.7.4。（8 分）

表 6.7.4　P 端电压记录表

测量点	P 端
测量值	

（二）通电调试（30 分）

1．接通电源，将 S_1 断开（拔掉短路帽）、S_2 闭合（插上短路帽），VL_1 的状态是__________（长亮、长灭、闪烁），VL_2 的状态是__________（长亮、长灭、闪烁）。（10 分）

2．将 S_1、S_2 均闭合，VL_1 的状态是__________（长亮、长灭、闪烁），VL_2 的状态是__________（长亮、长灭、闪烁）。（10 分）

3．当 VL_1 和 VL_2 均处于闪烁状态时，__________的闪烁速度快，__________的闪烁速度慢。（6 分）

4．多次按动按钮 S_3，VL_3 的变化规律是____________________。（4 分）

（三）通电测试（40 分）

1．断开 S_1、S_2，用示波器观测 TP_1 端的信号波形，将观测结果及相关数据填入表 6.7.5。（16 分）

表 6.7.5　TP_1 端的信号波形及相关数据记录表（断开 S_1、S_2）

信号波形（TP_1 端）	相关数据	
	Y 轴量程挡位	峰峰值
	X 轴量程挡位	频率

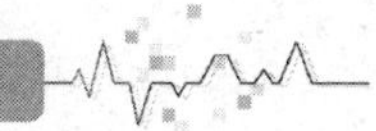

2．闭合 S_1、断开 S_2，用示波器观测 TP_1 端的信号波形，将观测结果及相关数据填入表6.7.6。（16 分）

表 6.7.6　TP_1 端的信号波形及相关数据记录表（闭合 S_1、断开 S_2）

信号波形（TP_1 端）	相关数据	
	Y 轴量程挡位	峰峰值
	X 轴量程挡位	频率

3．将 S_1、S_2 断开，用函数信号发生器从 TP_2 端输入频率为 20Hz、幅值为 8V 的方波信号（若函数信号发生器不能输出幅值为 8V 的方波信号，则使其产生频率为 20Hz 的 TTL 方波信号从 TP_2 端输入），此时 VL_2 的状态是______________（长亮、闪烁、长灭），再用示波器观测 TP_3 端的信号波形，其频率为_____________Hz。（8 分）

五、职业素养与安全文明操作（25 分）

举止文明、遵守秩序、爱惜设备、规范操作、摆放整齐、台面清洁等。

【思考与提高】

1. 根据图 6.7.1 可知，当 TP_3 端输出低电平时，VT_1 处于________________状态，VL_2__________（亮、灭）；当 TP_3 端输出高电平时，VT_1 处于_________状态，VL_2__________（亮、灭）。

2. S_1 断开与闭合时，TP_1 端的信号波形有什么变化？为什么？

3. 闭合 S_1、S_2，用示波器观测 TP_1 端和 TP_3 端信号的频率，它们有什么关系？为什么？

模拟试题 8　运算放大器构成的 OCL 功率放大电路试题

（本试题满分 250 分；准备时间 10 分钟，考试时间 80 分钟，共 90 分钟）

一、基本任务

图 6.8.1 所示为运算放大器构成的 OCL 功率放大电路的电路原理图。请根据提供的器材及元器件进行焊接与装配，实现该电路的基本功能，满足相应的技术要求，并完成相关的调试与测试内容。

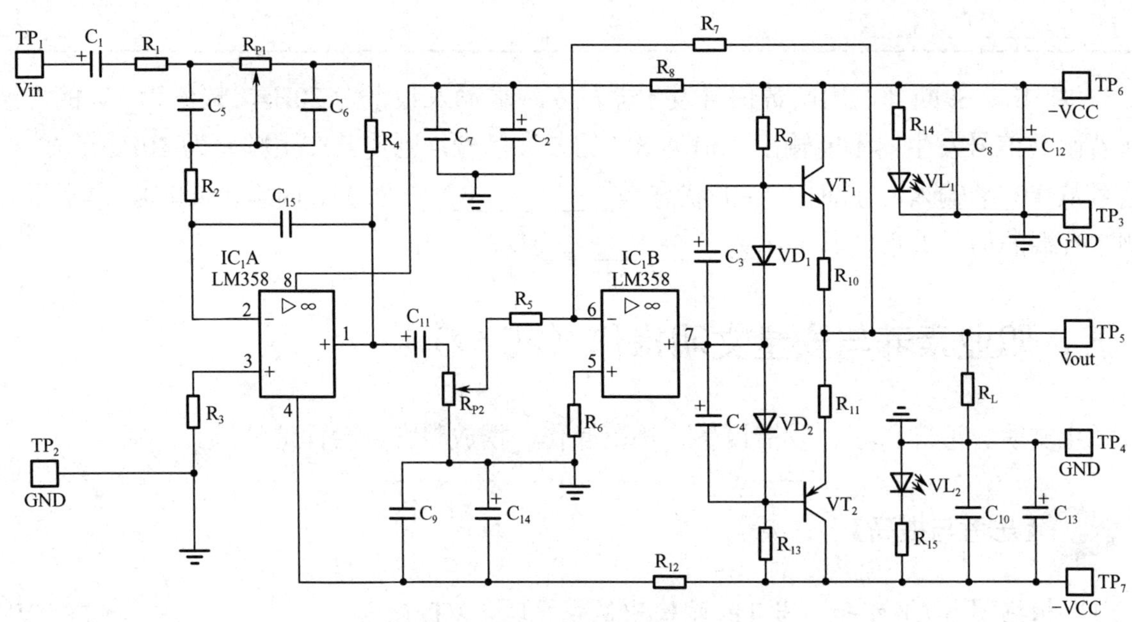

图 6.8.1　运算放大器构成的 OCL 功率放大电路的电路原理图

二、元器件的识别、测试、选用（50 分）

1．请根据表 6.8.1，清点元器件数量，观察 PCB 有无明显缺陷，不得丢失、损坏元器件，每丢失或损坏 1 个元器件扣 5 分，直到扣完为止，清点无误后在表 6.8.1 的“清点结果”一栏中打 √（不填写清点结果的，此项不得分）。（20 分）

表 6.8.1　元器件清单

序　　号	元器件名称	规格/型号	元器件编号	数　　量	清 点 结 果
1	贴片电阻器	10kΩ	R_1、R_5	2	
2	色环电阻器	1Ω	R_{10}、R_{11}	2	
3	色环电阻器	100Ω	R_8、R_{12}	2	
4	色环电阻器	10kΩ	R_2、R_4、R_6	3	
5	色环电阻器	2.2kΩ	R_{15}	1	

续表

序　　号	元器件名称	规格/型号	元器件编号	数　　量	清点结果
6	色环电阻器	2.7kΩ	R_{14}	1	
7	色环电阻器	200kΩ	R_3	1	
8	色环电阻器	470Ω	R_L	1	
9	色环电阻器	47kΩ	R_7	1	
10	色环电阻器	8.2kΩ	R_9、R_{13}	2	
11	可变电阻器	蓝白 100kΩ	R_{P1}	1	
12	可变电阻器	蓝白 10kΩ	R_{P2}	1	
13	电解电容器	100μF	C_1、C_3、C_4、C_{11}	4	
14	电解电容器	10μF	C_2、C_{14}	2	
15	电解电容器	220μF	C_{12}、C_{13}	2	
16	瓷片电容器	0.01μF	C_7、C_9	2	
17	瓷片电容器	0.047μF	C_5、C_6	2	
18	瓷片电容器	0.1μF	C_8、C_{10}	2	
19	瓷片电容器	15pF	C_{15}	1	
20	二极管	1N4148	VD_1、VD_2	2	
21	LED	ϕ3mm 红色	VL_1	1	
22	LED	ϕ3mm 绿色	VL_2	1	
23	三极管	S8050	VT_1	1	
24	三极管	S8550	VT_2	1	
25	集成电路	LM358	IC_1	1	
26	集成电路插座	DIP-8	IC_1	1	
27	单排针	2.54mm	TP_1～TP_7	7	
28	PCB	配套		1	

2．用万用表逐一检测元器件并判断其质量好坏，将部分元器件的识别与检测结果填入表 6.8.2。（30 分）

表 6.8.2　部分元器件的识别与检测记录表

元　器　件	识别与检测结果			
R_{10}	标称电阻值		实际测量值	
C_5	“473”含义	______nF=______μF		
VD_1	正向导通电压			
VL_1	正向导通电压			
VL_2	正向导通电压			

三、PCB 的焊接与装配（65 分）

焊接工艺要求如下。

PCB 上各元器件的焊点圆滑、光亮，大小适中，呈圆锥形，不能出现虚焊、假焊、漏焊、连焊、堆焊、拉尖、针孔等现象。助焊剂不能使用过多，焊接表面应清洁，不能有残渣存在。

不符合要求的，每处扣 5 分，直到扣完为止。

装配工艺要求如下。

PCB 上的元器件不漏装、错装，不损坏元器件，元器件的极性安装正确，接插件安装可靠、牢固，集成电路需安装在集成电路插座上，整机清洁，无污物，无烫伤、划伤，元器件的标识符方向正确，元器件的引脚整形符合工艺要求。不符合要求的，每处扣 5 分，直到扣完为止。

四、通电调试与测试（110 分）

装配完毕，检查无误后，将直流稳压电源的输出电压调至±（6±0.1）V，接入 PCB 进行如下调试与测试。若有故障，则应先排除故障再进行测试。

（一）正确使用仪器、仪表（40 分）

1．对工位上提供的测量仪器进行检验，将检验结果填入表 6.8.3。（24 分）

表 6.8.3　仪器检验记录表

仪　器		功能测试	确认正常（测试正确，填写“正常”）
名　称	型　号		
直流稳压电源		调节输出电压至所需值，用万用表验证是否正确	
示波器		用示波器自带的校准信号源对示波器进行校准，观察波形、参数是否正确	
函数信号发生器		能产生正弦波信号、方波信号、三角波信号等，幅度和频率可调，利用示波器验证是否正确	

2．PCB 检查无误后，按要求正确接入电源。（8 分）

3．用万用表测量 TP_6 端、TP_7 端的电位，将测量结果填入表 6.8.4。（8 分）

表 6.8.4　TP_6 端、TP_7 端电位记录表

测量点	TP_6 端	TP_7 端
测量值		

（二）通电调试（30 分）

1．用万用表测量 R_{14} 两端的电压，为__________，测量流过 VL_1 的电流，为__________。（10 分）

2．当 TP_1 端无信号输入时，用万用表测量 VT_2 各引脚的电位，并判断其工作状态，将测量结果填入表 6.8.5。（20 分）

表 6.8.5　VT_2 各引脚电位记录表

	测量点			VT_2 工作状态
	发射极	基极	集电极	
万用表挡位				
测量值				

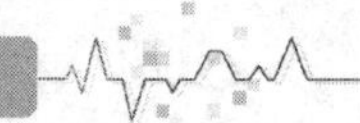

（三）通电测试（40 分）

1．将 R_{P1} 的滑动触点调至中间位置，用函数信号发生器产生峰峰值为 500mV、频率为 1kHz 的正弦波信号，并将其从 TP_1 端输入，用示波器观测 TP_5 端信号波形的变化情况。（4 分）

（1）将 R_{P2} 的滑动触点顺时针旋到底，TP_5 端信号波形的峰峰值为__________，频率为__________。

（2）将 R_{P2} 的滑动触点逆时针旋到底，TP_5 端信号波形的峰峰值为__________，频率为__________。

2．将 R_{P2} 的滑动触点调至中间位置，从 TP_1 端输入峰峰值为 500mV，不同频率（见表 6.8.6）的信号，分别将 R_{P1} 的滑动触点顺时针和逆时针旋到底，用示波器观测 TP_5 端信号波形峰峰值的变化情况。将观测结果填入表 6.8.6。（16 分）

表 6.8.6　TP_5 端信号波形峰峰值记录表

频率	顺时针旋到底	逆时针旋到底
10Hz		
50Hz		
100Hz		
1kHz		

3．将 R_{P1}、R_{P2} 的滑动触点分别调至中间位置，从 TP_1 端输入峰峰值为 500mV、频率为 1kHz 的正弦波信号，用示波器观测 TP_5 端的信号波形，将观测结果及相关数据填入表 6.8.7。（20 分）

表 6.8.7　TP_5 端的信号波形及相关数据记录表

信号波形（TP_5 端）	相 关 数 据	
	X 轴量程挡位	周期
	Y 轴量程挡位	峰峰值

五、职业素养与安全文明操作（25 分）

举止文明、遵守秩序、爱惜设备、规范操作、摆放整齐、台面清洁等。

【思考与提高】

1．在图 6.8.1 中，C_{13} 的极性是否接反？为什么负极接电源地？

2. R_{P1}和R_{P2}的作用是什么？

3. R_8、R_{12}的作用是什么？若R_8、R_{12}短路，电路能正常实现功能吗？

4. 该电路为什么称为OCL功率放大电路？

模拟试题9　30s/90s定时器试题

（本试题满分250分；准备时间10分钟，考试时间80分钟，共90分钟）

一、基本任务

图6.9.1所示为30s/90s定时器的电路原理图。请根据提供的器材及元器件进行焊接与装配，实现该电路的基本功能，满足相应的技术要求，并完成相关的调试与测试内容。

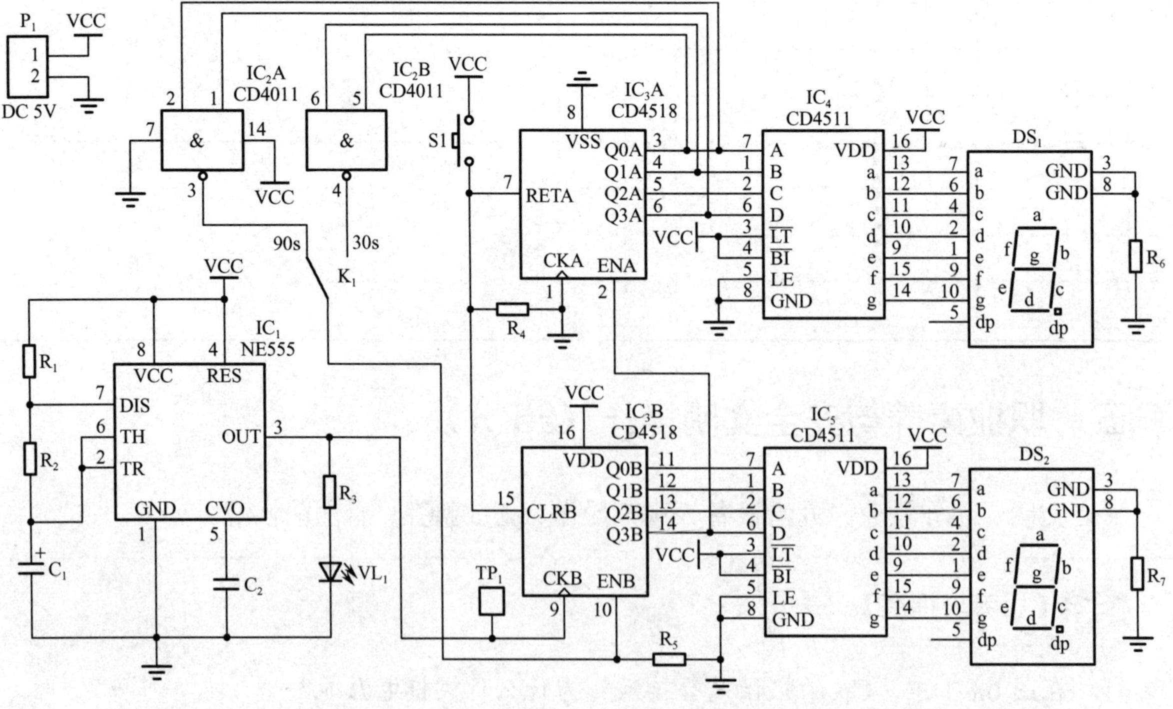

图6.9.1　30s/90s定时器的电路原理图

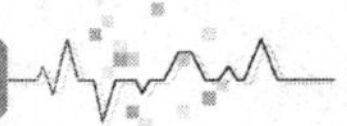

二、元器件的识别、测试、选用（50分）

1．请根据表6.9.1，清点元器件数量，观察PCB有无明显缺陷，不得丢失、损坏元器件，每丢失或损坏1个元器件扣5分，直到扣完为止，清点无误后在表6.9.1的“清点结果”一栏中打√（不填写清点结果的，此项不得分）。（20分）

表6.9.1 元器件清单

序号	元器件名称	规格/型号	元器件编号	数量	清点结果
1	贴片电阻器	10kΩ	R_4、R_5	2	
2	色环电阻器	200Ω	R_6、R_7	2	
3	色环电阻器	47kΩ	R_1、R_2	2	
4	色环电阻器	510Ω	R_3	1	
5	独石电容器	10nF	C_2	1	
6	电解电容器	10μF	C_1	1	
7	LED	ϕ3mm	VL_1	1	
8	按钮	6mm×6mm	S_1	1	
9	集成电路	NE555	IC_1	1	
10	集成电路	CD4011	IC_2	1	
11	集成电路	CD4518	IC_3	1	
12	集成电路	CD4511	IC_4、IC_5	2	
13	集成电路插座	DIP-8	IC_1	1	
14	集成电路插座	DIP-14	IC_2	1	
15	集成电路插座	DIP-16	IC_3、IC_4、IC_5	3	
16	数码管	共阴极	DS_1、DS_2	2	
17	单排针	2.54mm	P_1、K_1、TP_1、TP_2	7	
18	短路帽	2.54mm		1	
19	PCB	配套		1	

2．用万用表逐一检测元器件并判断其质量好坏，将部分元器件的识别与检测结果填入表6.9.2。（30分）

表6.9.2 部分元器件的识别与检测记录表

元器件	识别与检测结果			
R_4～R_5	“103”的含义		实际测量值	
R_6	标称电阻值		实际测量值	
VL_1	正向电阻		反向电阻	
C_2	“103”的含义	______nF=______μF		
DS_1	画出外形示意图，标出引脚段码			

三、PCB 的焊接与装配（65 分）

焊接工艺要求如下。

PCB 上各元器件的焊点圆滑、光亮，大小适中，呈圆锥形，不能出现虚焊、假焊、漏焊、连焊、堆焊、拉尖、针孔等现象。助焊剂不能使用过多，焊接表面应清洁，不能有残渣存在。不符合要求的，每处扣 5 分，直到扣完为止。

装配工艺要求如下。

PCB 上的元器件不漏装、错装，不损坏元器件，元器件的极性安装正确，接插件安装可靠、牢固，集成电路需安装在集成电路插座上，整机清洁，无污物，无烫伤、划伤，元器件的标识符方向正确，元器件的引脚整形符合工艺要求。不符合要求的，每处扣 5 分，直到扣完为止。

四、通电调试与测试（110 分）

装配完毕，检查无误后，将直流稳压电源的输出电压调至（5±0.1）V，接入 PCB 进行如下调试与测试。若有故障，则应先排除故障再进行测试。

（一）正确使用仪器、仪表（40 分）

1．对工位上提供的测量仪器进行检验，将检验结果填入表 6.9.3。（24 分）

表 6.9.3 仪器检验记录表

仪器		功能测试	确认正常（测试正确，填写“正常”）
名称	型号		
直流稳压电源		调节输出电压至所需值，用万用表验证是否正确	
示波器		用示波器自带的校准信号源对示波器进行校准，观察波形、参数是否正确	
函数信号发生器		能产生正弦波信号、方波信号、三角波信号等，幅度和频率可调，利用示波器验证是否正确	

2．PCB 检查无误后，按要求正确接入电源。（8 分）

3．用万用表测量 P_1 端电压，将测量结果填入表 6.9.4。（8 分）

表 6.9.4 P_1 端电压记录表

测量点	P_1 端
测量值	

（二）通电调试（30 分）

1．通电后，将 K_1 用短路帽插至“30s”处，按下 S_1，观察到数码管的现象是____。（5 分）

2．通电后，将 K_1 用短路帽插至“90s”处，按下 S_1，观察到数码管的现象是____。（5 分）

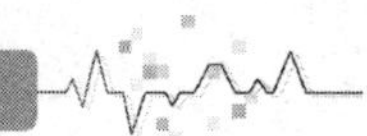

3．将 K_1 用短路帽插至“30s”处，当数码管显示“30”时，用万用表测试 IC_2 4～6 脚的电位，将测量结果填入表 6.9.5。（6 分）

表 6.9.5　IC_2 部分引脚电位记录表

测量点	4 脚	5 脚	6 脚
测量值			

4．将 K_1 用短路帽插至“30s”处，当数码管显示“30”时，用万用表测试 IC_4 9～15 脚的电位，将测量结果填入表 6.9.6。（14 分）

表 6.9.6　IC_4 部分引脚电位记录表

测量点	9 脚	10 脚	11 脚	12 脚	13 脚	14 脚	15 脚
测量值							

（三）通电测试（40 分）

1．用示波器观测 IC_1 2 脚的信号波形，将示波器的耦合方式设置为直流耦合，将 X 轴量程挡位设置为 500ms/DIV，将 Y 轴量程挡位设置为 500mV/DIV，将观测结果及相关数据填入表 6.9.7。（20 分）

表 6.9.7　IC_1 2 脚的信号波形及相关数据记录表

<table>
<tr><td>信号波形（IC_1 2 脚）</td><td colspan="2">相关数据</td></tr>
<tr><td rowspan="4"></td><td>峰峰值</td><td>频率</td></tr>
<tr><td></td><td></td></tr>
<tr><td>上升时间</td><td>正占空比</td></tr>
<tr><td></td><td></td></tr>
</table>

2．用示波器观测 IC_1 3 脚（TP_1 端）的信号波形，将示波器的耦合方式设置为直流耦合，将 X 轴量程挡位设置为 200ms/DIV，将 Y 轴量程挡位设置为 2V/DIV，将观测结果及相关数据填入表 6.9.8。（20 分）

表 6.9.8　IC_1 3 脚的信号波形及相关数据记录表

<table>
<tr><td>信号波形（IC_1 3 脚）</td><td colspan="2">相 关 数 据</td></tr>
<tr><td rowspan="4"></td><td>峰峰值</td><td>周期</td></tr>
<tr><td></td><td></td></tr>
<tr><td>正脉冲宽度</td><td>负占空比</td></tr>
<tr><td></td><td></td></tr>
</table>

五、职业素养与安全文明操作（25 分）

举止文明、遵守秩序、爱惜设备、规范操作、摆放整齐、台面清洁等。

【思考与提高】

1. R_6 的作用是什么？

2. R_4 的作用是什么？

3. 由 NE555 及外围元器件构成的电路有什么作用？

4. IC_2 的作用是什么？

5. DS_1 和 DS_2 在电路中的接法属于共阳极接法还是共阴极接法？

模拟试题 10　波形发生器试题

（本试题满分 250 分；准备时间 10 分钟，考试时间 80 分钟，共 90 分钟）

一、基本任务

图 6.10.1 所示为波形发生器的电路原理图。请根据提供的器材及元器件进行焊接与装配，实现该电路的基本功能，满足相应的技术要求，并完成相关的调试与测试内容。

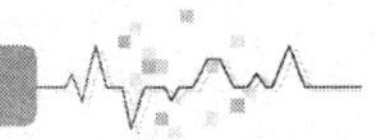

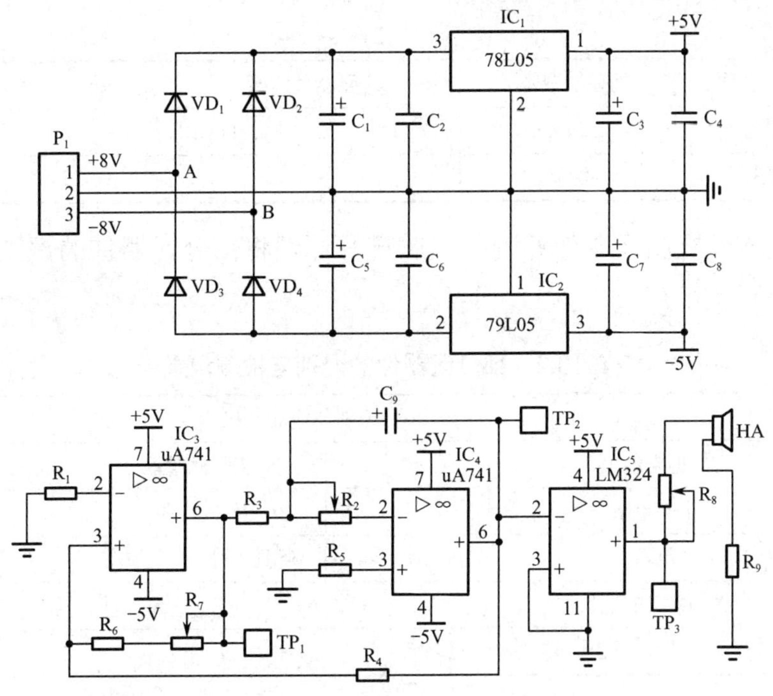

图 6.10.1 波形发生器的电路原理图

二、元器件的识别、测试、选用（50 分）

1．请根据表 6.10.1，清点元器件数量，观察 PCB 有无明显缺陷，不得丢失、损坏元器件，每丢失或损坏 1 个元器件扣 5 分，直到扣完为止，清点无误后在表 6.10.1 的“清点结果”一栏中打 √（不填写清点结果的，此项不得分）。（20 分）

表 6.10.1 元器件清单

序 号	元器件名称	规格/型号	元器件编号	数 量	清 点 结 果
1	色环电阻器	100Ω	R_9	1	
2	色环电阻器	10kΩ	R_1、R_4	2	
3	色环电阻器	12kΩ	R_5	1	
4	色环电阻器	20kΩ	R_6	1	
5	色环电阻器	5.1kΩ	R_3	1	
6	瓷片电容器	0.1μF	C_2、C_4、C_6、C_8	4	
7	电解电容器	100μF	C_1、C_3、C_5、C_7	4	
8	电解电容器	1μF	C_9	1	
9	二极管	1N4007	VD_1、VD_2、VD_3、VD_4	4	
10	可变电阻器	10kΩ	R_2、R_7、R_8	3	
11	蜂鸣器	5V	HA	1	
12	集成电路	78L05	IC_1	1	
13	集成电路	79L05	IC_2	1	
14	集成电路	LM324	IC_5	1	
15	集成电路	uA741	IC_3、IC_4	2	
16	集成电路插座	DIP-8	IC_3、IC_4	2	
17	集成电路插座	DIP-14	IC_5	1	

续表

序　号	元器件名称	规格/型号	元器件编号	数　量	清点结果
18	单排针	2.54mm	P_1、TP_1、TP_2、TP_3	6	
19	PCB	配套		1	

2．用万用表逐一检测元器件并判断其质量好坏，将部分元器件的识别与检测结果填入表 6.10.2。（30 分）

表 6.10.2　部分元器件的识别与检测记录表

元　器　件	识别与检测结果			
R_9	标称电阻值		实际测量值	
VD_1	正向电阻		反向电阻	
HA	电阻		类型（有源、无源）	
C_2	“104”的含义	______nF=______μF		
IC_1	画出外形示意图，标出引脚名称			

三、PCB 的焊接与装配（65 分）

焊接工艺要求如下。

PCB 上各元器件的焊点圆滑、光亮，大小适中，呈圆锥形，不能出现虚焊、假焊、漏焊、连焊、堆焊、拉尖、针孔等现象。助焊剂不能使用过多，焊接表面应清洁，不能有残渣存在。不符合要求的，每处扣 5 分，直到扣完为止。

装配工艺要求如下。

PCB 上的元器件不漏装、错装，不损坏元器件，元器件的极性安装正确，接插件安装可靠、牢固，集成电路需安装在集成电路插座上，整机清洁，无污物，无烫伤、划伤，元器件的标识符方向正确，元器件的引脚整形符合工艺要求。不符合要求的，每处扣 5 分，直到扣完为止。

四、通电调试与测试（110 分）

装配完毕，检查无误后，将直流稳压电源的输出电压调至±（8±0.1）V，接入 PCB 进行如下调试与测试。若有故障，则应先排除故障再进行测试。

（一）正确使用仪器、仪表（40 分）

1．对工位上提供的测量仪器进行检验，将检验结果填入表 6.10.3。（24 分）

表 6.10.3　仪器检验记录表

仪　器		功 能 测 试	确认正常（测试正确，填写“正常”）
名　称	型　号		
直流稳压电源		调节输出电压至所需值，用万用表验证是否正确	
示波器		用示波器自带的校准信号源对示波器进行校准，观察波形、参数是否正确	

续表

仪　器		功 能 测 试	确认正常（测试正确，填写“正常”）
名　称	型　号		
函数信号发生器		能产生正弦波信号、方波信号、三角波信号等，幅度和频率可调，利用示波器验证是否正确	

2．PCB 检查无误后，按要求正确接入电源。（8 分）

3．用万用表测量图 6.10.1 中 A、B 点的电位，将测量结果填入表 6.10.4。（8 分）

表 6.10.4　A、B 点电位记录表

测量点	A 点	B 点
测量值		

（二）通电调试（30 分）

1．用万用表测量 IC_1 各引脚的电位，将测量结果填入表 6.10.5。（9 分）

表 6.10.5　IC_1 各引脚电位记录表

测量点	1 脚	2 脚	3 脚
测量值			

2．用万用表测量 IC_2 各引脚的电位，将测量结果填入表 6.10.6。（9 分）

表 6.10.6　IC_2 各引脚电位记录表

测量点	1 脚	2 脚	3 脚
测量值			

3．在图 6.10.1 中，将 R_8 的滑动触点旋至最下端时，观察到蜂鸣器的现象是________________；将 R_8 的滑动触点旋至最上端时，观察到蜂鸣器的现象是______________。（12 分）

（三）通电测试（40 分）

1．用示波器观测 TP_1 端的信号波形，调节可变电阻器 R_7 的电阻使 TP_1 端的信号频率达到最大值，将示波器 X 轴量程挡位设置为 2ms/DIV，Y 轴量程挡位设置为 2V/DIV，将观测结果及相关数据填入表 6.10.7。（20 分）

表 6.10.7　TP_1 端的信号波形及相关数据记录表

信号波形（TP_1 端）	相关数据	
	周期	频率
	峰峰值	正占空比

2．当 TP_1 端的信号频率处于最大值时，用示波器观测 TP_2 端的信号波形，将示波器 X 轴量程挡位设置为 2ms/DIV，Y 轴量程挡位设置为 1V/DIV，将观测结果及相关数据填入表 6.10.8。（20 分）

表 6.10.8　TP_2 端的信号波形及相关数据记录表

信号波形（TP_2 端）	相关数据	
	周期	频率
	峰峰值	正占空比

五、职业素养与安全文明操作（25 分）

举止文明、遵守秩序、爱惜设备、规范操作、摆放整齐、台面清洁等。

【思考与提高】

1．78L05 的输出电压为__________，输出电流为__________；79L05 的输出电压为__________，输出电流为__________。

2．VD_1～VD_4 构成什么电路？如果某只二极管开路，会出现什么现象？

3．IC_5 在电路中起什么作用？

4．可变电阻器 R_8 在电路中起什么作用？

附录 A　本书配套电子套件

购买方法：第一步，在淘宝网注册账号；第二步，输入账号进入淘宝网，搜索店铺名“东东电子套件”；第三步，选择所需套件。网店赠送配套套件试题及相关资料。

编号	套件名称	编号	套件名称	编号	套件名称
101	贴片练习板	307	运算放大器与占空比电路	419	触发器应用电路
102	三灯循环闪烁	308	声控双稳态电路	420	运算放大器构成的 OCL 功率放大电路
103	多路断线报警器	309	红外探测器	421	30s/90s 定时器
104	触摸电子开关	310	逻辑测试仪	422	波形发生器（有贴片）
105	三极管延时开关	311	多彩流水灯	501	CD4060 长延时定时
106	电子萤火虫	312	四位密码锁	502	模拟 Y-△降压启动
107	红外感应声光报警器	313	呼吸控制器	503	串稳与互补振荡
108	简易路灯控制电路	314	模拟电子色子	504	四运算放大器水位控制
201	LM386 构成的放大电路	315	光控报警器	505	遮断报警器
202	LM358 集成运算放大电路	316	计数译码显示器（有贴片）	506	四位数字温度计
203	振荡电路	401	串联可调直流稳压电源	507	三角脉宽调制电路
204	直流稳压电源	402	分压式偏置放大电路	508	文氏振荡器
205	与非门电路	403	RC 文氏电桥振荡器	509	超温声光控电路
206	暗室定时器	404	OTL 功率放大器	510	PWM 调光
207	十进制计数器（无贴片）	405	单稳态触发器	511	DC-DC 电容升压电路
208	计数译码显示器（无贴片）	406	简易表决器	512	阶梯波发生器
209	LM386 振荡电路	407	LM386 音频功率放大电路	513	遮挡报警器（大板子）
210	99 秒计时器	408	双速流水灯电路	514	信号发生器（ICL8038）
211	遮挡报警器	409	红外接近开关电路	515	电源电路
212	声光控楼道灯	410	抢答器电路	516	脉冲测频仪
213	四路抢答器（无贴片）	411	波形产生与选择电路	517	四人抢答器（JK 触发器）
214	红外倒车雷达（无贴片）	412	9s 倒计时电路	518	障碍物探测报警
301	OTL 功率放大器（复合管）	413	非门构成的振荡电路	601	双速流水灯电路（预设有故障）
302	红外倒车雷达（有贴片）	414	波形产生与整形电路	602	红外接近开关电路（预设有故障）
303	温控报警器	415	两级放大电路	603	抢答器电路（预设有故障）
304	计数器	416	十进制计数器（有贴片）	604	波形产生与选择电路（预设有故障）
305	稳压电路-运算放大器电路	417	串稳-多谐振荡电路	605	波形产生与整形电路（预设有故障）
306	四路抢答器（有贴片）	418	波形变换电路	606	波形变换电路（预设有故障）

反侵权盗版声明

电子工业出版社依法对本作品享有专有出版权。任何未经权利人书面许可，复制、销售或通过信息网络传播本作品的行为，歪曲、篡改、剽窃本作品的行为，均违反《中华人民共和国著作权法》，其行为人应承担相应的民事责任和行政责任，构成犯罪的，将被依法追究刑事责任。

为了维护市场秩序，保护权利人的合法权益，我社将依法查处和打击侵权盗版的单位和个人。欢迎社会各界人士积极举报侵权盗版行为，本社将奖励举报有功人员，并保证举报人的信息不被泄露。

举报电话：（010）88254396；（010）88258888
传　　真：（010）88254397
E-mail:　　dbqq@phei.com.cn
通信地址：北京市海淀区万寿路 173 信箱
　　　　　电子工业出版社总编办公室
邮　　编：100036